高等学校"十三五"应用型本科规划教材

系 统 工 程

主　编　薛弘晔
参　编　王平乐　屈文斌
　　　　李　莉　薛　薇

U0379317

西安电子科技大学出版社

内 容 简 介

本书以系统工程方法论的应用过程为主线，全面系统地讲述了系统工程和系统科学的基本知识、理论、方法及其应用。全书分为 10 章，内容包括系统及系统工程概述、系统模型分析、线性规划、目标规划、动态规划、系统预测、存储论、图与网络分析、系统评价和系统决策。

读者在学习了解了系统及系统工程的理论、方法后，通过应用可加深对理论知识的正确理解，掌握分析、解决系统工程问题的思路和方法。在编排上充分体现了教学思路的完整性，同时也考虑到自学者的学习方便。

本书可作为高等院校工程类、管理类等专业的教学用书，亦可作为工程技术人员的参考资料。

图书在版编目(CIP)数据

系统工程/薛弘晔主编. —西安：西安电子科技大学出版社，2017.9
(高等学校"十三五"应用型本科规划教材)
ISBN 978 - 7 - 5606 - 4554 - 4

Ⅰ. ① 系…　Ⅱ. ① 薛…　Ⅲ. ① 系统工程　Ⅳ. ① N945

中国版本图书馆 CIP 数据核字 (2017) 第 171898 号

策　　划　戚文艳
责任编辑　杨　璠
出版发行　西安电子科技大学出版社(西安市太白南路 2 号)
电　　话　(029)88242885　88201467　　　邮　　编　710071
网　　址　www.xduph.com　　　　　电子邮箱 xdupfxb001@163.com
经　　销　新华书店
印刷单位　陕西利达印务有限责任公司
版　　次　2017 年 9 月第 1 版　2017 年 9 月第 1 次印刷
开　　本　787 毫米×1092 毫米　1/16　印张　17.5
字　　数　411 千字
印　　数　1～3000 册
定　　价　35.00 元
ISBN 978 - 7 - 5606 - 4554 - 4/N

XDUP 4846001 - 1

＊＊＊ 如有印装问题可调换 ＊＊＊
本社图书封面为激光防伪膜，谨防盗版。

出 版 说 明

　　本书为西安科技大学高新学院课程建设的最新成果之一。西安科技大学高新学院是经教育部批准、由西安科技大学主办的全日制普通本科学校。

　　学院秉承西安科技大学五十余年厚重的历史文化积淀，充分发挥其优质教育教学资源和学科优势，注重实践教学，突出"产学研"相结合的办学特色，务实进取，开拓创新，取得了丰硕的办学成果。学院先后被评为"西安市文明校园"、"西安市绿化园林式校园"、陕西省民政厅"5A级社会组织"单位；学院产学研基地建设项目于2009—2015年连续七年被列为"西安市重点建设项目"，2015—2016年被列为"省级重点建设项目"；学院创业产业基地被纳入陕西省2016年文化产业与民生改善工程重点建设项目；2014年被陕西省教育厅确定为"向应用技术型转型院校试点单位"，已成为一所管理规范、特色鲜明的普通本科院校。

　　学院现设置有机电信息学院、城市建设学院、经济与管理学院、能源学院和国际教育学院五个二级学院，以及公共基础部、体育部、思想政治教学与研究部三个教学部，开设有本、专科专业38个，涵盖工、管、文、艺等多个学科门类，在校生12 000余人。学院现占地900余亩，总建筑面积23万平方米，教学科研仪器设备总值6000余万元，建设有现代化的实验室、图书馆、运动场等教学设施，学生公寓、餐厅等后勤保障完善。

　　学院注重教学研究与教学改革，实现了陕西独立学院国家级教改项目零的突破。学院围绕"应用型创新人才"这一培养目标，充分利用合作各方在能源、建筑、机电、文化创意等方面的产业优势，突出以科技引领、产学研相结合的办学特色，加强实践教学，以科研、产业带动就业，为学生提供了实习、就业和创业的广阔平台。学院注重国际交流合作和国际化人才培养模式，与美国、加拿大、英国、德国、澳大利亚以及东南亚各国进行深度合作，开展本科双学位、本硕连读、本升硕、专升硕等多个人才培养交流合作项目。

　　在学院全面、协调发展的同时，学院以人才培养为根本，高度重视以课程设计为基本内容的各项专业建设，以扎扎实实的专业建设构建学院社会办学的核心竞争力。学院大力推进教学内容和教学方法的变革与创新，努力建设与时俱进、先进实用的课程教学体系，在师资队伍、教学条件、社会实践及教材建设等各个方面，不断增加投入、提高质量，为广大学子打造能够适应时代挑战、实现自我发展的人才培养模式。为此，学院与西安电子科技大学出版社合作，发挥学院办学条件及优势，不断推出反映学院教学改革与创新成果的新教材，以逐步建设学校特色系列教材为又一举措，推动学院人才培养质量不断迈向新的台阶，同时为在全国建设独立本科教学示范体系、服务全国独立本科人才培养作出有益探索。

西安科技大学高新学院

西安电子科技大学出版社

2016年6月

高等学校"十三五"应用型本科规划教材
编审专家委员会名单

主 任 委 员　赵建会

副主任委员　孙龙杰　汪　阳　翁连正

委　　　员　董世平　龚尚福　屈钧利　乔宝明
　　　　　　　　沙保胜　李小丽　刘淑颖

前　言

现代社会需要大量复合型人才。作为高等院校工程类的大学生,应当掌握系统工程理论方法的基本运用,学会用系统工程的思想和方法解决实际问题。

系统工程是研究多学科综合方法论的科学。它提供了处理问题和解决问题的系统方法论,即以系统的观念及工程的观念处理所面临的问题。系统的观念是整体最优的观念,工程的观念是人们在社会生产实践中形成的工程方法论,系统工程使得人们能够以工程的观念与方法研究和解决各种社会系统问题。因此学习系统工程,需要较深厚的数学基础,如运筹学、数理统计、高等数学、线性代数等。为了帮助非系统工程专业的学生学好这门课,本书从教学和应用角度出发,仅介绍系统工程中最基本的理论和方法及优化、评价过程,介绍过程均结合了案例。

系统工程的内容横跨多个学科,它从系统的整体性观点出发,以自然科学、社会科学的基本思想、理论和方法为基础,采用定量与定性相结合的方法,立足整体,统筹全局,可使系统的效能达到 1＋1 大于 2 的效果,为现代科学技术的发展提供了新思路和新方法。

本书以系统工程方法论的应用过程为主线,全面系统地讲述了系统工程和系统科学的基本知识、理论、方法及其应用。全书分为 10 章,第 1 章主要讲述系统、系统工程、系统工程的方法论和系统工程的应用等;第 2 章介绍系统模型的基本概念和系统工程中常用的模型技术、典型模型等;第 3、4、5、7、8 章为系统工程基本知识、理论、方法及应用示例,诸如线性规划、动态规划、存储论、图论等;第 6 章介绍系统预测概念与步骤,以及常用的系统评价方法等;第 9 章介绍系统评价的目的和意义,评价体系、准则及方法;第 10 章介绍系统决策的概念、确定型决策、不确定型决策、风险型问题的决策等。

本书由西安科技大学薛弘晔主编。其中第 1、3、5、8 章由薛弘晔编写,第 2、6 章由西安科技大学高新学院王平乐编写;第 4、10 章由陕西工业职业技术学院屈文斌编写;第 7 章由中国西电集团公司薛薇(西安交通大学在读研究生)编写;第 9 章由西安科技大学高新学院李莉编写。全书由薛弘晔负责统稿。

本书在编写过程中,参考了大量资料和公开发表的研究成果,在此对相关的作者表示衷心的感谢。由于系统工程涉及面非常广泛，又是一门不断发展的交叉学科，限于作者水平，疏漏在所难免，敬请批评指正。

编　者

2017 年 4 月

目　录

第1章　系统及系统工程概述

【知识点聚焦】

本章介绍了系统、系统工程的基本概念、类型特性、应用领域、发展及应用技术等；重点要求学生掌握系统工程的控制论科学、管理科学、经济学等基础技术内容，为后续课程奠定基础。

1.1　概　　述

20 世纪 40 年代开始，在美国产生了一门新的科学技术——系统工程。经过二十几年的形成和发展，系统工程于 60 年代在征服宇宙空间的实践中确立了自己的体系。尽管目前它仍处在发展和逐步完善中，但已广泛地引起各国的重视与应用。

现在，世界上主要国家的政府部门都设有专门机构从事系统工程及其应用，一些大型企业、厂家也都设立系统工程研究机构，这些机构为政府、企业、厂家制订各种可供选择使用的方案，并协助实施所选择的方案，因此，人们常称他们是决策部门的智囊团。

美国从 1964 年起每年都举行系统工程年会，出版专刊，1965 年出版了《系统工程手册》，其中包括系统工程的方法论、系统环境、系统元件、系统理论、系统技术、系统数学等理论技术。1965 年，英国的兰开斯特大学也成立了系统工程系。

20 世纪 60 年代末，日本深感缺乏系统工程人才，相继从美国引进了有关的技术与资料。70 年代初期出版了"系统工学讲座"丛书，到 1975 年已培养出系统工程师十一万人。

我国从 1962 年在钱学森等同志倡导与支持下，开展了对尖端技术科学管理的系统工程方法的探讨，1964 年，华罗庚教授提出了统筹和优选法。近些年来，为加速实现创新社会的变革，系统工程这门技术已普遍得到了国内各行各业的重视。实践证明：机关干部采用系统工程，提高了组织和管理水平，企业部门采用系统工程，改革了传统的管理方法，提高了企业生产率和产品质量；军事上采用优选工程，降低了预算，缩短了运转周期；科技界采用系统工程，使老学科焕发了青春，新成果获得了优化；高等学校设立系统工程专业，为整个社会的变革培养出组织和管理方面急需的人才。

现代科学技术的发展对系统思想的方法和实践产生了重大影响，具体表现在：

（1）现代科学技术的成就使得系统思想方法定量化，成为一套具有数学理论，能够定量处理系统各组成部分联系和关系的科学方法。

（2）现代科学技术的成就和发展，为系统思想方法的实际运用提供了强有力的计算工具——电子计算机。

系统思想在辩证唯物主义中取得了哲学的表达形式，在运筹学和其他学科中取得定量的表达方式，并在系统工程应用中不断充实自己实践的内容，系统思想方法从一种哲学思维逐步形成为专门的科学——系统科学。

1.2 系统的基本概念

1.2.1 系统的概念

在自然界和人类社会中，可以说任何事物都是以系统的形式存在的，每个要研究的问题对象都可以被看成是一个系统。人们在认识客观事物或改造客观事物的过程中，用综合分析的思维方式看待事物，根据事物内在的、本质的、必然的联系，从整体的角度进行分析和研究，这类事物就被看成为一个系统。

系统一词最早出现于古希腊语中，原意是指事物中共性部分和每一事物应占据的位置，也就是部分组成的整体的意思。中文字面意思是联系和统一。

系统概念同其他认识范畴一样，描述的是一种理想的客体，而这一客体在形式上表现为诸要素的集合。为此，许多学者给出了不同形式的定义，如我国系统科学界对系统通用的定义是：系统是由相互作用和相互依赖的若干组成部分（要素）结合而成的、具有特定功能的有机整体。

从上述系统的定义可以看出，系统必须具备三个条件：第一是系统必须由两个以上的要素（部分、元素）所组成，要素是构成系统的最基本单位，因而也是系统存在的基础和实际载体，系统离开了要素就不能称其为系统；第二是要素与要素之间存在着一定的有机联系，从而在系统的内部和外部形成一定的结构或秩序，任一系统又是它所从属的一个更大系统的组成部分（要素），这样，系统整体与要素、要素与要素、整体与环境之间，存在着相互作用和相互联系的机制；第三是任何系统都有特定的功能，这使整体具有不同于各个组成要素的新功能，这种新功能是由系统内部的有机联系和结构所决定的。

任何事物都是系统与要素的对立统一体，系统与要素的对立统一是客观事物的本质属性和存在方式，它们相互依存、互为条件，在事物的运动和变化中，系统和要素总是相互伴随而产生，相互作用而变化，它们的相互作用有如下三方面：

（1）系统通过整体作用支配和控制要素。

当系统处于平衡稳定条件时，系统通过其整体作用来控制和决定各个要素在系统中的地位、排列顺序、作用的性质和范围的大小，统率着各个要素的特性和功能，协调着各个要素之间的数量比例关系等。在系统整体中，每个要素以及要素之间的相互关系都由系统所决定。

系统整体稳定，要素也稳定。当系统整体的特性和功能发生变化时，要素以及要素之间的关系也随之产生变化。例如，一个企业管理组织系统的整体功能，决定和支配着作为要素的生产、销售、财务、人事、科技开发等各分系统的地位、作用和它们之间的关系。为使管理组织的整体效益最佳，要求各分系统必须充分发挥各自的功能，要对各分系统之间的关系进行控制与协调，并要求各分系统充分发挥各自的功能。

（2）要素通过相互作用决定系统的特性和功能。

一般来说，要素对系统的作用有两种可能趋势。一种是如果要素的组成成分和数量具有一种协调、适应的比例关系，就能够维持系统的动态平衡和稳定，并促使系统走向组织化、有序化；另一种是如果两者的比例发生变化，使要素相互之间出现不协调、不适应的比例关系，就会破坏系统的平衡和稳定，甚至使系统衰退、崩溃和消亡。

（3）系统和要素的概念是相对的。

由于事物生成和发展的无限性，系统和要素的区别是相对的。由要素组成的系统，又是较高一级系统的组成部分，在这个更大的系统中是一个要素，同时它本身又是较低一级组成要素的系统。例如，某企业（总厂）是由几个分厂的要素组成的系统，而此总厂又是更大系统企业集团的一个组成要素。正是由于系统和要素地位与性质关系的相互转化，构成了物质世界一级套一级的等级性。

1.2.2　系统的特征

明确系统的特征，是人们认识系统、研究系统、掌握系统的关键。系统应当具备整体性、相关性、目的性、环境适应性、动态性、有序性等几个特征。

1. 整体性

系统的整体性主要表现为系统的整体功能，系统的功能不是由各组成要素功能简单叠加的，也不是由组成要素简单拼凑的，而是呈现出各组成要素所没有的新功能，可概括地表达为"系统整体不等于其组成部分之和"，而是"整体大于部分之和"，即

$$F_s > \sum_{i=1}^{n} F_i \qquad (1-1)$$

式中：F_s 为系统的整体功能；F_i 为各要素的功能，$i = 1, 2, \cdots, n$。

由于这种整体功能不是各要素所单独具有的，因此对于各要素来说，整体功能的产生不仅是一种数量上的增加，更表现为一种质变，系统整体的质不同于各要素的质。马克思和恩格斯曾以协作分工和工场手工业、机器和大工业生产中，不同的系统存在着不同效应的事实指出，"许多人协作，许多力量融合为一个总的力量"，"就造成了一种'新的力量'，这种力量和它的一个个力量的总和有本质的差别"。这种"新的力量"是单个要素所不具有的。之所以如此，是因为在系统整体的各个组成部分之间，相互联系和相互作用形成一种协同作用；只有通过协同作用，系统的整体功能才能显现。

系统的整体原则对现代化管理工作具有重要的指导意义，其主要作用有以下三个方面：

（1）依据确定的管理目标，从管理的整体出发，把管理要素组成为一个有机的系统，协调并统一管理诸要素的功能，使系统功能产生放大效应，发挥出管理系统的整体优化功能。

（2）把不断提高管理要素的功能，作为改善管理系统整体功能的基础。一般是从提高组成要素的基本素质入手，按照系统整体目标的要求，不断提高各个部门，特别是关键部门或薄弱部门的功能素质，并强调局部服从整体，从而实现管理系统的最佳整体功能。

（3）改善和提高管理系统的整体功能，不仅要注重发挥各个组成要素的功能，更重要的是要调整要素的组织形式，建立合理的结构，促使管理系统整体功能优化。

2. 相关性

系统内的各要素是相互作用而又相互联系的。整体性确定系统的组成要素，相关性则说明这些组成要素之间的关系。系统中任一要素与存在于该系统中的其他要素是互相关联又互相制约的，它们之间的某一要素如果发生了变化，则其他相关联的要素也要相应地改

变和调整，从而保持系统整体的最佳状态。

贝塔朗菲用一组联立微分方程描述了系统的相关性，即

$$
\begin{cases}
\dfrac{\mathrm{d}Q_1}{\mathrm{d}t} = f_1(Q_1, Q_2, \cdots, Q_n) \\[2mm]
\dfrac{\mathrm{d}Q_2}{\mathrm{d}t} = f_2(Q_1, Q_2, \cdots, Q_n) \\[2mm]
\cdots \\[2mm]
\dfrac{\mathrm{d}Q_n}{\mathrm{d}t} = f_n(Q_1, Q_2, \cdots, Q_n)
\end{cases}
\tag{1-2}
$$

式中：$Q_1, Q_2, \cdots, Q_n$ 分别为 $1, 2, \cdots, n$ 个要素的特征；t 为时间；$f_1, f_2, \cdots, f_n$ 表示相应的函数关系。

式(1-2)表明，系统任一要素随时间的变化是系统所有要素的函数，即任一要素的变化会引起其他要素的变化以至整个系统的变化。

系统的相关性原则对现代化管理工作的指导意义表现在以下三个方面：

(1) 在实际管理工作中，若想改变某些不合要求的要素，必须注意考察与之相关要素的影响，使这些相关要素得以相应变化。通过各要素发展变化的同步性，可以使各要素之间相互协调与匹配，从而增强协同效应，以提高管理系统的整体功能。

(2) 管理系统内部诸要素之间的相关性不是静态的，而是动态的。要素之间的相关作用是随时间变化的，因此必须把管理系统视为动态系统，在动态中认识和把握系统的整体性，在动态中协调要素与要素、要素与整体的关系。现代化管理的实质就是把握管理要素的运动变化情况，有效地进行组织调节和控制，以实现最佳效益的过程。

(3) 管理系统的组成要素，既包括系统层次间的纵向相关，也包括各组成要素的横向相关。协调好各要素的纵向层次相关和要素之间的横向相关，才能实现系统的整体功能最优。

3. 目的性

"目的"是指人们在行动中所要达到的结果和意愿。人工系统和复合系统都有一定的目的性，要达到既定的目的，系统必须具有一定功能。没有目的的系统不属于系统工程的研究对象，自然系统不存在目的，但有功能，目的性只是人工系统和复合系统所有的，而功能是所有系统都有的。例如企业的经营管理系统，在限定的资源和现有职能机构的配合下，它的目的就是为了完成或超额完成生产经营计划，实现规定的质量、品种、成本、利润等指标。

系统的目的性原则是要求人们正确地确定系统的目标，从而用各种调节手段把系统导向预定的目标，达到系统整体最优的目的。现代企业管理中的目标管理(Management By Objectives, MBO)就是在系统目的性原则指导下，使企业适应市场变化，将经营目标的各项管理工作协调起来，完善经济责任制，体现现代企业管理的系统化、科学化、标准化和制度化。

4. 环境适应性

环境是存在于系统以外事物(包含物质、能量、信息)的总称，也可以说系统的所有外部事物就是环境。所以，系统时刻处于环境之中，环境是一种更高级的、更复杂的系统，在某些情况下，环境会限制系统功能的发挥。

环境的变化对系统有很大的影响，系统与环境是相互依存的，系统必然要与外部环境产生物质、能量和信息的交换，因此，系统必须适应外部环境的变化。能够经常与外部环境保持最佳适应状态的系统才是理想的系统，不能适应环境变化的系统是难以存在的。一个企业必须经常了解同行业企业的发展动向、用户和外贸的要求、市场需求等环境信息，并从许多经营方案中选取最佳决策，否则它就不能生存。系统所处的环境又是系统的限制条件，或者称为约束条件。环境对系统的作用表现为对系统的输入，系统在特定环境下对输入进行工作，产生输出，把输入转变为输出，这就是系统的功能。系统又可理解为把输入转换为输出的转换机构，如图 1-1 所示。

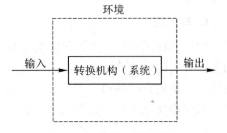

图 1-1　系统与环境的关系

从辩证唯物主义关于客观事物发展中外因与内因辩证关系的原理出发，绝不能认为系统能够脱离环境而独立存在，它是处于与环境的密切联系之中的，它既要通过环境的输入而受到环境的约束，又要通过对环境的输出而对环境施加影响。由于客观事物的发展要经过量变到质变的过程，所以当系统处于量变阶段时，系统与环境之间的关系是相对稳定的，这就表现为系统对于环境的适应性。因此，从本质上说，系统对于环境的适应性，可以说是系统稳定性在系统外部关系上的表现。

系统与环境因素是密切交织的，在确定系统的具体环境因素时，往往会遇到一定的困难，即如何明确系统与环境的边界问题。边界就是把系统和环境分割开的设想界线，它并不是严格不变的。例如，若以企业及其活动作为一个经营系统，则系统主要包括的是人力、资金、厂房、原材料和设备等，环境主要包括的是用户、竞争者或协作者、政府法令、市场信誉、污染以及技术发展水平等。这些因素究竟是划归系统还是划归环境，划归的比例是多少，需要根据所解决的问题来确定。例如，对于技术发展水平来说，当考虑到投入产出率时应划归到系统内部，而在考虑科学技术对经济发展的影响时则应划归到环境。

可以通过系统的转换机构与环境对系统的输入以及系统对于环境输出的相互关系，对系统进行内部描述和外部描述。通过输入与输出来描述系统变量的方法，称为系统的外部描述。"黑箱理论"就是在系统外部描述的基础上发展起来的一种考察系统的方法。根据黑箱理论，可以将系统内部状态认识不清的复杂对象看作是一个黑箱，把外部对它的作用看作是输入，而把它对外部的作用看作是输出。通过研究任何一个"黑箱"输入和输出的相互关系，即使不知道这个"黑箱"的内部结构、状态，也可以按照输入和输出的情况来预测"黑箱"的行为。

系统的内部描述就是通过系统的状态变量来描述输入与输出的一种考察系统的方法。以工业企业的生产系统为例，企业的生产要靠来自环境的资源（人力、物力、财力）等输入因素，通过生产转换机构为市场提供各种产品和服务，既可通过资源等输入因素以及产品等输出因素的变动情况来分析企业的生产情况（外部描述），也可根据企业的生产情况来分析资源的输入状态并预测企业的生产产量（内部描述）。

坚持环境适应性原则，就是说不仅要注意系统内各要素之间相关性的调节，而且要考虑系统与环境的关系，只有系统内部关系和外部关系相互协调、统一，才能全面地发挥出系统的整体功能，保证系统整体向最优化方向发展。

5. 动态性

物质与运动是密不可分的,各种物质的特性、形态、结构、功能及其规律性,都是通过运动表现出来的,要认识物质首先要研究物质的运动,系统的动态性使其具有生命周期。开放系统和外界环境有物质、能量和信息的交换,系统内部结构也可以随时间变化。系统的发展是一个有方向性的运动过程。

6. 有序性

由于系统的结构、功能和层次的动态演变有某种方向性,因而系统具有有序性,系统的有序性可以表述为,系统是由较低级的子系统组成的,而该系统又是更大系统的一个子系统。系统的有序性揭示了系统与系统之间存在着包含、隶属、支配、权威、服从的关系,系统的有序性也说明了其具有传递性。依据有序性可以将一个系统划分到最小的单元。

1.2.3 系统的分类

前面分析了系统的概念和特性,在自然界和人类社会中系统和系统类型的问题是普遍存在的。系统可分为自然系统与人造系统、开放系统与封闭系统、实体系统与概念系统、可适应系统与不可适应系统、动态系统和静态系统。

1. 自然系统与人造系统

所谓自然系统,是指它的组成单元是自然物,它的特点是自然形成的。人造系统是人为产生的系统,人造系统包括三种类型,一是由人们从加工自然物中获得系统,如工具、仪器、设备、工业工程系统;二是由一定的制度、组织、程序等构成的管理和社会系统;三是根据人们对自然现象和社会现象的认识而发现和建立起来的学科体系。

实际上,大多数系统是自然系统与人造系统相结合的复合系统。因为到目前为止,人们所研究的系统都离不开人。

2. 开放系统与封闭系统

大部分的系统为开放系统,也就是说它们将材料、能量或情报与其环境交换,例如一个公司或一个厂家就是一个开放系统。若无任何形式的能量(如情报、热量、实质材料)输入或输出,此系统便是封闭系统。

若将相互作用系统的环境分开,而后把造成能量、材料或情报相互交换的环境部分视为一个系统,则一个开放系统可分成两个封闭系统。

3. 实体系统与概念系统

从系统构成要素的方式来看,系统可以分为实体系统和概念系统。实体系统是指以矿物、生物、机械、能量、人等实体为构成要素所组成的系统,如机械系统、计算机系统等。概念系统是指以概念、原理、原则、方法、制度、程序等非物质实体为构成要素所组成的系统,如管理系统、教育系统、国民经济系统等。在实际生活中,实体系统往往会与概念系统相结合,实体系统是概念系统的物质基础,而概念系统又为实体系统提供指导和服务。

4. 可适应系统和不可适应系统

能适应环境改变的系统称为可适应系统,即环境的改变所引起的系统反应(决策)便形成了新的系统状态。例如一个公司就可视为一个适应系统,它经由时间的变迁,属性就有其不同的价值。因此，通过观察属性的当期价值就可说明系统的状态。例如，通过观察利润、欠拨量、生产量等就看出一个公司的经营状态。经不起环境改变或震荡的系统称为不适应系统，这种系统在所论环境下是没有生命力的。比如，一个企业要不断了解同类型企业的动向、产业界的动向及市场的需求等，并从多种经营方案中选取最优的经营决策，以便适应环境的变化，达到企业设定的目的，这样的系统就是一个可适应环境的系统，否则就是一个不可适应系统。

5. 动态系统和静态系统

从系统的状态是否随时间变化来考虑，可将其分为静态系统和动态系统。静态系统是指决定系统特性的因素不随时间推移而变化的系统，而动态系统是指这些因素随时间推移而变化的系统。人体系统、企业系统便是动态系统，人体内的温度、血压以及其他参数，企业的供、产、销等各环节实际上均处于经常的变动之中。

1.3　系统的结构与功能

系统的结构与功能是系统科学的基本范畴，是一切系统不可分割的两个方面。系统的结构是系统保持整体性及具有一定功能的内在基础，系统科学就是从系统结构与功能的观点出发去研究整个客观世界，探讨系统结构与功能是理解系统的基本特性和系统方法应用的一个重要环节。

1.3.1　系统的结构

所谓结构，是指系统内部各组成要素之间的相互联系、相互作用的方式或秩序，即各要素之间在时间或空间上排列和组合的具体形式。结构是系统的普遍属性，没有无结构的系统，也没有离开系统的结构。无论是宏观世界还是微观世界，一切物质系统都无一例外地以一定结构形式存在着、运动着和变化着。目前"结构"一词已被广泛应用到自然、社会和人的思维各领域中：在自然界领域，有宇宙结构、生态环境结构、人体结构等；属于社会领域的，有经济结构、产业结构、区域结构、企业结构、组织结构、人才结构等；在思维领域方面，有逻辑结构、概念结构等。"结构"所揭示的是系统要素内在的有机联系形式，而系统结构在整体性上又有它的若干特点。

1. 稳定性

稳定性是系统存在的一个基本特点。系统之所以能够保持它的有序性，在于系统各要素之间有着稳定的联系。稳定是指系统整体状态能持续出现，可以静态稳定存在，也可以动态稳定存在。由于系统受到外界环境的干扰，有可能使系统偏离某一状态而产生不稳定，但一旦干扰消除，系统又可恢复原来的状态，重新回到干扰前的稳定状态。系统结构的稳定性，就是指系统总是趋向于保持某一状态。系统中各要素之间，只有在稳定的联系情况下，才构成系统的结构。在系统中，各要素的稳定联系又可分为平衡结构和非平衡结构。

凡是构成系统的各要素之间的联系排列方式保持相对不变的系统结构，称为平衡结构，例如晶体结构。这类系统结构的各个要素有固定位置，其结晶体的特性依晶体内部原子或分子的排列方向而异，即各向异性，它的结构稳定性非常明显，一旦晶体结构形成，其系统内部的分子和原子的相互作用就不会随时间而改变。

凡是系统的各组成要素对环境经常保持着一定的活动性，系统处于必须与环境不断进行物质、能量、信息交换才能保持有序性的系统结构，称为非平衡结构。这种结构，与平衡结构显然不同，不仅各要素之间的相位可以改变，而且组成要素总是处于活动状态之中。这类结构存在着两种表现情况：一种是对有机程度高、结构严密的系统而言的，该系统中各要素的结合虽不能随意变动，但却与环境经常进行物质和能量的交换，这就是结构的动态稳定。结构的动态稳定是非平衡系统能够自我保持并对环境发挥作用的一个必要条件，例如生物体就属于这类非平衡结构。另一种情况是对那些非严密结构系统而言的，构成系统的各要素及其位置总是处于变动中，例如，管理系统中的销售系统，在一定时期内由于销售对象不断地交换，使销售活动出现很大的随机性。为了保持要素之间的有机联系，可以通过数理统计方法从整体上求出随机现象所呈现的偶然规律，这种联系方式也是系统结构稳定性的一种表现。一般认为：社会系统、经济系统、企业系统、交通运输系统等人造系统，都属于动态稳定型的非平衡结构系统。

2. 层次性

根据博尔丁(E. E. Boulding)的一般系统理论所描述的系统层次概念，以自然界所存在的系统为着眼点，把物理界、生物界及社会界的所有系统分为九个层次，并以此作为系统运行的基本单元。

(1)第一层次：静态结构系统。物理上讨论的简单力学系统，以及数学上讨论的代数等描述的系统，大致都属于这一层次的系统。只有准确地描述了系统的静态结构，才有可能进一步进行动态研究和系统功能分析。

(2)第二层次：简单动态系统。该系统的基本行为具有预先决定的、必然的运动方式，如太阳系中各行星的活动规律、钟摆的摆动规律等。数学上的微分方程为这类系统的描述提供了工具和方法。

(3)第三层次：反馈控制系统。该系统与前述第一、二层次的简单稳定均衡系统的主要区别在于它的系统内还具有传递及处理信息的能力，并有反馈功能，导弹系统即为此类的标准系统。控制理论等为此提供了方法。

(4)第四层次：细胞系统。该系统具有自我维持的功能，与环境间具有明显的物质交流和信息交流，是开放系统中最基础的结构形式或单元。它与前述三个系统层次相比，又增加了一个需要适应环境的功能。

(5)第五层次：原生社会系统。这类系统的结构具有将类似的部件加以组织，并使之具有承担不同功能分工的能力，典型的例子是植物。例如，植物根、茎、叶的细胞，在分裂的初期，作为系统部件，它们的结构并无本质区别，但因其位置及执行功能的差异，这些部件的功能逐渐特定化(分工)。

(6)第六层次：动物系统。该系统比植物系统又增加了移动性的目的行为以及自我觉察的能力，具有更强的吸收信息的能力，如眼、耳等。动物同时具有以脑为中心的神经系统，该系统起着将吸收的信息转化为意识的组织者的作用，从而具有对接受的刺激做出反应的能力。愈是高等的动物，其行为愈不是对某一特定刺激的反应，而是对其意识结构或对整体系统环境的观点的反应。因此，这类系统的行为比较难以预测，主要是由于意识参与了刺激与反应的过程所造成的。

（7）第七层次：人类系统。把人作为一个系统，除具备动物系统所具有的全部特征外，还具有自我意识，这与动物的自我觉察不同。人已跃进到具有语言及记忆的境地，对外界信息具有吸收、解释、创造记号的能力；而动物系统的符号仅是作为警告性的反应。

（8）第八层次：人类社会系统。该系统由其他的系统层次加以组合而构成，它关心信息的内容和意义、系统的价值程度、人类情绪的表现等。

（9）第九层次：超越系统。这是当前尚不可知的系统，在宇宙间是否还有可能发展出比人类社会系统（指地球上）更高一层的超越系统，还有待探讨。

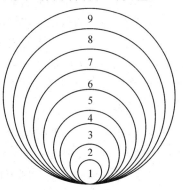

图 1-2　系统的层次结构

这九个层次系统的相对特性可用图 1-2 所示的结构进行描述。图中层次高的系统除包含较低层次系统的特性外，还具有一些较低层次系统所没有的特性。研究和理解系统结构的层次性，有助于人们根据各类系统结构层次的特殊规律去进行科学预测后的决策，以便进行合理调整和系统管理。

3. 开放性

在系统世界中，任何类型的系统结构都不会是绝对封闭和绝对静态的，任何系统总存在于环境之中，总要与外界进行能量、物质、信息的交换，系统的结构在这种交换过程中总是由量变到质变，这就是系统结构的开放性。任何系统的结构在本质上是开放的，总处于不断变化的过程中，这是系统与变化着的外部环境相互作用的必然趋势。只有坚持系统结构的开放性观点，才是分析事物的科学态度。

4. 相对性

系统结构的层次性决定了系统结构和要素之间的相对性，客观世界是无限的，系统的结构形式也是无限的。在系统结构的无限层次中，高一级系统内部结构的要素，又包含着低一级系统的结构；复杂大系统内部结构中的要素，又是一个简单的结构系统。结构与要素是相对于系统的等级和层次而言的。所以，系统结构的层次性，决定了系统结构与要素的相对性。树立这个观点，使人们在认识事物时可以避免简单化和绝对化，既把一个子系统当作大系统结构中的一个要素来对待，以求得统一和协调，又注意到一个子系统不仅是大系统中的一个要素，本身还包含着复杂的结构，应予以区别对待。一般说来，高一级的结构层次对低一级的结构层次有着较大的制约性，而低一级结构又是高一级结构的基础，它也反作用于高一级的结构层次，它们之间具有辩证的关系。

1.3.2　系统的功能

系统的结构与功能的关系是不可分割的一对范畴，理解系统的结构是理解系统功能的基础。与系统结构的概念相对应，把系统与外部环境相互作用所反映的能力称为系统的功能，功能体现了一个系统与外部环境之间物质、能量和信息的输入与输出的转换关系。以生产系统为例，在输入给系统一定的物质、能量和信息后，经过生产过程的转换，生产出质量高、品种全、数量多的产品，就可以说这个生产系统的功能好。

1. 系统功能的特性

系统结构所说明的是系统的内部状态和内部作用，而系统功能所说明的是系统的外部状态和外部作用。贝塔朗菲曾解释：结构是"部分的秩序"，"内部描述本质上是'结构'描述"。功能是"过程的秩序"，"外部描述是'功能'描述"。功能是系统内部固有能力的外部表现，它归根到底是由系统的内部结构所决定的。系统功能的发挥，既有受环境变化制约的一面，又有受系统内部结构制约和决定的一面，这就体现了功能对于结构的相对独立性和绝对依赖性的双重关系。系统功能的特性体现在以下两个方面。

1）易变性

与系统结构相比，系统功能是更为活跃的因素。一个系统对外部条件发挥功能，总要遵循一定的规律，表现出一定的秩序。随着环境条件的不同，将相应地引起系统功能的变化。一个系统的结构在一定阈值内总是稳定的，但功能则不同。当环境的物质、信息、能量交换有所变动时，系统与环境的相互作用过程、状态、效果都会随环境条件变化而变化。所以，系统发挥功能的过程，随着环境条件的变换而相应地调整它的程序、内容和方式，不断促进系统结构的变革，以使系统不断地获得新的功能。

2）相关性

系统功能与系统结构一样也存在着相关性。在一个大系统内部，其要素之间的相互作用本来是属于系统结构关系，但如果把每个要素或子系统作为一个系统整体来考察，则子系统之间均相互作用又转化为独立子系统之间的功能关系。例如，企业组织系统可划分为计划职能子系统、生产职能子系统、财务职能子系统、销售职能子系统等，在分析它们的管理活动时，往往又赋予它们以相对独立的性质，这样在企业内部各种职能子系统之间，彼此又构成为内部环境，其互相作用关系则成为功能关系。所以，不能认为功能关系就是绝对的功能关系，结构关系就是绝对的结构关系，它们之间总在一定条件下互相转化。

2. 功能方法

系统的功能反映系统与外部环境的关系，表现出系统的性质和行为。从研究系统与环境的相互关系中把握系统的能力和行为的方法，就是功能方法，它包括功能分析方法、功能模拟方法和黑箱方法等。

1）功能分析方法

系统是由要素构成的，不同的要素构成不同的系统，从而形成系统在功能上的差别，因此在对系统进行功能分析时必须研究要素对系统功能的影响。不同数量的要素，决定的系统功能就有差别；要素的质量不同，也会影响着系统的功能。通过对要素的数量和质量的分析来研究系统功能的方法，称为要素-功能分析法。

环境的不同也会引起系统功能的变化，或影响系统功能的发挥。根据系统与环境相互关系的原理，分析环境变化对系统的影响，以及系统功能随着环境而变化的系统分析方法，称为环境-功能分析方法。一方面，功能适应环境；另一方面，环境选择功能。通过这种相互关系的分析，就可以改善环境，充分发挥系统功能的作用。同时，为了适应环境，不断变换系统功能而选择最优功能。

2）功能模拟方法

在不了解系统内部结构的情况下，根据功能具有相对独立性的特性，以功能相似为基础，用模型再现原型的方法，称为功能模拟方法。这种模拟不要求在要素或结构上与原型相同，仅仅要求模型与原型在外部功能行为方面相类似即可，电子计算机模拟人脑的部分思维，便是功能模拟法最成功的运用。

3）黑箱方法

"黑箱"就是对它的内部要素和结构全然不知的系统。不打开"黑箱"，通过考察"黑箱"系统的输入、输出及其动态过程，研究对象的行为和功能及其内部结构和机理的方法，称为黑箱方法。

黑箱方法根据研究对象不同，可分为特大黑箱方法和部分可察黑箱方法。如果把一组黑箱联合起来，构成一个更加复杂的系统，这个系统就是特大黑箱系统。分析每一个黑箱，得出它的标准表达式，再把它们综合起来而形成新的系统，求得这个新系统的特性，这种方法称作特大黑箱方法。对于一个复杂系统，由于变量太多，不能实际地一一加以研究，就必须运用特大黑箱方法。

如果知道了部分系统的性质，但是其他部分性质仍然是未知的，这样的系统称为部分可察黑箱（或称灰箱）。对这个灰箱的认识，主要了解其未知部分。如果运用掌握的某种已知知识，预测灰箱中未知的部分，使未知部分转化为已知，这个系统就成为可预测的，这种方法称作部分可察黑箱方法（或称灰箱方法）。

1.3.3　系统结构与功能的关系

结构是功能的内在根据，功能是要素与结构的外在表现。一定的结构总是表现一定的功能，一定的功能总是由一定的结构系统产生的。因此，没有结构的功能和没有功能的结构都是不存在的。

系统的结构决定系统的功能，结构的变化制约着系统整体的发展变化，结构的改变必然引起功能的改变。例如，石墨和金刚石都是由碳原子组成的，但由于碳原子的空间排列不同，其功能则完全不同。在企业管理中，同样的劳动者、劳动手段和劳动对象，由于企业组织形式不同，导致劳动生产率大不相同。结构对功能之所以起主要的决定功能，原因一是结构使系统形成了不同于它的诸要素的新质。系统是由它的诸要素组成的，但它的质不能归结为孤立状态下各要素的质的总和。系统的各个要素在相互联系、相互作用中，交流和交换着物质、能量和信息，由此决定，它一方面使系统整体出现了其要素所没有的新质，另一方面又丧失了其要素的某些质。在新质的基础上，系统整体获得了新的功能，整体的功能主要取决于要素之间的结构。二是组成要素的行为在一定约束条件下通过协同作用决定系统的功能，"约束"和"协同"是由系统结构所赋予的。结构和功能的关系不是一一对应的，而是功能具有相对的独立性。例如，电子计算机和人脑两者的结构极不相同，它们在许多方面具有对信息进行相同加工的逻辑功能，因而后者可以在一定程度上用前者来代替。由此可知，功能并非机械地依赖于结构，它有独立性。但这种独立性是相对的，计算机与人脑只是在某些方面和某种程度上具有相同的功能。例如，人脑有思想感情，计算机则没有，在这方面二者不具备相同功能；计算机在处理信息时有高速、准确的性能，而人脑在处理信息时却表现为低速、不够精确的特性，在这方面二者只有一定程度的相同功能。

功能对结构不仅具有相对独立性，而且对结构具有巨大的反作用。功能在与环境的相互作用中，会出现与结构不相适应的异常状态。当这种状态持续一定时间时，就会刺激并迫使结构发生变化，以适应环境的需要。例如，由于经济环境的变化，企业结构由生产型转变为经营型、开拓型。功能对结构的反作用有两种情况：一种是促使系统结构进化，另一种是环境的变化引起系统原有的功能减退、停滞，最终出现结构的衰退。

总之，结构决定功能，功能对结构有反作用，它们互相作用而又互相转化。根据结构决定功能原理，通过系统结构的变化来分析系统功能的方法，称为结构功能方法。对结构和功能的分析有以下四种情况：

（1）同构异功。即同一结构的系统可以发挥多种功能，例如，企业系统可以发挥计划、组织、指挥、控制等多种职能。

（2）同功异构。即一种功能可由多种结构来实现。以计时为例，在人类历史上从古代的日晷到近现代的机械手表、石英电子手表，结构虽然不同，但同样都有计时的功能。系统工程为了实现最优化设计，往往设计多种模型来模拟同一系统的功能，并从中选择出系统的最优结构。

（3）同构同功。即相同的结构表现为相同的功能。例如，天然尿素具有促进农作物生长和发育的功能，而人工合成尿素与天然尿素具有相同结构，因而能发挥与天然尿素同样的功能。

（4）异构异功。即结构不同，表现的功能也不同。例如，在材料科学中，对一种金属材料运用不同的热处理方法，可以改变为多种组织结构，从而改变金属材料的性能。

1.4 系统工程的概念

系统工程（Systems Engineering，SE）是在20世纪中期开始兴起的一门实用学科，是软科学的重要组成部分。它不仅是一门综合性很强的实用技术科学，也是一种现代化的组织管理技术。目前已被广泛应用于国民经济各个部门，成为制订最优规划、实现最优管理的重要方法和工具，在军事装备、工农业生产、环境治理等领域，发挥了十分重要的作用，并取得显著的成果。

1.4.1 系统工程的定义

概括地讲，系统工程在系统科学结构体系中，属于工程技术类，它是一门新兴的学科，是以系统为研究对象的工程技术，国内外学者对系统工程的含义有各种不同的解释，从不同角度有着不同的理解，下面引述一些国内外具有代表性的定义。

（1）1975年，美国科学技术词典注释：系统工程是研究许多密切联系的元素所组成的复杂系统设计的科学，在设计时，应有明确的预定功能和目标，并使得各个组成元素之间以及各元素与系统整体之间有机联系，配合协调，从而使系统整体能够达到最佳的目标，同时还要考虑到参与系统中人的因素与作用。

（2）1977 年，日本学者三浦武雄指出：系统工程与其他工程学的不同之点在于它是跨越许多学科的科学，而且是填补这些学科边界空白的一种边缘科学。因为系统工程的目的是研制一个系统，而系统不仅涉及工程学的领域，还涉及社会、经济和政治等领域。所以为了较好地解决这些领域的问题，除了需要某些纵向技术外，还要有一种技术从横向把它们组织起来，这种横向的技术就是系统工程。

（3）我国著名学者钱学森认为：系统工程是组织管理系统的规划、研究、设计、制造、试验与使用的科学方法，是一种对所有系统都具有普遍意义的方法。

（4）我国学者林延江认为：系统工程是用系统论的观点、控制论的基础、信息论的理论、经济管理科学的实质、现代数学的最优化方法、电子计算机和其他有关工程学科的技术融合渗透而形成的一门综合性的管理工程技术。

（5）1967 年，美国学者莫顿指出：系统工程是用来研究具有自动调整能力的生产机械，以及像通信机械那样的信息传输装置、服务性机械和计算机械等的方法，是研究、设计、制造和运用这些机械的基础工程学。

（6）1974 年，《大英百科全书》注解：系统工程是一门把已有学科分支中的知识有效地组合起来用以解决综合化的工程技术。

总之，系统工程是用科学的方法规划和组织人力、物力、财力，通过最优途径的选择，使人们的工作在一定期限内收到最合理、最经济、最有效的效果。所谓科学的方法，就是从整体观念出发，通盘筹划，合理安排整体中的每一个局部，以求得整体的最优规划、最优管理和最优控制，使每个局部都服从一个整体目标，做到人尽其才、物尽其用，以便发挥整体的优势，力求避免资源的损失和浪费。

1.4.2　系统工程的特点

系统工程作为一门工程技术，可用以改造客观世界并取得实际效果，并与一般所说的常规工程学（如机械工程、管理工程、机电工程、土木工程等）有很大的不同，主要表现在以下几个方面。

1. 对象不同

常规工程学以自己特定的物质为对象，而系统工程则不限于某一特定的物质对象，各种自然的、生态的、人类的、企业的和社会的组织等都可以作为它的研究对象。因此，系统工程不是某一类系统的工程技术，而是研究各种系统的普遍规律的一门学问。由于它处理的对象主要是信息，在国外有些学者认为系统工程是软科学。当然系统工程这门技术离不开具体的环境和条件，即与系统本身所在的学科有密切的关系。依据学科的不同，系统工程有着很多的门类，如工程系统工程、环境系统工程、企业系统工程、社会系统工程等。

2. 跨学科、综合性

系统工程具有多学科综合性的特点，它不仅应用自然科学，而且也要用到其他工程技术，如管理科学、经济学、社会学乃至心理学、生态学和医学等知识。现代自然科学的发展出现了两方面的趋势，一是高度细化，一是高度综合。系统工程是高度综合的产物，是研制大系统、跨学科的科学，它讲究整体、综合和内在联系，是指导和协调各专业学科的桥梁，只有应用各种学科的广泛知识，才有可能有效地规划、设计、管理和控制一个复杂的系统。

3. 系统整体合理性（最优或最佳）

常规工程学多着眼于技术的合理性，往往是利用组成单元的良好程度来确保和维持整个系统的总体功能。而系统工程则是从整个系统的最优出发，首先确定整体的目标，然后再参照这个目标来决定各单元所必需的性能，并利用各单元之间的巧妙联系和协调运转来实现总体目标，这样做往往更能提高整个系统的水平。

4. 概念不同

传统工程技术的"工程"概念是指把自然科学的原理和方法应用于实践，设计和生产出诸如机床、电机、仪表、建筑物等有形产品的技术过程，可将它看成是制造"硬件"的工程；系统工程的"工程"概念是指不仅包含"硬件"的设计与制造，而且还包含与设计和制造"硬件"紧密相关的"软件"，诸如规划、计划、方案、程序等活动过程，所以称它是"软件的工程"。这样就扩展了传统的"工程"的含义，给系统工程的"工程"赋予了新的研究内容，因而它被誉为"工程的工程"。

5. 任务不同

传统的工程技术是用来解决某个特定专业领域中的具体技术问题，而系统工程的任务是解决系统的全盘统筹问题，这就是通过系统工程的活动，妥善解决系统内部各分系统、各要素之间的总体协调问题，同时涉及系统与自然环境、社会环境、经济环境的相互联系等问题。

6. 方法不同

传统工程技术所用的方法是在明确目标后，根据条件采用可能实现目标的方法，提出不同方案进行设计，试制出原型，经试验后最终达到生产和建设的目的。而系统工程在解决各种系统性问题的过程中，采用一整套系统方法：① 包括一系列的系统工程观念，如整体观念、价值观念、综合观念、优化观念和评价观念等；② 有完整的解决问题的程序，即明确问题、设置系统目标、系统方案综合、模型化、决策和实施；③ 运用电子计算机，增强逻辑判断能力和人工模拟能力，对系统进行定量分析和计算，从而为解决复杂系统问题提供有效手段和工具。所以，系统工程的目标是实现系统的整体优化。

1.4.3 系统工程的形成与发展

系统工程是人类社会生产实践和科学技术发展的必然产物，它的形成与发展是有一定的历史背景和条件的。

系统工程是以已有的科学和技术为基础，将各种科学和技术融合起来，而又重新体系化了的科学与方法。系统工程是在工业工程、质量管理、人机工程、价值工程以及计算机科学等学科的基础上发展起来的。它的发展大致可以分为萌芽、发展和成熟三个时期。

1. 萌芽时期

在古代，人们就有了系统工程思想。我国战国时期的都江堰水利工程就孕育着系统工程的一些思想。20 世纪初，美国的泰勒从合理安排工序、分析工人的操作、提高劳动生产率入手，研究科学管理的规律，到 20 世纪 20 年代逐步发展为工业工程，主要研究生产在时间和空间上的管理技术。20 世纪 30 年代，美国的贝尔电话公司提出了系统途径的观点，于 1940 年采用系统工程这个词，在研究发展微波通信网时，应用一套系统工程的方法论，取得了良好的效果。

在第二次世界大战期间，由于军事上的需要，人们提出并发展了运筹学，以后在应用中逐渐发展成为系统工程的理论基础，战后这种理论被迅速推广到经济和管理领域。1945年，美国建立了兰德公司，研究复杂系统的数学分析方法。之后，美国对国防系统、宇航系统以及交通、电力、通信等大规模的系统进行了研究开发，取得了很多成果。在 20 世纪40 年代后期，出现了控制论、信息论，并制造了世界上第一台电子计算机，这些都为系统工程的发展奠定了基础。

2. 发展时期

1957 年，美国的 H. H. Goode 和 R. E. MaChol 合著出版了《系统工程》一书，从此，系统工程作为专门术语沿用至今。这时，许多运筹学的成果开始大量应用到民用系统中，成为经营管理的手段，同时运筹学本身也在不断发展。1958 年，美国在北极星导弹的研制中，首次采用了计划评审技术（PERT），有效地推进了计划管理。现在 PERT 方法已为大多数先进企业采用，任何计划必须以 PERT 形式说明，PERT 方法以及由它派生的方法已成为系统工程的重要内容。20 世纪 60 年代开始，计算机在西方普遍使用，为系统工程的发展与应用提供了强有力的手段。同时，人们采用分解和协调的方法解决具有多级逆阶控制结构的复杂的大系统问题。

3. 成熟时期

1965 年，美国学者 R.E.Machol 编写了《系统工程手册》一书，内容包括系统工程的方法论、系统环境、系统部件（主要以军事工程及人造地球卫星的各个主要组成部分为部件）、系统理论、系统技术以及一些数学基础。此书基本概括了系统工程各方面的内容，使系统工程形成了比较完整的体系。以后，许多学者著书立说，使系统工程这一学科趋于完善。始于 1961 年的美国阿波罗登月计划中广泛运用了系统工程，特别是 PERT 技术、仿真技术等新型技术。在此期间，日本引入系统工程并应用于质量管理等方面，取得了显著效果。前苏联则在发展控制论和自动化系统的基础上发展了系统工程。

近年来在自然界、社会、政治、经济管理等各个方面，组织上日趋复杂，出现了综合性很高的相互制约和相互联系的系统，它突破了区域性、行业性、学科性的界限，成为一类具有独特性质的问题。

随着通信技术和信息科学的不断发展，社会生产过程和整个经济过程的各个环节能够有机、迅速地联系起来，效率大大提高，并能发挥更大的潜力。同时，由于电子计算技术的高度发展，信息的收集、存储、处理、传送的能力大幅度提高，缩小了空间和时间的限制。这使人们有可能较全面地掌握、处理和传送大量信息，在较短期内对综合性的复杂问题作出判断和决策，推动了系统工程的发展。

我国近代的系统工程研究可以追溯到 20 世纪 50 年代。1956 年，中国科学院在钱学森、许国志教授的倡导下，建立了第一个运筹学小组；60 年代，著名数学家华罗庚大力推广了统筹法、优选法；与此同时，在著名科学家钱学森的领导下，在导弹等现代化技术的总体设计组织方面，取得了丰富经验，国防尖端科研"总体设计部"取得显著效果。1977 年以来，系统工程的推广和应用出现了新局面，1980 年成立了中国系统工程学会，与国际系统界进行了广泛的学术交流。近年来，系统工程在各个领域都取得了许多成果。

20 世纪 70 年代中期，我国一些著名科学家已开始注意到系统工程在我国的发展和应用，其中以钱学森等人于 1978 年 9 月在《文汇报》上发表的《组织管理的技术——系统工程》一文影响最大。这篇文章对系统工程进行了全面的描绘，指出系统工程是一门组织管理技术，把传统的组织管理工作总结成科学技术，并使之定量化，以便运用数学方法，并从整个系统科学体系论述了系统工程所处的地位。这就为我国系统工程统一认识打下一定的基础。

1.4.4 系统工程的应用领域

目前，系统工程的应用领域已十分广阔，主要有以下几个方面：

（1）社会系统工程。组织管理社会主义建设的技术称为社会系统工程，它的研究对象是整个社会、整个国家。这是一个巨系统，因此具有多层次、多区域、多阶段的特点。在研究方法上一般采用多级递阶结构来处理。

（2）经济系统工程。经济系统工程研究宏观的社会经济系统问题，如经济发展战略、经济战略目标体系、经济指标体系、计划综合平衡、投入产出分析、消费结构分析、投资决策分析、经济政策分析、资源最优利用等。

（3）区域规划系统工程。区域规划系统工程从系统工程的角度来考察区域经济及其今后的发展，亦即将一定地域空间的社会再生产总过程——生产、分配、交换、消费——作为考察的对象系统，着重揭示对象系统与自然-经济-社会环境系统的相互影响或作用，以及在一定时期内将会发生怎样的变化。在此基础上，根据国民经济系统的发展目标、区域内外环境系统现有的和潜在的发展条件和制约，确定出对象系统的发展目标，进而对区域经济系统作系统分析，提出实现发展目标的各种对策方案。研究的范围有：区域投入产出分析、区域城镇布局和发展规划、区域资源最优利用、城市规划、城市管理、公共交通管理等。

（4）生态系统工程。生态系统工程研究大气生态系统、大地生态系统、森林与生物生态系统、城市生态系统等的系统分析、规划、建设、防治等方面的问题。

（5）能源系统工程。能源系统工程研究能源合理结构、能源需求预测、能源供应预测、能源生产优化模型、能源合理利用模型、节能规划等。

（6）农业系统工程。农业系统工程研究农业发展战略、农业综合规划、农业区域规划、农业政策分析、农业结构分析、农业投资规划、农产品需求预测、农作物合理布局等问题。

（7）工业管理系统工程。工业管理系统工程研究工业动态发展规划和模型、工业系统储存模型、生产管理系统、计划管理系统、质量管理系统、成本核算系统、管理系统的预测和决策等。

（8）运输系统工程。运输系统工程研究铁路运输规划、铁路调度系统、公路运输规划、公路运输调度系统、航运规划及调度系统、空运规划及调度系统、综合运输规划、运输优化模型等。

（9）水资源系统工程。水资源系统工程研究河流综合利用规划、城市供水系统、农田灌溉系统、水能利用系统、防洪规划、水运规划等。

（10）工程项目管理系统工程。工程项目管理系统工程研究工程项目的总体设计、可行性研究、工程进度分析、工程进度管理、工程质量管理、可靠性分析等。

（11）科学管理系统工程。科学管理系统工程研究科学技术发展战略、科学技术预测、科学技术长远发展规划、科学技术评价、科技管理系统、科技人才规划和科技队伍组织等问题。

（12）智力开发系统工程。智力开发系统工程研究人才需求预测、人才拥有量模型、人才规划模型、教育规划模型、人才素质和结构模型等问题。

（13）人口系统工程。人口系统工程研究人口总目标、人口系统数学模型、人口预测模型、人口政策分析、人口系统仿真、人口系统控制等。

（14）法治系统工程。法治系统工程运用系统科学的观点和方法，研究法治系统效率的提高与法治系统结构的关系，探讨法律制定与执行系统、监督系统、反馈系统等的作用；着重于应用现代科学技术的最新成果，加强法治实践，发挥法治的最大功能，以期取得最佳的法治效果。

（15）军事系统工程。军事系统工程研究国防战略、作战模拟、参谋系统、大型武器研究系统、后勤保障系统、军事运筹学等问题。

1.5　系统工程的方法论

方法和方法论在认识论上是两个不同的范畴，方法是用于完成一个既定目标的具体技术、工具或程序；而方法论是开展研究的一般途径，它高于方法，是对方法使用过程的指导。

系统工程的方法论是指运用系统工程研究问题的一套程序化方法，也就是为了达到系统的预期目标，运用系统工程思想及其技术内容，解决问题的工作步骤。系统工程方法论的特点，是从系统思想和观点出发，将系统工程所要解决的问题放在系统的形式中加以考察，始终围绕着系统的预期目的，从整体与部分、部分与部分和整体与外部环境的相互联系、相互作用、相互矛盾、相互制约的关系中综合地考察对象，以达到最优地处理问题的效果。它是一种立足整体、统筹全局的科学方法体系。

1.5.1　霍尔三维结构体系

自 20 世纪 60 年代以来，许多学者对系统工程的方法进行了大量的研究，但是要想找到一种能够处理世界上所有问题的标准方法的想法是不现实的，实际上也是不可能的。实践证明，尽管没有这样一种通用的标准方法，但总还可以找到一种比较能适应各种不同问题的思想方法。目前，论证比较全面而且又有较大影响的是美国系统工程学者霍尔（A. D. Hall）在 1969 年所提出的系统工程三维结构，一般也可称为霍尔的"三维结构体系"。

系统工程三维结构就是将系统工程的活动分为前后紧密连接的七个阶段和七个步骤，同时又考虑到为完成各阶段和步骤所需要的各种专业知识。这样为解决规模较大、结构复杂、涉及因素众多的大系统，提供了一个统一的思想方法。霍尔三维结构是由时间维、逻辑维和知识维组成的立体空间结构，如图1-3所示。

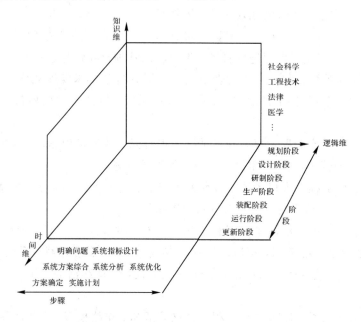

图1-3　霍尔三维结构

1.时间维

三维结构中的时间维表示一个具体的工程项目，从规划阶段到更新阶段，其过程按时间排列的顺序，可分为七个工作阶段。

(1) 规划阶段：制订系统工程活动的规划和战略对策。

(2) 设计阶段：提出具体的计划方案。

(3) 研制阶段：提出系统的研制方案，并制订生产计划。

(4) 生产阶段：生产出系统的构件及整个系统，并提出装配计划。

(5) 装配阶段：将系统进行安装和调试，并提出系统的运行计划。

(6) 运行阶段：系统按照预期目标运作和服务。

(7) 更新阶段：取消旧系统，代之以新系统或改进原系统，使之更有效地进行工作。

2.逻辑维

将时间维的每一个阶段展开，都可以划分为若干个逻辑步骤，展示出系统工程的细结构，即为逻辑维。它是对每一工作阶段，在使用系统工程方法来思考和解决问题时的思维过程，可分为七个步骤。

(1) 明确问题。从全局出发，尽可能收集解决问题的有关资料和数据(历史的、现状的和发展的)，搞清需要解决什么问题，达到什么目标，明确待解决的问题。

(2) 系统指标设计。目标问题关系到整个任务的方向、规模、投资、工作周期和人员配备等，因而是十分重要的环节。细分的目标又称为"指标"。系统问题往往具有许多目标

（指标），在明确问题的前提下，应该建立明确的目标体系（又称为指标体系），作为衡量各个备选方案的评价标准。

（3）系统方案综合。系统综合要反复进行多次。首先按照问题的性质、目标、环境等拟定若干可能的粗略的备选方案。然后对每个备选方案进行费用、资源消耗、功能指标等比较，并给出备选方案的优点和缺点。

（4）系统分析。确定备选方案结构及参数，建立系统模型，将方案与系统评价指标联系起来，便于对方案进行比较。

（5）系统优化。在一定的限制条件下，对各备选方案总希望选出最优者。在评价目标只有一个定量指标，而且备选的方案个数不多时，容易从中确定最优者，而当备选方案数很多、评价目标又有多个、并且彼此之间又有矛盾时，要选出一个对所有指标都为优的方案，一般是不可能的，这就必须在各个指标间有一定的协调，即使用多目标最优化方法来选出最优方案。

（6）方案确定。依据系统优化结果，选出最优方案。当最优方案有多个时，进一步考虑一些定性目标，最后决策出一个或几个方案。

（7）实施计划。根据最后选定的方案，拟定具体实施计划。如果实施中遇到问题，则需返回到相应的步骤，不断修改直到完善为止。

综上所述，逻辑维可概括为图 1-4 所示的过程。

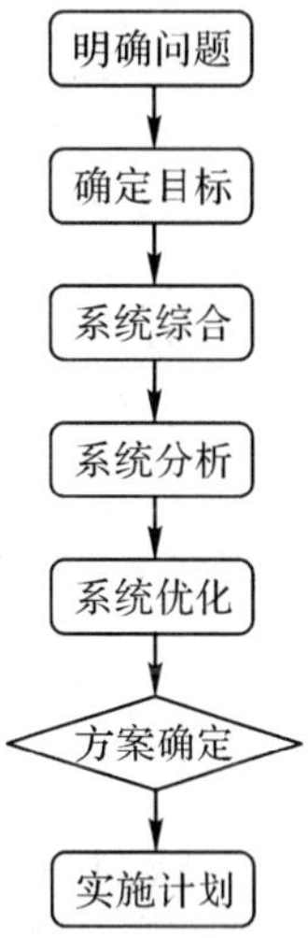

3. 知识维

三维结构中的知识维就是为完成上述各阶段、各步骤所需要的知识和各种专业技术。霍尔把这些知识分为工程技术、医药、建筑、商业、法律、管理、社会科学和艺术等。这说明各种专业知识在系统工程中的重要作用。

将逻辑维七个阶段与时间维七个阶段结合起来形成一个二维结构七乘七矩阵，记为 $A = \{a_{ij}\}$，称其为系统工程活动矩阵，如表 1-1 所示。

表 1-1　系统工程活动矩阵

逻辑维（步骤） 时间维（阶段）	1 明确问题	2 系统指标设计	3 系统方案综合	4 系统分析	5 系统优化	6 方案确定	7 实施计划
1 规划阶段	a_{11}	a_{12}	a_{13}	a_{14}	a_{15}	a_{16}	a_{17}
2 设计阶段	a_{21}	a_{22}	a_{23}	a_{24}	a_{25}	a_{26}	a_{27}
3 研制阶段	a_{31}	a_{32}	a_{33}	a_{34}	a_{35}	a_{36}	a_{37}
4 生产阶段	a_{41}	a_{42}	a_{43}	a_{44}	a_{45}	a_{46}	a_{47}
5 装配阶段	a_{51}	a_{52}	a_{53}	a_{54}	a_{55}	a_{56}	a_{57}
6 运行阶段	a_{61}	a_{62}	a_{63}	a_{64}	a_{65}	a_{66}	a_{67}
7 更新阶段	a_{71}	a_{72}	a_{73}	a_{74}	a_{75}	a_{76}	a_{77}

活动矩阵的元素 a_{ij} 可以清楚地显示在哪一个阶段做了哪一步工作。例如，a_{12} 表示在规划阶段确定目标；a_{21} 表示在设计阶段明确问题；a_{46} 表示在生产阶段进行方案确定活动；

图 1-4　逻辑过程

（流程图）明确问题 → 确定目标 → 系统综合 → 系统分析 → 系统优化 → 方案确定 → 实施计划

等等。在活动矩阵中，所列的各项活动是互相影响、紧密联系的，为使系统在整体上取得最优效果，应把各阶段、各步骤的活动反复进行，这样形成系统工程的五个主要工作阶段，即研究、计划、设计、制造和运用，如图1-5所示。

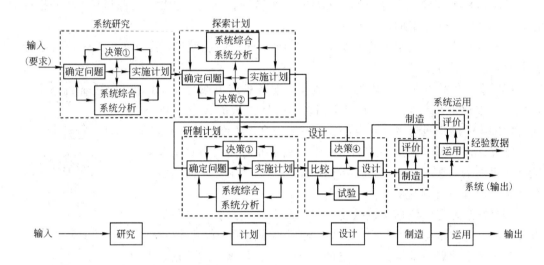

图1-5　系统工程的五个主要工作阶段

1.5.2　软科学系统工程方法论

三维结构方法论的特点是强调明确目标，认为对任何现实系统的分析都必须满足其目标的需求，其核心内容是模型化和最优化。霍尔认为：现实问题都可以归结为工程问题，从而可以应用定量分析方法求得最优的系统方案。在20世纪60年代，系统工程主要用来寻求各种战术问题的最优策略，或用来组织与管理大型工程建设项目，最适合应用霍尔的三维结构方法论。这是由于工程项目的任务一般比较明确，问题的结构一般是清楚的；属于有结构性问题，可以充分运用自然科学和工程技术方面的知识和经验；有的项目甚至可以进行试验。因此，属于这类性质的问题，都可以应用数学模型进行描述，用优化方法求出模型的最优解。但是从20世纪70年代开始，系统工程面临的问题：一是与人的因素越来越密切，二是与社会、政治、经济、生态等因素纠缠在一起。这些因素量多而且复杂，属于非结构性问题。这些问题本身的定义并不清楚，难以用逻辑严谨的数学模型进行定量描述。因此，国内外不少系统工程学者对霍尔的三维结构方法论提出了修正意见，其中英国兰卡斯特大学的切克兰德(P.Checkland)提出的一种系统工程方法论，受到了系统工程学界的重视。

切克兰德把霍尔系统工程方法论称为"硬系统"的方法论，他认为完全按照解决工程问题的思路来解决社会问题和软科学问题，将遇到很多困难，至于什么是"最优"，由于人们的立场、利益各异，判断价值观不同，很难简单地取得一致的看法，因此"可行"、"满意"、"非劣"的概念逐渐代替了"最优"的概念。还有一些问题只有通过概念模型或意识模型的讨论和分析后，才使得人们对问题的实质有进一步的认识，经过不断磋商，再经过不断地反馈，逐步弄清问题，得出满意的可行解。切克兰德根据以上思路提出他的方法论，称之为"软系统方法论"，该方法论的逻辑思维和内容如图1-6所示。切克兰德的软系统方法论的核心不是"最优化",而是进行"比较",强调找出可行满意的结果。"比较"这一过程要组织讨论,听取各方面有关人员的意见,为了寻求可行满意的结果,不断地进行多次反馈,因此它是一个"学习"的过程。这种软系统方法论在我国已用于考虑一些比较复杂的发展战略问题,例如对首都发展战略的研究就采用过这种思考方法。

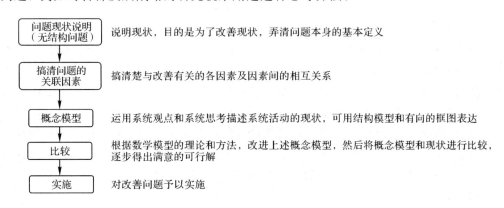

图 1-6 软系统方法论的逻辑思维和内容

1.6 系统工程的技术内容

系统工程综合了工程技术、应用数学、社会科学、管理科学、计算机科学、计算技术等专业学科的内容,它以多种专业学科技术为基础,同时又为研究和发展其他学科提供了共同的途径。系统工程不是孤立地运用各门学科的技术内容,而是把它们横向联系起来,综合利用这些学科的基础理论和方法,形成一个新的科学技术体系。系统工程所涉及的学科内容极为广泛,主要的技术内容有如下几个方面。

1.6.1 运筹学

1. 运筹学的应用步骤

运筹学是一门应用学科,它研究的主要内容是在既定条件下对系统进行全面规划,用数量化方法(主要是数学模型)来寻求合理利用现有人力、物力和财力的最优工作方案,统筹规划和有效地运用,以期达到用最少的费用取得最大的效果。运筹学的具体程序大致可归纳为五个步骤:

(1)收集资料,归纳问题。大量收集所要处理问题的现象和有关数据资料,经归纳提炼后,确定问题的性质、特征和类别。

(2)建立相应的模型。用第(1)步获得的资料,建立各种相应的数学模型。

(3)求解模型。有关运筹学问题的求解往往需要复杂的计算。目前,由于高功能电子计算机的发展,已研制出多种软件有利于模型的求解。

(4)检验和评价模型的解。利用模型进行判断、预测,并对各种结果进行比较,以确定出最优值(极值)。

(5)参考所获得的最优值,作出正确的决策。

2. 运筹学的分支

运筹学是系统工程重要的技术内容，它为系统工程的发展和应用奠定了重要的技术基础。运筹学的主要分支有：规划论、对策论、库存论、决策论、排队论、可靠性理论、网络理论等。

1）规划论

规划论是研究对有限资源进行统一分配、全面安排、统筹规划，以取得最大效果的一种数学理论。其研究的问题一般可归纳为：一是对一定数量的资源合理安排，以完成可能实现的最大任务；二是用尽可能少的资源，完成给定的任务。规划论的作用是：在满足既定条件下，按照某一衡量指标，从各种可行方案中寻求最优方案，为科学决策提供可靠依据。规划论通常把具体问题所必须满足的条件或既定要求称为约束条件；把衡量指标称为"目标函数"，反映所要达到的目标。因此，一般规划问题的数学表达就表现为求目标函数在一定约束条件下的极值（最大值或最小值）问题。规划论的方法主要包括：线性规划、非线性规划、动态规划等。

（1）线性规划。线性规划是运筹学中比较成熟、比较重要的组成部分，应用范围极为广泛。它是研究在线性约束条件下，使一个线性目标函数最优化（极大化或极小化）的数学理论和方法。应用线性规划的数学理论和方法，能够确切地解释和合理地处理由人员、设备、物资、资金、时间等要素所构成的系统的统筹规划问题，因此它在系统工程中能够广泛地应用于经营计划、交通运输、工程建设、能源分配、生产安排等方面。

（2）非线性规划。非线性规划是研究目标函数或约束条件的变量关系不完全是线性的一种数学规划问题的理论和方法。在实际工作中，有很多定量问题很难采用线性规划来求解，如工程设计、生产过程控制等，只能应用非线性规划来寻求最优方案，以便达到预期的最佳效果。由于非线性规划的求解难度较大，应用范围较窄，因此，在实际应用中没有线性规划那样普及、广泛。

（3）动态规划。动态规划是研究具有时间性的多阶段规划问题、使总效果最优的数学理论和方法，主要用于解决多级决策过程的最优化问题。所谓动态，是指所考虑的规划问题与时间有关。多级决策过程是指将系统运行过程分为若干相继的阶段，而对一个策略空间的每个阶段分别作出决策。动态规划在经营管理系统中，适用于解决设备更新、存储运输等规划问题。

2）对策论

对策论又称为博弈论，它运用数学方法，研究有利害冲突的双方在竞争性活动中是否存在一方制胜他方的最优策略，以及如何找出这些策略。随着对策论的不断发展，不仅考虑只有双方参加的竞争活动，还考虑有多方参加的活动。在这些活动中，参加者不一定是完全对立的，还允许他们结成某种同盟。对策论的思路对解决实际问题很有启发，过去它在军事上应用较多，现在应用的范围日趋广泛。

3）库存论

库存论是研究物资最优储存量的理论和方法。在经营管理工作中，为了保证生产系统的正常运转，往往需要确定原材料、零配件、器材、设备等各类物资的必要储备量。例如，在生产管理中，要根据最佳生产批量，确定原材料、在制品、成品的最优储存量等；在物资管理中,要确定最高与最低储存量、经济订购量、库存量等。库存论实质上是研究"最优储存量"的问题,也就是研究在什么时间、以多少数量、从何种供应来源补充所需要的物资储备,以便使库存数量和采购总费用为最少。

4)决策论

决策论是研究决策问题的基本理论和方法。其主要研究内容是:通过对系统状态信息的处理,并对这些信息可能选取的策略、采取这些策略对系统状态所产生的后果进行综合研究,以便按照某种衡量准则,选择出一个最优策略。决策理论大致可分为传统决策理论和现代决策理论两类。传统决策理论是建立在安全逻辑基础上的一种封闭式的决策模型,它把决策人看作是具有绝对理性的"经济人",决策时会本能地遵循最优化原则来选择实施方案。现代决策理论则不然,它的核心是"令人满意"的决策原则。现代决策理论认为,现代人头脑能够思考和解答问题的能力,要比解决复杂问题本身所需的渺小得多,在现实社会中,要采用客观的、很合理的举动是很困难的,要取得绝对最优化的决策更是不可能的。因此,运用现代决策理论进行决策时,必须对各种客观因素和各种可能采取的策略以及这些策略可能造成的后果加以综合研究,并确定出一套切合实际的衡量准则,才能使人们按照这些衡量准则,选取一个满意的策略。

5)排队论

排队论是一种用来研究用于公用服务系统工作过程的数学理论和方法。在这个系统中,服务对象何时到达及其占用系统的时间长短,均无法事前预知,呈现出一种随机聚散现象。排队论通过对每个个别的随机服务现象的统计研究,找出这些随机现象平均特性的规律,从而改进服务系统的工作能力。

6)可靠性理论

可靠性理论是研究系统可靠性的基本理论和数学方法。在给定的时间、区间和规定的运用条件下,一个实体系统(设备、部件或元件)有效地执行其任务的概率,称为系统装置的可靠性。对任何正常工作的系统,尤其是在自动化控制系统中,都必须有一定的可靠性。一般来讲,实体系统越庞大,所用的零件或元器件越多,则可靠性就越差,系统整体的可靠性决定于各单元可靠性的调整。因此,对于庞大、复杂和价格昂贵的系统,如通信系统、精密机床自动加工系统、电子计算机系统等,都必须把可靠性研究作为系统技术评价的重要内容。

7)网络理论

网络理论是利用网络图,把庞大复杂的工程项目的各个环节合理地衔接起来,使之相互协调,以实现工程项目在时间和费用上达到最优目标的一种理论和方法。网络理论的研究着眼于整体系统,即将整体工程中各个环节的相互联系与时间关系组成统一的网络形式,清晰地反映整个工程的主要矛盾、关键环节和各种工作顺序。通过网络图的绘制和网络时间计算,可以预计影响进度和资源利用的各种因素,做到统筹规划、合理安排和使用资源,从而保证顺利地完成工程项目的预定目标。网络理论主要应用于大型、复杂的工程系统,但它的应用范围正在日益扩大。在大多数情况下,应用网络理论来处理庞大的工程系统的组织问题,必须以电子计算机作为运算工具和手段。网络理论不仅是运筹学的一个重要分支,它在系统工程实践中,已发展成为一门新兴的组织管理技术,对系统工程的推广应用起着重要的促进作用。

1.6.2 概率论与数理统计学

概率论是研究大量偶然事件基本规律的学科,广泛应用于概率型模型的描述。数理统计学是用来研究取得数据、分析数据和整理数据的方法。

1.6.3 数量经济学

数量经济学是我国经济学的一门新学科,它是在马克思主义经济理论的指导下,在质的分析基础上,利用数学方法和计算技术,研究社会主义经济的数量、数量关系、数量变化及其规律性。这一学科的主要内容有:国民经济最优计划和最优管理、资源的最优利用问题、远景规划中的预测技术、储备问题的经济数学分析、经济信息的组织管理和自动化体系的建立等。

1.6.4 技术经济学

技术经济学是一门兼跨自然科学和社会科学,同时研究技术与经济两个方面的交叉学科。它用经济的观点,分析、评价技术上的问题,研究技术工作的经济效益。它既要研究科技进步的客观规律性,考虑如何最有效地利用技术资源促进经济增长,又要分析和评价技术工作经济效果,从而实现技术上先进和经济上合理的最优方案,为制定技术政策、确定技术措施和选择技术方案提供科学的决策依据。

1.6.5 管理科学

管理成为科学是在 20 世纪初形成的。1911 年,泰罗在总结了他几十年的管理经验和泰罗制的有关管理理论的基础上,出版了《科学管理原理》一书,从而开创了"科学管理"的新阶段。科学管理理论在 20 世纪初得到广泛的传播和应用。但是从科学管理的理论和内容中可以看出,当时泰罗所解决的问题只涉及生产作业方面的有关问题,还没有注意到管理组织和管理职能之间的相互关系,即尚未涉及管理系统化方面的有关问题,但它毕竟加强了生产过程中的现场管理,从而为系统化管理准备了条件,奠定了基础。其后,法约尔(法国)、韦伯(德国)、甘特(美国)、吉布尔雷斯夫妇(美国)、福特(美国)等人有关管理的理论,为科学管理的发展、巩固和提高作出了杰出的贡献。

第二次世界大战后,由于运筹学、工业工程以及质量管理等理论的出现和应用,形成了新的管理科学。一方面,它强调建立数学模型和定量分析以及应用电子计算机技术,从而为实现现代化管理提供了技术、方法和工具;另一方面,以梅奥、巴纳德等人为代表的心理学家、社会学家和企业家等,以"霍桑试验"为起点,把心理学、社会学、人类学等科学分支应用到企业管理领域,形成了一个重要的学科分支——行为科学理论。这一理论的特点在于侧重对人的研究,研究人与人的关系(人群关系),研究对人的管理问题。与此同时,还出现了其他一些现代管理理论,其中主要有社会系统理论、系统管理理论、权变理论、管理过程理论等。这些新理论的形成,使企业管理从"科学管理"阶段逐步地过渡到"管理科学"阶段。管理科学的形成,促进了系统工程的进一步发展。由于系统工程思想和方法在现代化管理中的具体运用必须在管理科学的基础上才能实现,从而使管理走向管理体制的合理化、经营决策的科学化、管理方法的最优化、管理工具的现代化。

1.6.6　控制论

系统工程研究的系统是人工系统，人工系统都是受人控制的系统或者是人们试图控制的系统。控制是系统建立、维持、提高自身有效性的一种方法。如图 1-7 所示，控制就是施控者选择适当的控制手段作用于受控对象，使其行为姿态发生符合目的的变化。无论是自然系统、社会系统还是人工系统，试图让系统按照人们的意愿进行工作运行，都属于控制类问题。

图 1-7　控制系统的作用过程

控制论作为一门独立的学科，是 20 世纪中叶产生的。对控制问题进行理论研究，始于1868 年麦克斯韦（J. C. Maxwell）以微分方程为工具分析蒸汽机调速器稳定性的工作。1948 年，美国著名数学家维纳（Norbert Wiener）出版了第一本控制论著作《Cybernetics or Control and Communication in the Animal and the Machine（控制论或关于在动物和机器中控制和通信的科学）》，标志着这门学科的诞生。因此维纳被誉为控制论的创始人。

钱学森院士 1954 年在美国出版了《Engineering Cybernetics（工程控制论）》一书，代表了当时国际先进水平，被译为多种文字。卡尔曼（R. E. Kalman）等一批学者从 20 世纪 60年代开始，运用微分方程、线性代数、概率论等数学工具对系统控制问题进行了深入的研究，形成现代控制理论（modern control theory）。

20 世纪 80 年代以来，由于航天事业和大型复杂生产过程管理等方面的需要，提出大量非线性控制、鲁棒性控制、柔性结构控制、离散事件系统控制等复杂问题，使得已有控制论面临了巨大的挑战。继而复杂系统的控制理论就成为控制理论研究的一个主攻方向。

控制理论包括经典控制理论、现代控制理论和大系统理论三方面内容。本节仅介绍与系统工程密切相关的几个基本概念。

1. 反馈

反馈的概念是控制论的基本的核心概念。所谓反馈（feedback，亦称回授），实际上是用系统的输出对于输入产生影响，从而使其趋向期望的输出。一个良好运作的企业系统，必然是一个具有完善的反馈功能的系统。系统对环境的适应性，主要靠反馈输出的信息来实现。

在自动控制理论中，"反馈控制"是信号（信息）沿前向通道（或称前向通路）和反馈通道进行闭路传递，从而形成一个闭合回路的控制方法。为了与给定（输入）信号比较，必须把反馈信号转换成与给定信号具有相同量纲和相同量级的信号。控制器根据反馈信号和给定信号相比较后得到的偏差信号，经运算后输出控制作用去消除偏差，使被控量（系统的输出）等于（或趋近）期望值。工业控制中的闭环控制系统大都是负反馈控制系统。

反馈使整个系统处于不断的自我反省状态，从而使偏差得到不断地自我纠正。管理者如果不深入基层，不了解第一线情况，就得不到反馈信息，于是对偏差心中无数，其决策或指挥就带有很大的盲目性，就会给工作带来损失。

反馈分为正反馈与负反馈。负反馈旨在缩小系统的实际输出与期望值的偏差，使得系统行为收敛。正反馈使得系统行为发散。一般不加说明的反馈，是指负反馈。系统实现反馈功能的组成部分，称为系统的反馈环节。系统的反馈环节往往不止一个，通常将这样的系统称为多重反馈系统或多回路系统。图1-8所示为一个双回路控制系统。

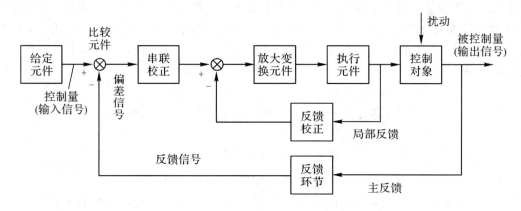

图1-8 典型的双回路控制系统示例

其中：

给定元件：给出系统输入期望值的装置；

串联校正：对偏差信号进行处理放大作为后一级期望值，往往作为控制器；

放大变换元件：驱动器，是给执行元件提供能量输入的元件（功率级输入）；

执行元件：又叫执行器，是把控制期望的信号变为实际信号输出到控制对象；

反馈校正：内回路反馈元件，提供将内部输出反馈到内回路输入端；

反馈环节：外回路反馈元件，提供系统输出量的反馈信号，与期望输入同量级；

比较元件：将期望值与反馈值进行比较，给出偏差量。

图1-8所示为工业控制系统常用的典型结构框图，显然这是一个双回路控制系统。推而广之，作为企业生产管理过程，也可以使用这样的结构进行抽象，进而进行系统分析设计。

图1-9所示为企业系统的活动过程与反馈回路的系统结构图，显然比图1-8复杂多了，当然实际问题的解决往往还会更加复杂。

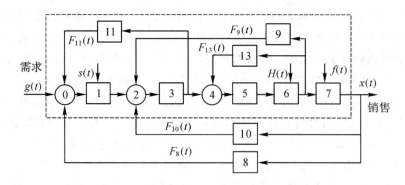

图1-9 企业系统的活动过程与反馈回路的系统结构图

图1-9中系统的输入为$g(t)$、$H(t)$、$s(t)$和$f(t)$，其中：$g(t)$为外界需求；$H(t)$为

系统的硬件输入，包括原材料、外协件、辅助材料以及能源；$s(t)$ 为系统的软件输入，包括技术、情报等；$f(t)$ 为系统受到的外界干扰。外界干扰是多种多样的，而且遍布于系统的各个环节。为使分析简单起见，令其集中表示在一个环节上。

系统的输出为 $x(t)$，包括硬件及软件，即产品与技术性服务等。

各个方框与结点的意义如下：方框 1 为企业的研究设计部门；方框 3 为企业的生产决策部门，例如厂务委员会；方框 5 为生产管理部门，包括计划、生产、工艺、冶金和工具等科室；方框 6 为生产与装配车间（又称生产线）；方框 7 为库存与销售部门；方框 8、9、10、11、13 为反馈环节；$F_8(t)$、$F_9(t)$、$F_{10}(t)$、$F_{11}(t)$、$F_{12}(t)$、$F_{13}(t)$ 分别为反馈信息；结点 0、2、4 为比较环节。

整个系统可以明显地区分为企业内部结构（系统本身）与系统外部环境两部分，用虚线予以隔开。

由图 1-9 可以看出：

（1）外界需求 $g(t)$、产品销售情况的反馈信息 $F_8(t)$、由决策部门 3 来的信息 $F_{11}(t)$ 在结点 0 经过综合处理，形成对研究设计部门 1 的指令（输入）。

（2）研究设计部门根据这一指令，以及情报、技术等软件输入 $s(t)$，进行产品设计，提出设计方案（通常是多种备选方案）。

（3）多种设计方案、市场情况的反馈 $F_{10}(t)$ 以及由生产车间 6 来的反馈信息 $F_9(t)$（主要是生产能力）在结点 2 进行综合，提交决策部门 3，形成决策（生产何种产品，生产多少数量）；再将其决策作为信息 $F_{11}(t)$ 反馈到设计部门 1，形成具体的产品设计图纸，沿着前向通路到达结点 4。

（4）在结点 4，产品设计图纸与车间来的信息 $F_{13}(t)$ 经过综合，由生产管理部门 5 形成生产指导文件（工艺路线等）。

（5）生产车间 6 根据生产指导文件，利用机器设备对原材料等硬件输入 $H(t)$ 进行加工和组装，形成产品。

（6）产品经过库房与销售部门 7 进入市场，这就是整个系统的输出 $x(t)$。

2. 控制任务与控制方式

1）控制任务

控制系统是人们为完成一定的控制任务而设计制造的。从控制理论看，控制任务主要有以下几种类型：

（1）定值控制。

定值控制是最简单的控制任务，在自然界、生命体、机器和社会系统中广泛存在。它是指在某些控制问题中，使受控量 y 稳定地保持在预定的常数值 y_0。实际控制过程并不要求严格保持 $y = y_0$，只要求 y 对 y_0 的偏差 Δy 不超过许可范围 δ 即可：

$$\Delta y = |y - y_0| < \delta, \delta \geqslant 0 \tag{1-3}$$

控制系统的任务是克服或"镇压"干扰，使系统尽快恢复并维持原来确定的状态，故又称为镇定控制。

（2）程序控制。

程序控制的任务是保证受控量 y 按照某个预先设定的方式 $w(t)$ 随时间 t 而变化。定值控制是 $w(t)=C$（常数）时的特殊程序控制。

在结构上，程序控制的特点是有程序机构。受控量预定的变化规律 $w(t)$ 表示程序，储存于专门的程序机构中。在系统运行过程中由程序机构给出控制指令，由控制器执行指令，保证受控量按照程序变化。

（3）随动控制。

在许多情况下，控制任务是使受控量 $y(t)$ 随着某个预先不能确定而只能在系统运行过程中实时测定的变化规律 $u(t)$ 来变化。这时的控制任务是保证 y 随着 u 的变动而变动，故称为随动控制，又称为跟踪控制，因为控制任务是使受控量 $y(t)$ 尽可能准确地跟踪外部变量 $u(t)$ 的变化，直至达到目标。

（4）最优控制。

定值控制、程序控制和随动控制的控制任务可以统一表述为：保证系统的受控量和预定要求相符合。三者的区别在于，这种预定要求是固定的还是可变的，变化规律是预先精确知道的还是只能在运行过程中实时监测的。但是，许多实际过程关于受控量的预定要求不仅不能作为固定值在系统中标定出来，或者作为已知规律引入系统作为程序，甚至无法在系统运行中实时获取。这类过程的控制任务应当表述为：使系统的某种性能达到最优，即实现对系统的最优控制。

2）控制方式

给定控制任务后，还需要选择适当的控制方式或策略。常见的控制方式有以下几种：

（1）简单控制。

根据实际需求和对于受控对象在控制作用下的可能结果的预期，制订适当的控制方案或指令，并作用于对象以实现控制目标。由于控制过程中信息流通是单向的，又称为开环控制，如图 1-10 所示。

图 1-10　简单控制

这种控制策略的特点是"只下达命令，不检查结果"。它的有效性依赖于控制方案的科学性和对象忠实执行命令的品质的完全信任，以及假定外部干扰可以忽略不计。优点是结构简单，操作方便。

（2）补偿控制。

在许多情况下，外界对系统的干扰总是存在而且不能忽略不计，在制订控制策略时，着眼于防患于未然，以消除或减少干扰的影响，在干扰给系统造成影响之前通过预测干扰作用的性质和程度，计算和制订出足以抵消干扰影响的控制作用，设置补偿装置，借助它监测干扰因素，把它量化，准确地反映在控制计划中，并施加于受控对象，这就是补偿控制策略，如图 1-11 所示。

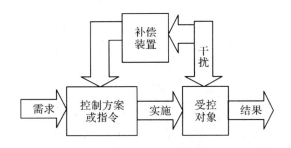

图 1-11 补偿控制

补偿控制也是开环控制。根据系统工作过程中信息流通的特点，又称为顺馈控制。

（3）反馈控制。

在许多情况下，需要采取反馈控制策略，在制订控制策略时，着眼于实时监测受控对象在干扰影响下的行为，通过量化并与控制任务预期的目标值相比较，找出误差，根据误差的性质和程度制订控制方案，实施控制，以便消除误差，达到控制目标。这种以误差消除误差的控制策略，常称为误差控制，如图 1-12 所示。其中的上半部相当于简单控制，控制作用产生一个结果，这个结果与干扰造成的结果被一起测量，通过下半部线路反向送回输入端（即反馈），与目标值进行比较，形成误差，根据误差确定新的控制作用。如此反复施加控制作用，反复测量控制结果，反复回馈结果信息，反复修改控制作用，直到误差消除或者被控制在允许的范围之内为止。

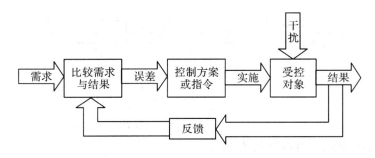

图 1-12 反馈控制

在结构上，需设置反馈信息的环节和通道，因而称为反馈控制。鉴于信息流通形成了闭合环路，又称为闭环控制。

反馈控制是最有效的控制策略，获得广泛应用。当存在模型不确定性和不可测量的扰动时，反馈控制能够实现较高的品质要求。

（4）递阶控制。

对大系统而言，通常采用的控制方式是集中与分散相结合的递阶控制。递阶控制的一种方式是多级控制。按照受控对象或过程的结构特性和决策控制权力把大系统划分为若干等级，每个等级划分为若干小系统，每个小系统有一个控制中心，同一级的不同控制中心独立地控制大系统的一个部分，下一级的控制中心接受上一级控制中心的指令。控制过程中信息流通主要是上下级之间的信息传递，图 1-13 所示。

社会行政系统实际上是多级递阶控制。控制者和被控制者都是人，这些人员的素质和信息传递的效率，决定了系统的效率。

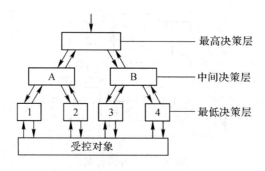

图 1-13　递阶控制

递阶控制的另一种方式是多段控制。按照受控过程的时间顺序把全过程划分若干阶段，每个阶段构成一个小型的控制问题，采用单中心控制，再按各段之间的衔接条件进行协调控制。

3）基本控制规律

在控制系统中，调节器是整个系统的心脏。调节器对偏差信号（设为 $e(t)$）进行转换或处理的规律，称为系统的控制规律。不同的控制规律，将对系统品质产生不同的影响。

设调节器输出为 $m(t)$，如图 1-14 所示，则函数关系

$$m(t) = F[e(t)] \tag{1-4}$$

即为系统的控制规律。

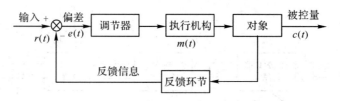

图 1-14　控制系统的一般表示

目前常用的控制规律有以下几种：

（1）位式控制规律。

所谓位式控制规律，就是根据偏差的不同，调节器的输出只有两种（两位）状态：开关要么闭合，要么断开。位式控制简单、廉价，易于推广应用。但是，位式控制有一个先天性的缺点，就是被控量无稳态值，它在期望值附近不断地波动或振荡，因而控制精度不高。原因很简单：设想室温控制采用这种规律，开关全闭将使室温升高，而开关全断使室温下降。一升一降，永无稳态值，如图 1-15 所示。

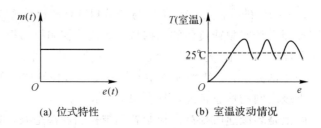

（a）位式特性　　　　　　（b）室温波动情况

图 1-15　位式控制规律及其对系统被控量的影响

在社会经济系统中，如果政策大收大放，势必使系统无法获得稳态而产生振荡，甚至是比较激烈的振荡。为克服位式控制系统被控量无稳态值的缺点，可采用比例控制规律。

（2）比例控制规律。

在位式控制中，系统被控量无稳态值的重要原因是由于调节器输出与偏差间无比例关系。图 1-16 所示为一个炉温控制系统的原理图，采用比例控制规律。

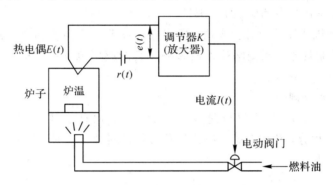

图 1-16　炉温控制系统原理图

在图 1-16 所示的炉温控制系统中，测温元件热电偶冷端电势 $E(t)$ 与炉温成对应关系。电压 $r(t)$ 是给定信号，当 $E(t)$ 与 $r(t)$ 相等时，炉温与期望值相等。$E(t)$ 与 $r(t)$ 是反极性串联，二者之差即为偏差电势 $e(t)$。$e(t)$ 经比例调节器放大，得到正比于 $e(t)$ 的输出电流 $I(t)$。$I(t)$ 与 $e(t)$ 的比例系数为 K，即

$$I(t) = Ke(t) \tag{1-5}$$

其中，K 的量纲为安培/伏特。

调节器的输出电流作用于一个常闭型电动阀门（即失电时阀门全闭，通电后阀门开启，且电流增大，阀门开度也增大），控制阀门的开度，进而控制燃料油的进油量（亦即耗油量）而使炉温得到控制。

若炉温低于希望值，则系统将发生一系列的自控过程：

炉温 ↓ → $E(t)$ ↓ → $e(t)$ ↑ → $I(t)$ ↑ → 阀门开度 ↑ → 炉温 ↑

当炉温由偏低趋近希望值时，则

$e(t)$ ↓ → $I(t)$ ↓ → 阀门开度 ↓ → 阻止炉温上升

在这种自控过程的最终，被控量炉温获得动态平衡，被维持在一个稳态值上。

比例控制规律与系统品质如图 1-17 所示。

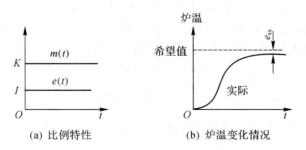

（a）比例特性　　　　　（b）炉温变化情况

图 1-17　比例控制规律及其对系统被控量的影响

比例控制规律虽然使被控量有稳态值,但其最大缺点是被控量无法与期望值相等,即出现图1-17(b)中的两者之差e_{ss},将e_{ss}称为静差。产生静差的原因很简单,可用反证法说明。

设在图1-16中炉温保持在期望值上,则

$$E(t) = r(t) \rightarrow e(t) = 0 \rightarrow I(t) = K \cdot e(t) = 0 \rightarrow 阀门全闭 \rightarrow 炉温 \downarrow$$

显而易见,炉温无法保持在期望值上,亦即系统产生了静差。

由于比例控制规律使系统有稳态值,所以在精度要求不高的场合得到了广泛的应用。然而,由于比例控制规律无法消除静差而影响了它的应用范围。对精度要求很高的场合,可以采用比例积分控制规律。

(3)比例积分控制规律。

如果调节器的输出$m(t)$不仅与偏差$e(t)$成正比,而且还对偏差$e(t)$进行时间积分,则称系统具有比例积分控制规律。这种控制规律可用下式表示:

$$m(t) = K\left[e(t) + \frac{1}{T_i}\right]\int e(t)\mathrm{d}t \qquad (1-6)$$

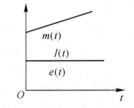

图1-18 比例积分特性

$m(t)$与$e(t)$之间的关系可用图1-18表示。

在式(1-6)中,T_i称为积分时间常数。T_i值大,则积分速度慢;T_i值小,则积分速度快。

比例积分控制规律对定值控制系统而言,在理论上达到了完全消除静差的目的。对图1-16的炉温控制系统进行分析:如果调节器改为比例积分,且设静差暂不为零,即$e(t)\neq0$,则积分作用将使输出$I(f)$不断加大,从而使阀门开度不断增加,燃料油流量也不断加大,势必使炉温继续上升。只要偏差不为零,积分作用始终不断地起作用,控制作用不断增强,直至将静差完全消除为止。这种控制规律显然优于位式控制与比例控制规律。

社会经济系统中的"调节器"领导决策层,事实上都在自觉不自觉地运用着这种控制规律。当发现本系统出现某种偏差时,往往下一道"补充规定"来纠正偏差。"补充"意味着原来的决策或措施的力度尚不够,所以再增强控制作用,这就是积分作用。如果一道"补充规定"还不够,还不足以消除偏差,则可能会下第二道、第三道的"补充规定"。这些积分功能对消除静差起到了一定的消除作用。

(4)比例积分微分控制规律。

工程系统或社会经济系统时常会遇到内外的各种扰动,这些扰动企图使系统被控量偏离期望值。如某扰动比较大,被控量偏离希望值将变得很大,对应偏差也将变得很大。由于积分作用是逐渐累积的,所以消除很大的偏差需要相当长的时间,即控制时间太长。在这段过渡性的、动态的控制时间内也许系统已经出了故障,酿成了损失。为此,研究采用了比例积分微分控制规律。这种控制规律可用下式表达:

$$m(t) = K\left[e(t) + \frac{1}{T_i}\int e(t)\mathrm{d}t + T_d\frac{\mathrm{d}e(t)}{\mathrm{d}t}\right] \qquad (1-7)$$

式(1-7)是由比例、积分、微分三项叠加而成的。比例、积分的作用前面已叙述过了。这里仅介绍微分的作用。

$m(t)$中的微分项$KT_d\dfrac{\mathrm{d}e(t)}{\mathrm{d}t}$,其大小仅与偏差$e(t)$的变化率成正比,而与$e(t)$本身

绝对值的大小无关。T_d是微分时间常数，T_d大则微分作用强，反则反之。

假设图 1-16 中的调节器具有比例积分微分作用。又假设突然往炉子里放进大批需要热处理的冷工件，这批工件对控制系统而言显然是一个很大的扰动（负载扰动），如果不采取微分措施，炉温势必要极大地偏离期望值，依靠比例与积分的控制作用将炉温拉回到希望值需很长的时间。现在如果投入微分控制作用，情况就大不相同了，当大的扰动刚到来时，被控量的变化率很大，对应的偏差 $e(t)$ 的变化率也很大。这时被控量变化的绝对值还不太大。

$e(t)$ 的大变化率使得 $KT_d \dfrac{\mathrm{d}e(t)}{\mathrm{d}t}$ 值很大，即阀门开度先于大偏差值到来时开得很大，炉子加热量猛增，使炉温在下降不多时就得以回升，从而避免了大偏差的出现，大大缩短了调节时间，改善了系统的动态过渡的品质，起到了防患于未然的良好效果，控制论中称之为超调作用。

在目前的常规控制系统中，比例积分微分控制规律是一种较为理想的控制规律，无论系统的动态品质还是静态品质（静差）都比较好，因而被人们广泛采用。工程系统中的比例积分微分调节器的系列产品很多、很成熟，可供用户方便地选用。

在社会系统中，发现危害社会治安的倾向来势凶猛（虽然刚开始时危害还不太大）时，采取严打的办法或者一些矫枉过正的措施是必要的，能起到超调的作用。否则，等受害面很广、受害度很深时再纠正、再治理，已经酿成很大损失了。矫枉必须过正，不过正不能矫枉（当然，"过正"也要有个度，不能过度）。

对于控制规律的掌握和自觉运用，有助于系统工程实现总体目标的优化。

应当说明，对于社会经济系统来说，由于这些系统的复杂性，介绍的几种主要的控制规律，其适用性远不能与工程控制系统相比。如果将工程系统中的控制规律全盘照搬到社会经济系统中，企图用自然科学中的规律去控制社会经济过程，通常是不成功的。社会经济系统是复杂的大系统、巨系统，它们另有自身的控制规律，而这些规律有的已被人们掌握，有的则仍在探索之中。对这种复杂系统的控制规律的探索、掌握和应用，是系统工程的任务之一。还应当说明，我国在改革开放中提出的经验性命题"宏观调控，微观搞活"，就是系统管理的一项基本的、普遍适用的原则。

1.6.7 信息论

1. 概述

信息论是关于信息的本质和传输规律的科学理论，是研究信息的计量、发送、传递、交换、接收和储存的一门新兴学科。

信息论的创始人是美国贝尔电话研究所的数学家香农，他为解决通信技术中的信息编码问题，把发射信息和接收信息作为一个整体的通信过程来研究，提出通信系统的一般模型，同时建立了信息量的统计公式，奠定了信息论的理论基础。1948 年，香农发表了《通信的数学理论》，成为信息论诞生的标志。在信息论的发展中，还有许多科学家为它作出了卓越的贡献。例如，控制论的创始人维纳建立了滤波理论和信号预测理论，也提出了信息量的统计数学公式，因此，也有人认为维纳是信息论创始人之一。

客观世界是由物质、能量、信息三大要素组成的。信息是一种客观存在。系统的反馈主要是信息反馈。研究系统不能不研究信息。要素与要素之间、局部与局部之间、局部与系统之间、系统与环境之间的相互联系和作用，都要通过交换、加工和利用信息来实现；系统的演化、整体特性的产生、高层次的出现，都需要从信息观点来理解。信息也是系统工程的基本概念，信息论是系统工程的理论基础之一。

　　人类社会是不能离开信息的。人们的社会实践活动不仅需要对周围世界的情况有所了解，作出正确的反应，而且还要与周围的人沟通才能协调行动。就是说，人类不仅时刻需要从自然界获得信息，而且人与人之间也需要进行通信，交流信息。人类获得信息的方式有两种：一种是直接的，即通过自己的感觉器官，耳闻、目睹、鼻嗅、口尝、体触等直接了解外界情况；另一种是间接的，即通过语言、文字、信号等传递消息而获得信息。通信是人与人之间交流信息的手段，语言是人类通信的最简单要素的基础。人类早期只是用语言和手势直接交流信息。文字使信息传递摆脱了直接形式，扩大了信息的储存形式，是一次信息技术革命。印刷术扩大了信息的传播范围和容量，也是一次重大的信息技术变革。真正的信息技术革命则是电报、电话、电视等现代通信技术的创造与发明，它们大大加快了信息的传播速度，增大了信息传播的容量。正是现代通信技术的发展导致了信息论的诞生。现在又有了卫星通信、信息网络等通信设施，以及 E－mail（电子邮件）、Blog（博客）、Twitter（推特）、WeChat（微信）等通信工具。

　　信息论现在已经远远地超越了通信的范围，从经济、管理和社会的各个领域对信息论都开展了研究和应用。信息论可以分成两种：狭义信息论与广义信息论。狭义信息论是关于通信技术的理论，它是以数学方法研究通信技术中关于信息的传输和变换规律的一门学科。广义信息论则超出了通信技术的范围来研究信息问题，它以各种系统、各门学科中的信息为对象，广泛地研究信息的本质和特点，以及信息的获取、计量、传输、储存、处理、控制和利用的一般规律。广义信息论包含了狭义信息论的内容，但其研究范围却比通信领域广泛得多，是狭义信息论在各个领域的应用和推广，它是一门横断学科。人们也将广义信息论称为信息科学。

　　英文 information 一词的含义是情报、资料、消息、报导和知识。长期以来人们把信息看作是消息的同义语，简单地把信息定义为能够带来新内容、新知识的消息。但是后来发现信息的含义要比消息、情报的含义广泛得多，不仅消息、情报是信息，指令、代码、符号、语言和文字等，一切含有内容的信号都是信息。

　　汉语"信息"一词可以理解为信号与消息的总称，也常常泛指情报、数据和资料等。其实，信息与后面的这些名词所表达的概念是有区别的。例如，宇宙射线是一种信号，自古以来它一直存在，但是只有到了近代，当人们对物质结构有了相当认识之后，才能理解这种信号所表示的关于天体结构与运动的信息。如果某人对于交通规则一无所知，就不会知道十字路口红绿黄灯所传递的信息。聋哑人的手势是一种信号，许多人可能不解其意。情报也是这样。一份密码情报中包含的信息在大庭广众之中可能谁也不懂。

　　所以信号、消息、情报、数据与资料等它们本身并不就是信息，只是信息的载体，其中可以包含信息、传递信息。它们的流动，就带动了信息的流动，好像火车的行驶带动旅客的流动一样。正是在这样的意义上，常常把各种信息载体如信号、消息、情报、数据和资料等简单地称为信息。

　　信息的基本特征至少有以下六点：

（1）客观性：信息反映的是客观存在的事实。它的真实性是它的一切效用的基础。信息反映的事实总是某个客观事物（或系统）的某一方面的属性。

（2）主观性：所谓信息的主观性，是指信息的作用对于不同的主体是不同的，对它的接受和评价带有很强的主观性。这是信息与数据的主要区别之一。

（3）抽象性：信息的本质是什么？物理学家、信息学家、哲学家长期争论不休，仅有的共识是：信息就是信息，既不是物质也不是能量——这也是维纳的名言。

（4）可复制性：信息可以大量复制，例如资料的复印、书籍的印刷。

（5）可共享性（无损耗性）：一条信息可以供多人使用，每人都拥有一条信息；不像苹果，一个苹果只能给一个人吃，吃完就没有了。

（6）系统性：这是指信息之间的有机联系。客观事物是复杂的、多方面的，要反映一个事物的全貌，绝不是单个信息所能完成的。信息的作用必须通过一系列有机组合起来的体系，才能有效地发挥出来。也就是说，"只知其一，不知其二"，"只见树木，不见森林"并不是正确地利用信息的方法，必须要形成一个科学的信息和信息处理的系统（包括指标系统和处理系统），这就是信息的系统性。

现代科学认为，信息归根结底是物质的一种属性，信息不能离开物质和运动而单独存在。没有与物质和运动相分离的信息。一切信息都是在特定的物质运动过程中产生、发送、接收和利用。信息的传递、交换、加工处理、存储和提取是凭借物质和运动来实施的。还需要强调信息的时效性，信息对于接收者应是新资料、新知识，已经得知的数据、资料再作传送并不能增加信息。

2. 信息熵

香农的信息论给出了信息的一种科学定义：信息是人们对事物了解的不确定性的消除或减少。在香农寻找信息量的名称时，数学家冯·诺依曼建议称为 entropy（熵），理由是不确定性函数在统计力学中使用了熵的概念。在热力学中，熵是物质系统状态的一个函数，它表示微观粒子之间无规则的排列程度，即表示系统的紊乱度。维纳也说："信息量的概念非常自然地从属于统计学的一个古典概念——熵。正如一个系统中的信息量是它的组织化程度的度量，一个系统中的熵就是它的无组织程度的度量，这正好是那一个的负数。"这说明信息量与熵是两个相反的量，信息是负熵，它表示系统获得信息后无序状态的减少或消除，即消除不确定性的大小。从通信理论看，信息是消除事物不确定性的手段，信息（量）在通信中消除了的不确定性，亦即增加的确定性，可以用公式表示为

信息（量）＝通信前的不确定性－通信后尚存的不确定性

设从某个消息 x 中得知的可能结果是 x_i，$i=1, 2, \cdots, n$，记为 $X=\{x_1, x_2, \cdots, x_n\}$，各种结果出现的概率分别是 P_i，$i=1, 2, \cdots, n$，则消息 X 中含有的信息量为

$$H(X) = -\sum_{i=1}^{n} P_i \cdot \mathrm{lb} P_i \tag{1-8}$$

$H(X)$ 就称为 X 的熵，用"比特"（bit）作为度量单位。

如果对于某种结果 x_k 有 $P_k=1$，那么其他各种结果 x_i 的 $P_i=0(i \neq k)$。令 $0 \cdot \mathrm{lb}0=0$，则由式（1-8）得

$$H(X) = 0 = \min \tag{1-9}$$

如果 $X = \{x_1, x_2, \cdots, x_n\}$，$P_i = \dfrac{1}{n}$，则由式（1-8）有

$$H(X) = \text{lb}n = \max \tag{1-10}$$

一般地，

$$0 \leqslant H(X) \leqslant \text{lb}n \tag{1-11}$$

当 $n = 2$ 时，即 $X = \{x_1, x_2\}$，若 $P_1 = P_2 = \dfrac{1}{2}$，则有

$$H(X) = \text{lb}2 = 1 = \max \tag{1-12}$$

根据式（1-11），对于 P_i 的各种取值，有

$$0 \leqslant H(X) \leqslant 1 \tag{1-13}$$

图 1-19 显示了有两种可能的结果时信息量的曲线，注意 $P_1 = 1 - P_2$。

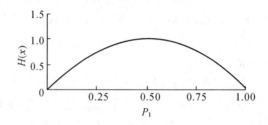

图 1-19　有两种可能的结果时信息量的曲线

可以这样理解：某项试验，如果事先确知它一定成功，即 P（成功）$= 1$，那么，做完试验以后，就不急于看到试验报告，因为试验报告不会带来什么信息，如果这项试验成功与失败的可能性各半，就应急于看到试验报告，此时试验报告包含的信息量最大。工厂的生产也是如此，如果对于市场情况不明，就一定要花力气去做市场调查。

随着社会不断向前发展，人类的工作和生活越来越依赖于信息。现在，人类社会开始从工业时代向信息时代转变，信息概念在内容、形式、种类、质量、数量和规模诸方面日趋多样复杂。在技术层次上科学地谈信息，总是同人的活动联系在一起的。一切人工系统都需要从信息论的观点考虑它的设计、管理、使用和改进等问题。

信息概念具有普遍意义，它已经广泛地渗透到各个领域。信息科学具有方法论性质，信息方法具有普适性。所谓信息方法，就是运用信息观点，把事物看作是一个信息流动的系统，通过对信息流程的分析和处理，达到对事物复杂运动规律认识的一种科学方法。它的特点是撇开对象的具体运动形态，把它作为一个信息流通过程加以分析。信息方法着眼于信息，揭露了事物之间普遍存在的信息联系，对过去难于理解的现象从信息概念作出了科学的说明。信息论为控制论、自动化技术和现代化通信技术奠定了理论基础，为研究大脑结构、遗传密码、生命系统和神经病理学开辟了新的途径，为管理科学化和决策科学化提供了思想武器。

3. 信息与管理的关系

管理的全过程就是信息处理与流动的过程。没有信息，就无法管理。

管理信息是信息的一种类型，它从管理中产生，又为管理服务。对于一个企业来说，所谓管理信息，就是经过处理的数据，诸如生产图纸、工艺文件、生产计划和各种定额标

准等的总称。这些信息是产品生产过程的客观反映，通过处理、总结，形成一定的报表文件，并以此为依据反过来指导生产过程的不断改进和完善。例如，加工车间的作业计划，就是通过生产计划、材料单和工艺路线等原始资料的处理后产生的一种管理信息，它反过来又成为指导生产、控制生产进度和进行科学管理的有效依据和手段。

1）信息的要求

要进行有效的管理，必须对信息提出一定的要求。管理对于信息的要求，可以归结为准确、及时、适用与经济。

信息必须准确。有了准确的信息，才能作出正确的决策。如果信息不准确，搞所谓的"假账真算"，就不能对系统运行发挥指导作用。尤其要反对弄虚作假、"谎报军情"，耽误工作。

所谓及时，有两层意思：一是对于时过境迁而不能追忆的信息要及时记录；二是信息传递的速度要快。如果信息不能及时提供各级管理部门使用，就会失去它的价值，变成废纸一堆。

所谓适用，是指信息的详简程度要适合于不同的人员。现代化工业企业内部与外部的信息是大量而复杂的，各级管理部门所要求的信息就其范围、内容和精度来说是各不相同的。必须提供适用的信息，使各级各部门的管理人员能及时看到与己有关的准确信息，以便进行有效的管理。如果让各级领导人员去阅读长篇累牍的原始资料，势必要浪费时间，不仅徒劳无功而且会耽误工作。反之，如果只向基层管理人员提供纲领性文件，他们就无法开展实际工作。

在满足准确、及时、适用的前提下，要尽量减少信息处理的费用，这就是经济性的要求。

2）信息的特性及分类

从适用性而言，管理中的信息可按各种特性分类，不同特性的信息则适用于不同的决策。下面，从不同的决策要求来看信息的特性：

（1）按时间特性分，可把信息分成历史的、现行的和未来的三类。

（2）按期待性分，可把信息分为预知的和突发的两种。

（3）按信息来源分，可把信息分成内部的信息和外部的信息，对外部信息或资料，必须分析考证其正确性。

（4）按信息涉及范围、深度及详细程度分，可把信息分成详细的和摘要的两种，如新学生报到注册，学校部门应了解每个学生的姓名、性别、年龄等详细情况，而国家教育部只需知道入学总人数、专业分布及男、女生比例等。

（5）按信息发生率分，可把信息分成高发生率的信息与低发生率的信息。

（6）按组织特性分，可把信息分成组织严密的信息与组织不严密（概略的）的信息两种，例如零件加工工艺信息的组织严密性强；而对某事物的看法因人而异，且不可能收集到有关全部看法的信息，这是组织不严密的信息。

（7）按精确度分，可将信息分成高度精确的信息与适度精确的信息。

（8）按数量化特性分，可把信息分为定量的信息与定性的信息，等等。

表 1-2 说明了信息特性与决策种类之间的关系。从表中可知，日常业务所需的信息是历史的和现行的，结果是可预测的；大多数信息是企业内部本身的数据，通常要求数据有严密的组织及较高的精确度；多数是可以定量计算的。战略性决策所需的信息一般属于

预测性的未来的远景数据，大部分数据来源于外界，信息的内容比较概要，且定性的部分多于定量的。战术性决策所需的信息，则介于上述两者之间。

表 1－2　信息特性与决策种类

信息特性	决策种类		
	经常性	战术性	战略性
时间性	历史的，现行的	------>	未来的
期待性	预知的	------>	突发的
来源	企业内部	------>	企业外部
涉及范围	详细的	------>	摘要的
发生率	高	------>	低
组织程度	严密	------>	概略
精确度	高度精确	------>	适度精确
数量化	定量为主	------>	定性为主

管理需要信息，信息也需要管理，两者结合，产生了管理信息系统（MIS），这是管理中进行信息处理、存储和调用的一种系统，其用途是向各级管理人员迅速及时地提供有效的情报，以便作出正确的分析和决策。

本 章 小 结

本章主要简介了系统、系统工程、系统工程的特点、类型及其研究的基本方法、技术知识领域，诸如系统概念、系统工程结构功能、系统工程方法论、系统工程技术内容，旨在建立系统及系统工程的概念、研究工具、研究内容及理论基础等，为后续知识点的学习奠定基础。

习　　题

1－1　系统工程的一般特点是什么？

1－2　系统工程的应用范围主要指哪些？

1－3　系统过程方法论的基本原则是什么？

1－4　A. D. Hall 三维机构方法论的基本内容是什么？

1－5　软系统方法论的逻辑思维和内容是什么？

1－6　控制论是如何产生的？它的奠基之作是什么？

1－7　信息论是如何产生的？它的奠基之作是什么？

1－8　什么是反馈？什么是正反馈、负反馈？它们的特点和用处是什么？

1－9　"熵"的含义是什么？信息量如何计算？

第 2 章　系统模型分析

【知识点聚焦】

对复杂系统进行有效的分析研究并得到有说服力的结果，就必须首先建立系统模型，然后借助模型对系统进行定性与定量相结合的分析。因此，系统建模是系统工程解决问题的必要工具。

系统、模型这两个概念是一条链条上的环节，是一个工作程序的步骤。研究系统要借助模型。有了模型才能进行系统运作——系统仿真。根据仿真的需要，修改模型，再进行仿真（反复若干次）；根据一系列仿真的结果，得出现有系统的调整、改革方案或者新系统的设计、建造方案。中间穿插若干其他环节。这就是系统工程研究解决实际问题的工作过程。本章就系统模型及具体的内容分析作以介绍。

2.1　系统分析概述

系统分析是指从系统的角度出发，对需要改进的现有系统或准备建立的新系统进行定性和定量的理论分析或试验研究，从而完成系统目的重审、系统结构分析、系统性能评价、系统效益评价、系统和环境相互影响分析以及系统发展预测，为系统规划设计、协调、优化控制和管理提供理论和试验依据。系统分析的目的在于，通过对系统的分析，认识各种替代方案的目的，比较各种替代方案的费用、效益、功能、可靠性以及与环境之间的关系等，得出决策者进行决策所需要的资料和信息，为最优决策提供科学可靠的依据。

2.1.1　层次分析法

人们在对社会、经济以及管理领域的问题进行系统分析时，面临的经常是一个由相互关联、相互制约的众多因素构成的复杂系统。层次分析法则为研究这类复杂的系统，提供了一种新的、简洁的、实用的决策方法。

层次分析法（AHP 法）是一种解决多目标的复杂问题的定性与定量相结合的决策分析方法。该方法将定量分析与定性分析结合起来，用决策者的经验判断各衡量目标能否实现的标准之间的相对重要程度，并合理地给出每个决策方案的每个标准的权数，利用权数求出各方案的优劣次序，比较有效地应用于那些难以用定量方法解决的课题。

层次分析法是社会、经济系统决策中的有效工具。其特征是合理地将定性与定量的决策结合起来，按照思维、心理的规律把决策过程层次化、数量化，是系统科学中常用的一种系统分析方法。

层次分析法自 1982 年被介绍到我国以来，以其定性与定量相结合地处理各种决策因素的特点，以及其系统灵活简洁的优点，迅速地在我国社会经济各个领域内，如工程计划、资源分配、方案排序、政策制定、冲突问题、性能评价、能源系统分析、城市规划、经济管理、科研评价等，得到了广泛的重视和应用。

层次分析法根据问题的性质和要达到的总目标，将问题分解为不同的组成因素，并按照因素间的相互关联影响以及隶属关系将因素按不同层次聚集组合，形成一个多层次的分析结构模型，从而最终使问题归结为最低层（供决策的方案、措施等）相对于最高层（总目标）的相对重要权值的确定或相对优劣次序的排定。

运用层次分析法构造系统模型时，具体的做法分成六个步骤：

（1）明确问题，建立层次结构；

（2）两两比较，建立判断矩阵；

（3）进行层次单排序；

（4）进行层次总排序；

（5）一致性检验。

1. 层次结构的建立

（1）明确问题。

先要清楚问题的范围、提出的要求、包含的因素，以及各元素之间的关系，这样就可以明确需要回答什么问题，需要的信息是否已经够用。

（2）建立层次结构。

根据对问题的了解和初步分析，可以把问题中涉及的因素按性质分层次排列，例如最简单的可以分成三层，排成如图 2-1 所示的形式。

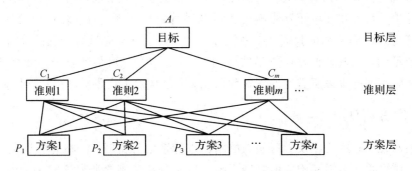

图 2-1 层次结构

在有多个分目标时可以在下一层设一个分目标层。中间一层是准则层，其中排列了衡量是否达到目标的各项准则。第三层是方案（措施）层，其中排列了各种可能采取的方案（措施）。

由于目标是否达到，要用各个准则来衡量，所以准则层中的各单元和目标是有联系的，图中画有连线；各方案均需用各准则来检查，所以最下层中的各元素与准则层中的各元素也有连线。

这里用两个例子来说明层次结构的形成。

【例 2-1】 某厂预备购买一台微型机，希望功能强、价格低、维护容易，现在有 A、B、C 三种机型可供选择，以此构成层次分析图（如图 2-2 所示）。

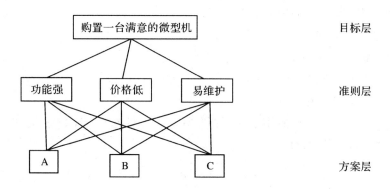

图 2 - 2　购置微型机层次分析图

【例 2 - 2】　某炼铁厂预备订购生产用的矿石,现有三种来源:临城、沙河、章村,厂方要求品位高、价格低、供货及时。我们可以把订购的决策分析用如图 2 - 3 所示的层次分析图表示出来。

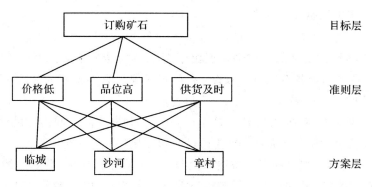

图 2 - 3　订购矿石层次分析图

2. 方案两两比较,建立判断矩阵

在建立了分析层次后,就可以逐层逐项对各元素进行两两比较,利用评分办法比较它们的优劣。例如可以先从最下层开始,在图 2 - 1 中,各方案中以准则层 C 的角度来两两进行评比,评比结果用下列判断矩阵中的各元素表示:

$$\begin{bmatrix} b_{11} & b_{12} & \cdots & b_{1n} \\ b_{21} & b_{22} & \cdots & b_{2n} \\ \vdots & \vdots & & \vdots \\ b_{n1} & b_{n2} & \cdots & b_{nn} \end{bmatrix}$$

因为对于单一准则来说,两个方案进行对比总能分出优劣来。如果 P_i 方案比起 P_j 方案来有下列不同的优劣程度,则 b_{ij} 系数值如下:

如 P_i 与 P_j 优劣相等,则 $b_{ij}=1$;

如 P_i 稍优于 P_j,则 $b_{ij}=3$;

如 P_i 优于 P_j,则 $b_{ij}=5$;

如 P_i 甚优于 P_j,则 $b_{ij}=7$;

如 P_i 极端优于 P_j,则 $b_{ij}=9$。

同样，如果 P_i 劣于 P_j，则有下列数值：

如 P_i 稍劣于 P_j，则 $b_{ij}=1/3$；

如 P_i 劣于 P_j，则 $b_{ij}=1/5$；

如 P_i 甚劣于 P_j，则 $b_{ij}=1/7$；

如 P_i 极端劣于 P_j，则 $b_{ij}=1/9$。

这里取 $1，3，5，7，9，\cdots$ 数字是为了便于评比，其实 $2，4，6，8，\cdots$ 也可以使用。对于判断矩阵各元素来说，显然有

$$b_{ij}=\frac{1}{b_{ij}}(i=1,2,\cdots,n；j=1,2,\cdots,n) \qquad (2-1)$$

因此，n 阶判断矩阵原有 n^2 个元素，现在只要知道 $\frac{n(n-1)}{2}$ 个就行了。这些 b_{ij} 值是根据资料数据、专家意见和分析人员的认识经过反复研究后确定的。由于是对单一准则两两比较，所以一般并不难给出评分数据。但是我们还应该检查这种两两比较的结果之间是否具有一致性。得出的数据如果存在：

$$b_{ij}b_{jk}=b_{ik}(i,j=1,2,\cdots,n) \qquad (2-2)$$

那就说明判断矩阵具有完全的一致性。但由于客观事物是复杂的。人们的认识也有片面性，所以判断矩阵不可能具有完全一致性，在确定时要注意不要有太大的矛盾即可。因为最后还要进行总的一致性检验。

对于每一个准则 C_i 都要列出 $P_1，P_2，\cdots，P_n$ 的判断矩阵。同样对目标来说，在几个准则中哪个更重要些，哪个次要些，也要通过两两相比，得出判断矩阵。

仍以例 2-1 为例。如果在三种备选的机型中，A 的性能较好，价格一般。维护需要一般水平；B 的性能最好，价格较贵，维护也只需一般水平；C 的性能差，但价格便宜，容易维护；则根据具体技术数据、经济指标和人的经验，确定各判断矩阵如下。

对准则 C_1（功能强）来说：

C_1	P_1	P_2	P_3
P_1	1	$\frac{1}{2}$	2
P_2	4	1	8
P_3	$\frac{1}{2}$	$\frac{1}{8}$	1

对准则 C_2（价格低）来说：

C_2	P_1	P_2	P_3
P_1	1	4	$\frac{1}{3}$
P_2	$\frac{1}{4}$	1	$\frac{1}{8}$
P_3	3	8	1

对准则 C_3（易维护）来说：

C_3	P_1	P_2	P_3
P_1	1	1	$\dfrac{1}{3}$
P_2	1	1	$\dfrac{1}{5}$
P_3	3	5	1

至于三个准则对目标来说的优先顺序，要根据该厂购置计算机的具体要求而定，假定该厂在计算机应用上首先要求功能强，其次要求易维护，再次才是价格低，则判断矩阵为

A	C_1	C_2	C_3
C_1	1	5	3
C_2	$\dfrac{1}{5}$	1	$\dfrac{1}{3}$
C_3	$\dfrac{1}{3}$	3	1

3. 进行层次单排序

针对上一层两两相比的评分数据，现在要把本层所有元素对上一层排出优劣顺序来。这可以在判断矩阵上进行计算，最常用的有下列几种方法。

1）求合法

求合法的计算步骤如下：

（1）把判断矩阵的每一行加起来，各行求和：

$$\begin{bmatrix} b_{11} & b_{12} & \cdots & b_{1n} \\ b_{21} & b_{22} & \cdots & b_{2n} \\ \vdots & \vdots & & \vdots \\ b_{n1} & b_{n2} & \cdots & b_{nn} \end{bmatrix} \begin{array}{l} \sum\limits_{i=1}^{n} b_{1i} = V_1 \\[2mm] \sum\limits_{i=1}^{N} b_{2i} = V_2 \\[2mm] \vdots \\[2mm] \sum\limits_{i=1}^{n} b_{ni} = V_n \end{array}$$

这样得到的 V_1，V_2，$\cdots$，V_n 值的大小已经可以表示出各行代表的方案 P_1，P_2，$\cdots$，P_n 的优劣强度了（例如 P_i 比其余 $P_j (j \neq i)$ 都优越，则该行元素 b_{ij} 均大于 1，其和便大于 1），为了便于比较，再进行第二步。

（2）进行正规化，即将 V_1，V_2，$\cdots$，V_n 加起来后除 V_i：

$$W_i = \frac{V_i}{\sum\limits_{i=1}^{n} V_j} (i = 1, 2, \cdots, n) \tag{2-3}$$

这样得到的向量

$$W = \begin{bmatrix} W_1 \\ W_2 \\ \vdots \\ W_n \end{bmatrix}$$

作为 P_1，P_2，$\cdots$，P_n 的相对优先程度的衡量更好一点，因为

$$W_1 + W_2 + \cdots + W_n = 1 \qquad (2-4)$$

例如，购置计算机的例子：

C_1	P_1	P_2	P_3
P_1	1	$\dfrac{1}{4}$	2
P_2	4	1	8
P_3	$\dfrac{1}{2}$	$\dfrac{1}{8}$	1

$$V_1 = 3.25 \quad W_1 = 0.1818$$
$$V_2 = 13 \quad W_2 = 0.7272$$
$$V_3 = 1.625 \quad W_3 = 0.7272$$
$$\sum V = 17.875$$

从 W_1、W_2、W_3 的比较来看，显然 B 型计算机在性能上比 A、C 都强得多，其次才是 A 型，A 比 B 差很多，但仍比 C 优越。

2）正规化求和法

正规化求和法的计算步骤如下：

（1）对于判断矩阵

$$\begin{bmatrix} b_{11} & b_{12} & \cdots & b_{1n} \\ b_{21} & b_{22} & \cdots & b_{2n} \\ \vdots & \vdots & & \vdots \\ b_{n1} & b_{n2} & \cdots & b_{nn} \end{bmatrix}$$

的每一列进行正规化：

$$b_{ij} = \frac{b_{ij}}{\sum\limits_{k=1}^{n} b_{kj}} (i, j = 1, 2, \cdots, n) \qquad (2-5)$$

正规化后，每列各元素之和为 1。

（2）各列正规化后的判断矩阵按行相加：

$$U_i = \sum_{j=1}^{n} b_{ij} (i = 1, 2, \cdots, n) \qquad (2-6)$$

（3）对向量 $\boldsymbol{U} = [U_1, U_2, \cdots, U_n]^{\mathrm{T}}$ 进行正规化：

$$W_i = \frac{U_i}{\sum\limits_{j=1}^{n} U_j} (i = 1, 2, \cdots, n) \qquad (2-7)$$

这样得出的向量

$$\boldsymbol{W} = [W_1, W_2, \cdots, W_n]^{\mathrm{T}} \qquad (2-8)$$

中的各分量 W_i 就是表明 P_1，$\cdots$，P_n 各元素相对优先程度的系数。

仍以购置计算机中的 C_1 判断矩阵为例。

C_1	P_1	P_2	P_3
P_1	1	$\frac{1}{4}$	2
P_2	4	1	8
P_3	$\frac{1}{2}$	$\frac{1}{8}$	1
各列之和	5.5	1.375	11

各列经过正规化后得：

C_1	P_1	P_2	P_3	各行之和	正规化
P_1	0.1818	0.1818	0.1818	0.5454	$0.1818＝W_1$
P_2	0.7272	0.7272	0.7272	2.1816	$0.7272＝W_2$
P_3	0.0910	0.0910	0.0910	0.2730	$0.0910＝W_3$

再求各行之和，并进行正规化，得到 W_1、W_2、W_3。

同样可以求得：

C_2	P_1	P_2	P_3
P_1	1	4	$\frac{1}{3}$
P_2	$\frac{1}{4}$	1	$\frac{1}{8}$
P_3	3	8	1

$$W_1＝0.2992, W_2＝0.0738, W_3＝0.6690$$

C_3	P_1	P_2	P_3
P_1	1	1	$\frac{1}{3}$
P_2	1	1	$\frac{1}{5}$
P_3	3	5	1

$$W_1＝0.1868, W_2＝0.1578, W_3＝0.6554$$

A	C_1	C_2	C_3
C_1	1	5	3
C_2	$\frac{1}{5}$	1	$\frac{1}{3}$
C_3	$\frac{1}{3}$	3	1

$$W_1＝0.633, W_2＝0.1035, W_3＝0.2532$$

3）方根法

方根法的计算步骤如下：

（1）计算判断矩阵每一行元素的乘积 M_i：

$$M_i = \prod_{i=1}^{n} b_{ij}(i=1,2,\cdots,n) \tag{2-9}$$

（2）计算 M_i 的 n 次方根 W_i'：

$$W_i' = \sqrt[n]{M_i} \qquad (2-10)$$

（3）对 W_i' 进行正规化：

$$W_i = \frac{W_i'}{\sum_{j=1}^{n} W_j} \qquad (2-11)$$

则 $W_i'(i=1,2,\cdots,n)$ 就构成了系数分量。

同样以 C_1 判断矩阵为例来计算：

C_1	P_1	P_2	P_3
P_1	1	$\frac{1}{4}$	2
P_2	4	1	8
P_3	$\frac{1}{2}$	$\frac{1}{8}$	1

$$M_1 = 0.5, \ M_2 = 32, \ M_3 = 0.0625$$

$$W_1' = \sqrt[3]{0.5} = 0.7937$$

$$W_2' = \sqrt[3]{32} = 3.1748$$

$$W_3' = \sqrt[3]{0.0625} = 0.3968$$

$$W_1 = \frac{0.7937}{0.7937 + 3.1748 + 0.3968} = \frac{0.7937}{4.3653} = 0.1818$$

$$W_2 = \frac{3.1748}{4.3653} = 0.7272$$

$$W_1 = \frac{0.3968}{4.3653} = 0.0910$$

同样求出：

C_2	P_1	P_2	P_3
P_1	1	4	$\frac{1}{3}$
P_2	$\frac{1}{4}$	1	$\frac{1}{8}$
P_3	3	8	1

$$M_1 = 1.3333, \ M_2 = 0.0313, \ M_3 = 24$$

$$W_1 = 0.2559, \ W_2 = 0.0733, \ W_3 = 0.6708$$

C_3	P_1	P_2	P_3
P_1	1	1	$\frac{1}{3}$
P_2	1	1	$\frac{1}{5}$
P_3	3	5	1

$$M_1 = 0.3333,\ M_2 = 0.2,\ M_3 = 15$$

$$W_1 = 0.1851,\ W_2 = 0.1562,\ W_3 = 0.6587$$

A	C_1	C_2	C_3
C_1	1	5	3
C_2	$\dfrac{1}{5}$	1	$\dfrac{1}{3}$
C_3	$\dfrac{1}{3}$	3	1

$$M_1 = 15,\ M_2 = 0.0067,\ M_3 = 1$$

$$W_1 = 0.637,\ W_2 = 0.105,\ W_3 = 0.258$$

把用方根法与用正规化求和法的结果拿来比较，结果是非常接近的。

4）特征向量法

严格计算 $W = [W_1, W_2, \cdots, W_n]^T$ 的方法是计算判断矩阵的最大特征根 $\lambda_{\max}$ 以及它所对应的特征向量 W，它们满足下式

$$BW = \lambda_{\max} W$$

其中，B 为判断矩阵。这个特征向量 W 正是待求的系数向量。W 与 $\lambda_{\max}$ 的计算步骤如下：

（1）设一个和判断矩阵 B 同阶的初值向量 W。

（2）计算 $W^{k+1} = BW^k (k = 0, 1, 2, \cdots)$。

（3）令 $\beta = \sum\limits_{i=1}^{n} W_i^{k+1}$，计算 $W^{k+1} = \dfrac{1}{b} \overline{W}^{k+1} (k = 0, 1, 2, \cdots)$。

（4）给定一个精度 ε，当 $|\overline{W}^{k+1} - \overline{W}^k| < \varepsilon$ 对所有 $i = 1, 2, \cdots$ 都成立时停止计算，这时 $W = W^{k+1}$ 就是所需要求出的特征向量。

（5）计算最大特征值：

$$\lambda_{\max} = \sum_{i=1}^{n} \frac{\overline{W}_i^{k+1}}{n \overline{W}_i^k} \tag{2-12}$$

以上的计算过程在计算机（即使是微型机）上很容易实现。由于这种计算并不要求高的精确度（判断矩阵各元素给出的值也不是很精确的），因此用前面第二种、第三种方法已经足够了。即使用计算器、算盘甚至手算都可以完成。

4. 进行层次总排序

完成了层次单排序后，怎样利用单排序结果，综合出对更上一层的优劣顺序，就是层次总排序的任务。例如，我们已经分别得到 P_1、P_2、P_3 对 C_1、C_2、C_3 来说的顺序以及 C_1、C_2、C_3 对 A 的顺序，接下来要得到 P_1、P_2、P_3 对 A 的顺序。

这种排序方法可以用表格来加以说明。例如，层次 C 对层次 A 来说已经完成单排序，其系数值为 $a_1, a_2, \cdots, a_m$，而层次 P 对层次 C 各元素 C_1、C_2、C_3 来说单排序后系数值分别为 $W_1^{1'}, W_2^1, \cdots, W_n^1;\ W_1^2, W_2^2, \cdots W_m^2;\ \cdots$

总排序系数值可按表 2-1 计算。

表 2 - 1 　总排序系数值

层次 C ＼ 层次 P	C_1 a_1	C_2 a_2	...	C_m a_m	总排序结果
P_1	$W_1^{1'}$	W_1^2	...	W_1^m	$\sum\limits_{i=1}^{m} a_i W_1^i$
P_2	W_2^1	W_2^2	...	W_2^m	$\sum\limits_{i=1}^{m} a_i W_2^i$
⋮	⋮	⋮	⋮	⋮	⋮
P_n	W_n^1	W_n^1	...	W_n^m	$\sum\limits_{i=1}^{m} a_i W_n^i$

很显然，存在

$$\sum_{j=1}^{n}\sum_{i=1}^{m} a_i W_j^i = 1 \tag{2-13}$$

所以得出的结果已经是正规化的了。试以购置计算机的例子来加以计算（用方根法计算系数值结果）。总排序的系数计算过程如表 2 - 2 所示。

表 2 - 2 　总排序系数计算过程

层次 C ＼ 层次 P	C_1 0.637	C_2 0.105	C_3 0.258	总排序结果
P_1	0.1818	0.2559	0.1851	0.1094
P_2	0.7272	0.0733	0.1562	0.5112
P_3	0.0910	0.6708	0.6587	0.2983

$$W_1 = 0.637 \times 0.1818 + 0.105 \times 0.2559 + 0.258 \times 0.1851 = 0.1904$$
$$W_2 = 0.637 \times 0.7272 + 0.105 \times 0.0733 + 0.258 \times 0.1562 = 0.5112$$
$$W_3 = 0.637 \times 0.0910 + 0.105 \times 0.6708 + 0.258 \times 0.6587 = 0.2983$$

从以上分析可知，B 型计算机从综合评分来说占优势，其次是 C 型。

5. 一致性检验

我们在前面讲过，在决定判断矩阵系数时，要求两两对比的评分之间存在一致性。要求完全一致性是不可能的，但应该定下一致性指标并进行检验。

在单排序时，就应该检验判断矩阵的一致性。一致性指标的定义为

$$CI = \frac{\lambda_{max} - n}{n - 1} \tag{2-14}$$

可以从数学上证明，n 阶判断矩阵的最大特征根为

$$\lambda_{max} \geqslant n \tag{2-15}$$

当完全一致时，$\lambda_{max} = n$，这时 $CI = 0$。为了进行检验，再定义一个随机一致性比值：

$$CR = \frac{CI}{RI} \tag{2-16}$$

在式（2 - 16）中，RI 称为平均随机一致性指标，其数值如表 2 - 3 所示。

表 2 - 3 一致性指标

阶数 n	3	4	5	6	7	8	9
RI	0.58	0.90	1.12	1.24	1.23	1.41	1.45

其中，对于一个二阶判断矩阵来说，总认为它们是完全一致的。

一般希望

$$CR < 0.10$$

然后再检验总排序的一致性。总排序的指标 CI 值为

$$CI = \sum_{i=1}^{m} a_i CI_i \qquad (2-17)$$

$$RI = \sum_{i=1}^{m} a_i RI_i \qquad (2-18)$$

RI_i 也是相应的单排序一致性目标。而对于

$$CR = \frac{CI}{RI}$$

同样希望它小于 0.10。

如果一致性检验结果不令人满意，就应该检查判断矩阵各元素间的关系是否有不恰当的，有则适当加以调整，直到具有满意的一致性为止。

最后应该提到的是：层次的划分不一定仅限于上面讲过的目标、准则、措施（或方案）这三层。例如，目标层总目标之下还可增加一个分目标层。中间还可以有情景层（反应不同处境）、约束层等。层数虽然加多了，但处理方法仍和前面一样，只是重复使用几次即可。

层次分析法由于思想清楚，能够定量处理一些难以精确定量的决策问题，计算也不复杂，整个过程符合系统分析思想，所以是一种很有用的方法，虽然提出的时间不长，但已显示出很强的生命力。它还可以用来在应用加权和的综合评价中计算权系数。其实，这种方法已经隐含了一个简单清晰的决策过程。

2.1.2 网络分析法

网络分析法（ANP）是美国匹兹堡大学的 T. L. Saaty 教授于 1996 年提出的一种适应非独立的递阶层次结构的决策方法，它是在层次分析法（Analytic Hierarchy Process，AHP）的基础上发展而形成的一种新的实用决策方法。

AHP 作为一种决策过程，它提供了一种表示决策因素测度的基本方法。这种方法采用相对标度的形式，并充分利用了人的经验和判断力。在递阶层次结构下，它根据所规定的相对标度——比例标度，依靠决策者的判断，对同一层次有关元素的相对重要性进行两两比较，并按层次从上到下合成方案对于决策目标的测度。这种递阶层次结构虽然给处理系统问题带来了方便，同时也限制了它在复杂决策问题中的应用。在许多实际问题中，各层次内部元素往往依赖于 C 低层元素对高层元素的支配作用，即存在反馈。此时系统的结构更类似于网络结构。网络分析法正是适应这种需要，由 AHP 延伸发展得到的系统决策方法。

ANP 首先将系统元素划分为两大部分：第一部分称为控制层，包括问题目标及决策准则。所有的决策准则均被认为是彼此独立的，且只受目标元素支配。控制因素中可以没有决策准则，但至少有一个目标。控制层中每个准则的权重均可用 AHP 方法获得。第二部

分为网络层，它是由所有受控制层支配的元素组组成的 C，其内部是互相影响的网络结构，元素之间互相依存、互相支配，元素和层次间内部不独立，递阶层次结构中的每个准则支配的不是一个简单的内部独立的元素，而是一个互相依存、反馈的网络结构。控制层和网络层组成了典型的 ANP 层次结构，见图 2-4。

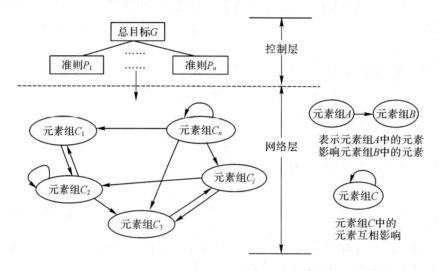

图 2-4　网络分析法的典型结构模型

1. 网络分析法的特点

AHP 通过分析影响目标的一系列因素，比较其相对重要性，最后选出得分最高的方案即为最优方案。Harker 和 Vargas 曾经这样评价 AHP："AHP 是一套复杂的评价系统，当我们进行多目标、多准则以及多评委的决策时，面对众多的可选方案，AHP 能够用来解决各种量化和非量化、理性与非理性的决策问题。"AHP 简单易用，其缜密的理论基础决定了它能解决各种实际问题。AHP 模型使各决策层之间相互联系，并能推出跨层次之间的相互关系。模型的顶层为企业的总目标，然后逐层分解成各项具体的准则、子准则等，直到管理者能够量化各子准则的相对权重为止。

层次分析法能够为决策者解决各种复杂的系统问题，但它也存在一些缺憾。例如，AHP 就未能考虑到不同决策层或同一层次之间的相互影响，AHP 模型只是强调各决策层之间的单向层次关系，即下一层对上一层的影响。但在实际工作中对总目标层进行逐层分解时，时常会遇到各因素交叉作用的情况。如一个项目的不同研究阶段对各评委的权重是不同的；同样，各评委在项目研究的不同阶段对各评价指标的打分也会发生变化。这时，AHP 模型就显得有些无能为力了。

网络分析法的特点就是，在层次分析法的基础上，考虑到了各因素或相邻层次之间的相互影响，利用"超矩阵"对各相互作用并影响的因素进行综合分析得出其混合权重。而 ANP 模型并不要求像 AHP 模型那样有严格的层次关系，各决策层或相同层次之间都存在相互作用，用双箭头表示层次间的相互作用关系。若是同一层中的相互作用就用双循环箭头表示。箭头所指向的因素影响着箭尾的决策因素。基于这一特点，ANP 越来越受到决策者的青睐，成为企业在对许多复杂问题进行决策的有效工具。ANP 中各因素的相对重要性指标的确定与 AHP 基本相同。各因素的相对重要性指标（标度）是通过对决策者进行问卷调查得到的，但有时也会出现一些不一致的现象。

2. 网络分析法的案例分析——基于 ANP 的水电工程风险分析模型

1）水电工程风险因素识别

由于水电工程项目各分项工程众多，且工程建设期一般较长，各分项工程面临的风险也将多种多样，对水电工程风险从总体上进行风险识别将有一定的难度，并且很可能遗漏较重要的风险因素，因此在识别风险前有必要将整体工程进行适当分项工程的划分，然后再对各分项工程进行风险识别。同时由于风险因素的多样化，有必要也将风险按照一定的风险原则进行分解。因此本案例采用项目分解结构（WBS）与风险分解结构（RBS）相结合的方法进行风险的识别。另外采用此方法进行风险识别也将有利于风险因素 ANP 结构模型的建立与求解。

2）工程项目的层次结构模型

在建立整体工程风险因素网络分析模型结构时，首先要建立工程项目的工作结构模型。由于各个子工程项目都有其相应的工程控制目标（费用、进度、质量、安全），并且各个子项目对整体工程项目目标必然具有不同重要程度的影响。因此在建立工程项目的层次结构时，应该将工程目标作为判断准则对各子工程项目之间的重要度进行判断。在 WBS 的基础上建立的各子工程项目的重要度模型为 AHP 结构，如图 2-5 所示。

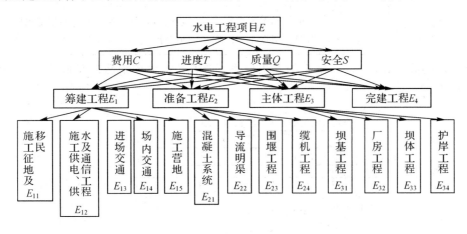

图 2-5　工程项目结构分解的 AHP 结构模型

3）风险因素的网络结构模型

根据风险的来源将风险因素分为自然风险、技术风险、经济风险、组织管理风险和社会政策风险五个类别。根据这五类风险再进行具体的风险因素划分。

传统的风险分析认为风险具有发生概率和损失两种属性，但是这种定义显然不能够较全面地反映风险的本质，因此张建设将可预测性、可控制性、可转移性引入到风险属性中，将风险看作是具有这五种属性的多维特性对象进行描述。引入多维属性对风险进行描述可以从不同角度更全面地反映风险因素的特性，但其中可转移性和可预测性均可在可控制性上反映，所以只需将可控制性进行估计就可以较全面地反映风险的特性，根据研究的需要，分析认为风险估计一般是对负面影响估计，在传统的二维属性的基础上引入"不可控制性"对水电工程项目风险进行评估。

在风险识别过程中，只识别了风险因素，而要建立 ANP 模型还必须对风险因素之间的互相影响关系进行研究。通过以专家调查或是小组讨论的方式最终可得到风险因素影响关系，如表 2-4 所示。

表 2-4　某子工程项目风险因素影响关系

影响因素 ＼ 被影响因素			自然风险 R_1					技术风险 R_2					…	
			R_{11}	R_{12}	R_{13}	R_{14}	R_{15}	R_{21}	R_{22}	R_{23}	R_{24}	R_{25}	…	…
			暴雨	洪水	滑坡	地质不确定性	地震	施工缺陷	施工事故	设计变更	设计缺陷	勘测不足	…	…
自然风险 R_1	R_{11}	暴雨												
	R_{12}	滑坡												
	⋮	⋮												
技术风险 R_2	R_{21}	施工缺陷												
	R_{21}	施工事故												
	⋮	⋮												
⋮	⋮	⋮												
调查说明			顶部元素为被影响的风险因素，左列为可能引起顶部风险因素的因素。请在左列因素影响顶部因素的相应空格中打"√"											

根据影响关系表，以风险因素的发生概率、损失和不可控制性为准则建立 ANP 结构模型，如图 2-6 所示。

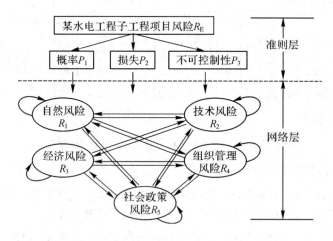

图 2-6　子工程项目风险因素的 ANP 结构模型

要对每个子工程项目的风险因素都建立相应的风险因素 ANP 结构模型，即可得到工程项目的整体的结构模型，建立的整体风险因素 ANP 结构模型为多准则、多层次模型。

4）基于 ANP 的水电工程风险分析模型解析

（1）子工程项目重要度的确定。

在计算各子工程项目的重要度时，由于基于 WBS 建立的结构模型为 AHP 形式，所以采用传统方式很容易对模型进行重要度求解。

（2）子工程的风险因素的权重向量及排序。

对各子工程项目下相互关联的风险因素权重向量的确定是整个工程项目风险因素排序的关键步骤，同时也是采用 ANP 进行风险分析的核心。根据图 2-6 的 ANP 结构模型以及表 2-4 中的风险因素影响关系，对子工程项目下的风险因素权重的计算按以下步骤进行：

① 计算风险属性权重。对描述风险大小的概率、损失和不可控制性进行重要性比较。此三个属性可看作评判风险因素的准则，所以采用传统的 AHP 法可以确定其权重大小。

② 计算单准则下各风险因素权重。由于此模型是多准则问题，因此相互关联的风险因素要在三个准则下分别进行比较判断，现以其中的概率准则对风险因素进行研究，这一过程又可分为以下几步：

a. 建立超矩阵。

以概率为主准则，以其中一个风险因素为次准则，进行其他风险因素的相对重要度比较，即其他风险因素对这一风险因素发生概率的影响程度进行重要度比较。由于并不是每个风险因素都对其有影响，所以并不是所有元素都要在此次准则下进行比较，影响这一个风险因素的其他风险因素可从影响关系表中查得。然后以各风险类别组为单元分别计算其特征向量，即相应的局部权重向量。经过以每一个元素为次准则的比较判断和计算后建立超矩阵。

$$\boldsymbol{W} = \begin{bmatrix} W_{11} & W_{12} & W_{13} & W_{14} & W_{15} \\ W_{21} & W_{22} & W_{23} & W_{24} & W_{25} \\ W_{31} & W_{32} & W_{33} & W_{34} & W_{35} \\ W_{41} & W_{42} & W_{43} & W_{44} & W_{45} \\ W_{51} & W_{52} & W_{53} & W_{54} & W_{55} \end{bmatrix} \qquad (2-19)$$

其中，$W_{ij}(i=1,2,\cdots,5;j=1,2,\cdots,5)$ 表示风险因素类别 R_j 中风险因素受 R_i 类别中因素影响的向量矩阵。W_{ij} 的列向量是由 R_i 中每个因素以 R_j 中一个因素为次准则进行比较判断得到判断矩阵的特征向量。

b. 建立权矩阵。

以概率为主准则，风险类别 R_i 为次准则，对所有类别进行比较判断，构造判断矩阵，即每个风险类别中对 R_i 风险类别发生概率的影响程度进行判断比较。其中的判断比较包括了 R_i 自身与其他类别对自身影响的比较判断。因为每个风险因素所受的影响程度是在各风险类别中进行比较判断的，由多个矩阵组成的超矩阵中的各列向量不是归一化的，即列向量和不为 1，无法比较分别存在于不同类别中的元素对一个为次准则的因素影响程度的大小；另外，未加权的超矩阵无法采用幂法求解极限相对权重向量，所以要对各风险类别的互相影响重要度进行比较判断。依次以各个类别为次准则进行比较判断后，得到五个判断矩阵，并计算特征向量，最后可得如式（2-20）所示的权矩阵。

$$\boldsymbol{a} = \begin{bmatrix} a_{11} & a_{12} & a_{13} & a_{14} & a_{15} \\ a_{21} & a_{22} & a_{23} & a_{24} & a_{25} \\ a_{31} & a_{32} & a_{33} & a_{34} & a_{35} \\ a_{41} & a_{42} & a_{43} & a_{44} & a_{45} \\ a_{51} & a_{52} & a_{53} & a_{54} & a_{55} \end{bmatrix} \qquad (2-20)$$

c. 建立加权超矩阵并求解。

将超矩阵按式(2-21)进行加权可得到加权超矩阵,加权超矩阵中列向量元素大小即为各风险因素对处于此列上的因素影响的大小,若某一风险因素对此因素没有影响,则对应的值为零。此时可利用幂法或其他方法对加权超矩阵进行相对排序向量的求解,最后相对排序向量就是各风险因素在概率准则下的权重。

$$
\overline{W} = \begin{bmatrix}
a_{11}W_{11} & a_{12}W_{12} & a_{13}W_{13} & a_{14}W_{14} & a_{15}W_{15} \\
a_{21}W_{21} & a_{22}W_{22} & a_{23}W_{23} & a_{24}W_{24} & a_{25}W_{25} \\
a_{31}W_{31} & a_{32}W_{32} & a_{33}W_{33} & a_{34}W_{34} & a_{35}W_{35} \\
a_{41}W_{41} & a_{42}W_{42} & a_{43}W_{43} & a_{44}W_{44} & a_{45}W_{45} \\
a_{51}W_{51} & a_{52}W_{52} & a_{53}W_{53} & u_{54}W_{54} & u_{55}W_{55}
\end{bmatrix}
\qquad (2-21)
$$

③ 计算多准则风险因素权重。依次以损失、不可控制性为准则对各风险因素按照第②步进行权重向量求解,然后以第①步中所求得的权重对各单准则的风险因素权重进行合成,可得到风险因素在子工程项目中的风险大小排序。

(3)整体工程项目风险因素排序。

对每一个子工程项目的风险因素进行权重向量求解,就可以对整体工程项目的风险因素进行权重合成和总排序计算。

将各子工程项目的风险因素权重对应到整体工程项目所有的风险因素中,对于不影响此子工程项目的风险因素,将其权重设为零。由上述工程项目重要度的计算,得到了各子工程项目在整体工程项目的权重,因此通过对各层子工程项目下的风险因素权重进行加权求和就可得到各风险因素在上一层工程项目的排序。最终可得到整体工程项目的风险因素总排序。

从总排序结果可以很容易发现工程项目所面临的最大、最关键的风险因素,由于考虑了风险因素的相互影响关系,所以最终结果将更加客观真实地反映实际情况。

根据上述研究总结得到基于 ANP 进行水电工程项目风险分析的流程图,见图 2-7。

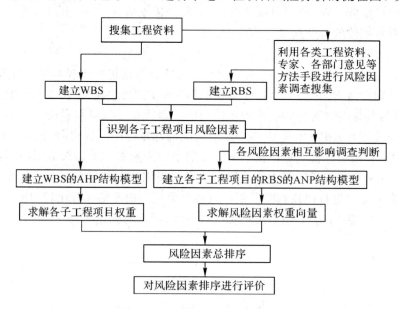

图 2-7 基于 ANP 的水电工程项目风险分析流程图

2.2　系统模型

2.2.1　系统模型概述

1. 系统模型的定义

系统模型是对于系统的描述、模仿和抽象，它反映系统的物理本质和主要特征。因此，模型可以认为是实际系统的代替物。

具体来说，系统模型是指采用某种特定的形式(如文字、符号、数学公式、图表、实物等)对一个系统的某一方面本质属性进行描述，从而揭示系统的功能和作用，提供系统的相关知识。系统模型一般不是系统对象本身，而是对现实系统的描述、模仿或抽象，用以简化地描述现实系统的本质属性。它必须反映实际，又必须高于实际，是一切客观事物及其运动形态的特征和变化规律的一种定量抽象，是在研究范围内更普遍、更集中、更深刻地描述实体特征的工具。系统是复杂的，系统的属性也是多方面的。对于大多数研究目的而言，没有必要考虑系统全部的属性，因此，系统模型只是系统某一方面本质特性的描述，本质属性的选取完全取决于系统工程研究的目的。所以，对同一个系统，由于研究目的不同，可以建立不同的系统模型；而同一种模型也可以代表多个不同的系统。

2. 系统模型的特征

系统模型反映着实际系统的主要特征，但它又区别于实际系统而具有同类系统的共性。因此，一个通用的系统模型应具有如下三个特征：

(1) 它是实际系统的合理抽象或模仿。

(2) 它是由反映系统本质或特征的主要因素构成或者是由那些与被分析的问题相关的因素构成。

(3) 它表明了有关因素之间的逻辑关系或定量关系。

一个好的模型应该是现实性和易处理性两者兼顾的统一体。也就是说，模型必须包括现实系统中的主要因素，又要采取一些理想化的办法对某些过程作合理的简化。

2.2.2　系统建模方法

1. 系统建模的一般方法

针对不同的对象系统，可以采取不同的方法建造系统模型。

常用的系统建模方法有以下五种：

(1) 推理法：对于内部结构和特性已经清楚的系统，即所谓的"白箱"系统，可以利用已知的定律和定理，经过一定的分析和推理，得到系统模型。

(2) 模拟法。对于那些内部结构和特性不很清楚的系统，即所谓的"灰箱"系统，可以通过建立计算机仿真模型，来模拟实际系统的行为，通过模拟的输入和输出结果，评价和确认系统模型。例如，在仓储管理中，利用模拟仿真建立动态的模型用以研究仓库的分布、容量、运输配送等活动对于企业生产运作的影响，从而提出相应的解决方法。

（3）辨识法。对于那些内部结构和特性不清楚的系统，即所谓的"黑箱"系统，可以通过实验方法测量其输入和输出，然后按照一定的辨识方法，建立系统模型。

（4）统计分析法。对于那些内部结构和特性不清楚，又不允许直接进行实验观察的系统，可以采用数据收集和统计分析的方法来建造系统模型。

（5）混合法。大部分系统模型的建造往往是上述几种方法综合运用的结果。

系统模型的思路方法因人而异，没有统一的构造方法。同时建模的方法也是多样的，不仅仅只有以上总结的几种方法。

2. 情景分析法

情景分析法通常用于建立概念模型，通过设想未来行动所处的环境和状态，预测相应的技术、经济和社会后果。这种方法主要依靠丰富的实践经验、直觉分析和逻辑推理。

3. 相关对比分析法

对于已有标准化模型的研究对象系统，如果要进行相关方面的建模，需要对已有的模型进行必需的分析，然后与对象系统的有关方面进行对比，查找其相同点和相异点，建立一个可信的新模型。这种方法一般用于模型应用的延伸和改进。例如，在存储管理中的独立需求确定性经济订货批量模型（Economic Order Quantity，EOQ）中，由从不考虑原料采购过程中的数量折扣模型发展到考虑数量折扣的改进型模型。

4. 德尔菲法

德尔菲法是一个通过多轮征询专家群体中的个人意见并且进行统计分析，使专家意见的总体质量不断改善的过程。实践表明，德尔菲法构造的集体讨论模式，可以起到和情景分析模型相同的作用，预测的后果较之会议讨论往往要准确些，适合于预测事件何时发生、某项指标在未来的数值等。

其实在建模过程中采用的方法并不是唯一的，各种方式方法可以交叉使用，并没有界定。

2.2.3 典型模型

对系统进行研究的目的在于，发现系统的内在结构特征和动力学机制，把握系统的宏观运动规律，最终能预测系统可能的发展情况。要研究系统的内在运行机制，必须要为系统建立模型。在实际的系统工程中常用的模型有：结构模型、网络模型、状态空间模型、基于主体的模型、层次分析法、模糊逻辑模型、人工神经网络、元胞自动机、时间序列建模、近似推理、遗传算法、模拟退火、蚁群算法、流程式模型和统计模型等。

1. 结构模型

系统是由许多相互作用的要素组成的。研究一个系统，首先要知道系统中各要素间的相互关系，也就是要知道系统的结构或者建立系统的结构模型。结构模型是表明各要素间关系的宏观模型。

结构模型就是描述系统各实体间的关系，以表示一个作为实体集合的系统模型。它具有以下特点：结构模型是一种几何模型，可用有向连接图表示；该模型以定性分析为主；

可以用矩阵表示。结构模型作为对系统描述的一种形式，处于数学模型和逻辑分析之间，它适用于分析处理宏观、微观、定性、定量的有关问题。

2. 网络模型

网络模型在系统工程中应用很广，很多实际问题常可以归结为一定的网络模型，然后根据网络模型的解法来求得问题的解。常用的网络模型主要有：最短路径、最大流、最小费用、随机网络模型、复杂网络模型等。其实这些模型在"运筹学"课程中都有详细讲解，在此不再赘述。

3. 状态空间模型

研究动态系统的行为时，常采用两种既有联系又有区别的方法：输入-输出法和状态变量法。输入-输出法只研究系统的端部特点，不研究系统的内部结构，常用传递函数来表示。状态变量法可揭示系统的内部特征，可用于表示线性或非线性、时变或时不变、多输入多输出等系统，且更适合于计算机仿真与应用，因此得到了广泛的应用。在系统工程中，主要涉及离散系统的状态空间模型。

4. 基于主体的模型

对于系统的整体涌现性，很多学者倡导的是生成论的研究方法。他们把能够呈现出涌现性的系统分为两类。一类是规则支配的系统，相信这类系统的涌现性可以用科学方法描述。简单而典型的例子是各种棋类游戏，根据很少几条关于棋子合法行走的局部规则，可以下出无穷多种不可能从这些规则中预测的棋盘局势，一切有规则支配的系统都如此。根据这种思路，可以选择适当的主体作为构件，用计算机程序设计少数支配主体相互作用的规则，通过计算机仿真考察该模型的涌现行为，目的是建立一种概念框架，以便能够预测何时、何处出现涌现，形成什么样的涌现。生成论的涌现研究方法建立在归纳逻辑之上，所用模型是由计算机程序表示的，根据模型，系统在计算机上产生、演化，让宏观整体行为由下而上、自然而然地涌现出来，使研究者能够直接观察系统的生成、演化过程，从观察现象中发现规律，提炼概念，形成意见，建立理论。这就是在复杂系统建模中，智能建模占有十分重要的地位的主要原因。至于另一类系统，范围非常广阔，如伦理、诗歌等，虽然可以明显地观察到涌现现象，但不属于规则支配的系统，能否成为科学的对象，系统科学学者们仍然还在研究。

由于主体本身处理能力有限，为解决复杂的分布式系统，必须把多个主体有效地组织起来，相互协作、相互交流，并根据环境和交流知识进行推理、学习等，这就提出了多主体（Multi-agent）系统。多主体系统没有一个统一的标准定义，但一致认为其应具有如下特点：

（1）每个主体具有对处理问题的有限知识和能力。

（2）没有全局系统控制。

（3）数据是分布的。

（4）计算是异步进行的。

多主体系统实质上是一个主体集合在其所处环境中，主体相互之间以及主体和环境之间存在交互。多主体系统是由多个主体组成的系统，这些主体可以通过网络基础设施交换信息，实现交互。多个主体按照一定的结构、关系、模式结合起来构成一个整体，提供主体活动和交互的框架，并决定主体之间的信息关系和控制关系。

对系统进行分析和设计时，将事物抽象为主体，并以此作为系统构成单元，通过主体之间的通信和协作实现系统的整体目标。面向主体的程序设计是一种以计算的社会观为基础的新型程序设计风范，计算任务是基于主体之间的合作来完成的。面向主体方法把系统作为问题求解的整体对待，并且强调问题的分解、分配和求解过程的协同，这更符合人类认识事物和解决问题的习惯和方法。

5. 层次分析法

层次分析法是一种定性分析和定量分析相结合的多目标决策分析方法，可以对非定量事件和人的主观判断作定量分析和描述。该方法采用数学方法描述需要解决的问题，适用于多目标、多因素、多准则、难以全部量化的大型复杂系统，对目标（或因素）结构复杂并且缺乏必要数据的情况也比较适用。

这种方法的特点：思路简单明了；所需要的定量数据信息较少，对问题本质、包含因素及其内在关系分析得比较清楚。这种方法可以用于复杂的无结构特征问题的分析、多准则事物的评价与决策。

6. 模糊逻辑模型

模糊逻辑推广了经典的二值逻辑，可以有无穷多个中间状态，是处理不确定性问题的有效工具。模糊技术以模糊逻辑为基础，从人类思维中的模糊性出发，对于模糊信息进行量化，其中最重要的一步是利用专家知识和实际经验来定义相应模糊集的隶属函数。模糊集反映了人脑的思维特征，使得模糊理论在许多以人为主要对象的领域（如管理领域、经济领域）得到了成功应用。模糊模型是基于模糊集的一种"软模型"，相应的模型是人脑思维的量化模拟。

7. 人工神经网络

人工神经网络是模仿人脑生理特性的新型智能信息处理系统，它以模拟生物神经元为基础，使系统具有自适应性、自组织性、容错性等。人工神经网络开创了用已知的非线性系统去近似实现实际应用的复杂系统，甚至是"黑箱"的典型范例。它是进行曲线拟合、近似实现各种非线性复杂系统模型化的有效工具。

人工神经元网络系统的基本处理单元是神经元，主要结构单元是信号的输入、综合处理和输出，其输出信号的强度大小反映了该神经元对相邻单元影响的强弱。人工神经元之间的相互连接形成网络，成为人工神经网络。

按一定的规则将神经元连接成神经网络，才能实现对复杂信息的处理与存储。根据网络的连接特点和信息流向特点，可将其分为前馈层次型、输入输出有反馈的前馈层次型、前馈层内互连型、反馈全互连型、反馈局部互连型等几种常用的类型。

神经网络在外界输入样本的刺激下不断改变网络的连接权值乃至拓扑结构，以使网络的输出不断地接近期望输出。这一过程称为神经网络的学习，其本质是对可变权值的动态调整。在学习过程中，网络中各神经元的连接权需要按照一定的规则调整变化，这种权值调整规则称为学习规则。

人工神经网络的经典结构模式应该是一个多输入多输出结构，根据不同网络的选择确定神经元的特性。节点间的联系表示输入对神经元或神经元对输出的激励响应强度，神经元之间相互连接的方式称为连接模式，相互之间的连接度由连接权值体现。可以认为，一个神经元是一个自适应单元，其权值可以根据它所接收的输入信号、它的输出信号以及对应的监督信号进行调整。在人工神经元网络中，改变信息处理过程及其能力，就是修改网络权值的过程。

8. 元胞自动机

元胞自动机(Cellular Automata，CA)是发现复杂适应性系统涌现行为的模型，由斯塔尼斯拉夫·乌拉姆(Stanislaw Ulam)和冯·诺依曼于 20 世纪 40 年代提出。元胞自动机将系统视为个体(元胞)组成的，在空间上是离散的。个体通常具有各自的目的或行为规则，个体之间又以某种方式相互作用和相互影响。这种相互作用往往不是全局的，而是在一定的邻域范围内，并在长期的演化过程中自组织形成内在的结构、模式。

初等的元胞自动机非常简单，由一维空间上的各个格子组成，格子上的状态仅有 0 和 1 两种可能；元胞自动机按离散时间步进行演化运动，每一时间步每个格子的状态由上一时间步自身的状态和左右相邻两个格子的状态决定。

史蒂芬·沃尔弗拉姆(Stephen Wolfram)在 1984 年对初等元胞自动机按其可计算能力分为四类并证明了这四类元胞自动机与乔姆斯基(A. N. Chomsky)划分的四类形式语言或者其识别工具的对应关系。沃尔弗拉姆对元胞自动机进行了深入细致的研究，著成《一种新私学》(A New Kind of Science)一书，书中对元胞自动机的规则表示、程序实现技术、演化中形成的模式，以及出现的特征，元胞自动机在具体物理、社会系统中的应用等问题进行了全景式的展示，并提出了"由简单程序组成的世界"(The Word of Simple Program)这一崭新的观点。

约翰·康威(John Conway)采用二维的元胞自动机提出了"生命游戏(Game of Life)"。在生命游戏中，每个格点上的生死由上一时间步周围 8 个格点上存活格点的个数来决定。生命游戏是一个基础模型，通过为其设计不同的规则和模式，可以模拟与解释生物进化、种群发展、社会形成等诸多问题。

经典元胞自动机的基本特征在于时间上的离散性和空间上的局部性，由简单演化规则控制的元胞自动机在行为上却展示了巨大的复杂性，并能详细地模拟复杂系统的内部结构和复杂行为产生的全部过程，成为研究复杂性系统的有力工具。

9. 时间序列建模

系统中一些宏观上可以观测到的数据通常是动力系统在相空间状态的轨线或者是一组时间序列，反映了系统在不同时间处于何种状态，这些状态是系统内在运行机制的外部表现。当真实的系统的结构、维度、模型参数都未知或者难以进行数值表达的情况下，就只能通过比较真实系统和模型所产生的时间序列的统计特征，来验证模型的合理性与正确性。

为系统建立微观结构模型，是研究系统的"白盒"方法，而对系统运行的时间序列进行度量是研究系统的"黑盒"方法。结合使用"白盒"和"黑盒"方法，并找到微观结构运动和系统宏观状态运动之间的联系，才能真正掌握系统运动的动力学机制。

2.3　系统分析案例

　　某锻造厂是以生产解放、东风 140 和东风 130 等汽车后半轴为主的小型企业,现在年生产能力为 1.8 万根,年产值为 130 万元。半轴生产工艺包括锻造、热处理、机加工、喷漆等 23 道工序,由于设备陈旧,前几年对某些设备进行了更换和改造,但效果不明显,生产能力仍然不能提高。厂领导急于要打开局面,便委托 M 咨询公司进行咨询。M 咨询公司采用系统分析进行诊断,把半轴生产过程作为一个系统进行解剖分析。通过限定问题,咨询人员发现,在半轴生产的 23 道工序中,生产能力严重失调,其中班产能力为 120～190 根的有 9 道工序,主要是机加工设备。班产能力为 70～90 根的有 6 道工序,主要是淬火和矫直设备。其余工序班产能力为 30～45 根,都是锻造设备。由于机加工和热处理工序生产能力大大超过锻造工序,造成前道工序成为"瓶颈",严重限制后道工序的局面,使整体生产能力难于提高。所以,需要解决的真正问题是如何提高锻造设备的生产能力。

　　在限定问题的基础上,咨询人员与厂方一起确定了发展目标,即通过对锻造设备的改造,使该厂汽车半轴生产能力和年产值都提高 1 倍。

　　围绕如何改造锻造设备这一问题,咨询人员进行深入调查研究,初步提出了四个备选方案,即:新装一台平锻机;用轧同代替原有的夹板锤;用轧制机和碾压机代替原有的夹板锤和空气锤;增加一台空气锤。

　　咨询人员根据对厂家的人力、物力和资源情况的调查分析,提出对备选方案的评价标准或约束条件,即:投资不能超过 20 万元;与该厂技术水平相适应,便于维护;耗电量低;建设周期短,回收期快。咨询小组吸收厂方代表参加,根据上述标准对各备选方案进行评估。第 1 个方案(新装一台平锻机),技术先进,但投资高,超过约束条件,应予以淘汰。对其余三个方案,采取打分方式评比,结果第 4 方案(增加一台空气锤)被确定为最可行方案,该方案具有成本低、投产周期短、耗电量低等优点,技术上虽然不够先进,但符合小企业目前的要求,客户对此满意,系统分析进展顺利,为该项咨询提供了有力的工具。

本 章 小 结

　　本章主要讲解了系统模型、分析的相关知识,重点对系统分析进行了详细介绍,诸如层次分析法、网络分析法等,并用案例进行了总结概括,使读者对系统分析方法有更深一步的了解。

习　　题

　　2-1　简述系统分析。

　　2-2　简述层次分析法。层次分析法的步骤有哪些?

2-3 简述网络分析法。网络分析法的特点有哪些?

2-4 简述系统模型特征及建模方法。

2-5 已知下面的系统可达矩阵,请建立递阶结构模型。

$$\mathbf{R} = \begin{array}{c} \\ P_1 \\ P_2 \\ P_3 \\ P_4 \\ P_5 \\ P_6 \\ P_7 \\ P_8 \\ P_9 \\ P_{10} \\ P_{11} \\ P_{12} \end{array} \begin{array}{cccccccccccc} P_1 & P_2 & P_3 & P_4 & P_5 & P_6 & P_7 & P_8 & P_9 & P_{10} & P_{11} & P_{12} \\ \left[\begin{array}{cccccccccccc} 1 & 0 & 0 & 0 & 0 & 0 & 0 & 0 & 0 & 0 & 1 & 1 \\ 1 & 1 & 1 & 0 & 0 & 0 & 0 & 0 & 0 & 0 & 1 & 1 \\ 0 & 0 & 1 & 0 & 0 & 0 & 0 & 0 & 0 & 1 & 0 & 1 \\ 0 & 0 & 0 & 1 & 1 & 0 & 0 & 0 & 0 & 1 & 0 & 1 \\ 0 & 0 & 0 & 1 & 1 & 0 & 0 & 0 & 0 & 1 & 0 & 1 \\ 1 & 0 & 1 & 0 & 0 & 1 & 0 & 0 & 0 & 1 & 1 & 1 \\ 1 & 0 & 0 & 0 & 0 & 0 & 1 & 0 & 0 & 0 & 1 & 1 \\ 1 & 0 & 1 & 1 & 1 & 0 & 0 & 1 & 0 & 1 & 1 & 1 \\ 0 & 0 & 0 & 1 & 1 & 0 & 0 & 0 & 1 & 1 & 0 & 1 \\ 0 & 0 & 0 & 0 & 0 & 0 & 0 & 0 & 0 & 1 & 0 & 1 \\ 0 & 0 & 0 & 0 & 0 & 0 & 0 & 0 & 0 & 0 & 1 & 1 \\ 0 & 0 & 0 & 0 & 0 & 0 & 0 & 0 & 0 & 0 & 0 & 1 \end{array} \right] \end{array}$$

第3章 线性规划

【*知识点聚焦*】

本章主要介绍线性规划分析法的基本原理，使学生掌握图解法和单纯形解法的程序及运算，并借助现代化教学，能够初步应用线性规划法解决最低成本的农业生产资源最优配合方式和最大收益的生产结构问题。

系统工程的主要目标是改造或建立系统，使系统的整体功能达到最优。线性规划是系统优化的重要方法之一。它包括线性规划、非线划、整数规划和动态规划等。20世纪30年代初出现的线性规划，到1947年丹齐格(G. B. Dantzig)发明单纯形法之后，理论上才得到完善，应用上也得到了迅速发展和推广。随着电子计算机的发展，含有成千上万个约束条件和变量的大型线性规划问题都可以求解。因此，无论从理论的成熟性看，还是从应用的广泛性看，线性规划都是运筹学的一个重要分支。它在工业、农业、交通运输、军事和计划管理等各方面都越来越得到广泛应用。

3.1 线性规划问题及其数学模型

线性规划(Linear Programming，LP)是在第二次世界大战前后逐渐发展和完善起来的运筹学的一个重要分支。它的应用范畴已渗透到工业、农业、商业、交通运输及经济管理等诸多领域。小到一个小组的日常工作和计划的安排，大至整个部门以至国民经济的计划的最优化方案的提出，都有它的用武之地。正是由于它的适应性强、应用面广、计算技术比较简便等特点，线性规划已成为现代管理科学的重要基础和手段之一。

现实中什么样的问题可以用线性规划问题去求解？在解决实际问题的过程中，需将实际问题归结为数学模型。什么是线性规划的数学模型，它具有哪些特点，标准形式如何，等等，则是本节需要讨论的问题。

3.1.1 问题的提出

在生产过程中，要想提高工作效率和经济效益，一般有两种途径：一是进行技术改造，改进生产手段和条件，比如增添设备、改进工艺、挖掘潜力等；另一条途径是在生产手段和条件都不变的情况下，改善生产的组织和计划管理，作出最优安排，使生产手段和条件得到充分的利用。线性规划方法就是解决后一类问题的工具。而这一类问题又分为两个方面，一是在一定限制条件下，使得工作成果最大化；二是为完成既定任务，使资源消耗尽可能少。下面几个例题可以说明这类问题。

【例3-1】 某机床厂生产甲、乙两种机床，每台销售后的利润分别为4000元与3000元。生产甲机床需用A、B两种机器加工，加工时间分别为每台2小时和1小时；生产乙机床需用A、B、C三种机器加工，加工时间为每台各一小时。若每天可用于加工的机器时间分别为 A 机器 10 小时、B 机器 8 小时和 C 机器 7 小时，问该厂应生产甲、乙机床各几台，才能使总利润最大？

解　建立数学模型：设该厂生产 x_1 台甲机床和 x_2 台乙机床时总利润最大，则 x_1、x_2 应满足：

$$（目标函数）\max z = 4x_1 + 3x_2 \tag{3-1}$$

$$（约束条件）\text{s.t.} \begin{cases} 2x_1 + x_2 \leqslant 10 \\ x_1 + x_2 \leqslant 8 \\ x_2 \leqslant 7 \\ x_1, x_2 \geqslant 0 \end{cases} \tag{3-2}$$

这里变量 x_1，x_2 称为决策变量，式（3-1）被称为问题的目标函数，式（3-2）中的几个不等式是问题的约束条件，记为 s.t.（即 subject to）。上述即为一个规划问题数学模型的三个要素。由于例 3-1 中的目标函数及约束条件均为线性函数，故被称为线性规划问题。

总之，线性规划问题是在一组线性约束条件的限制下，求一线性目标函数最大或最小的问题。

在解决实际问题时，把问题归结成一个线性规划数学模型是很重要的一步，但往往也是比较困难的一步，模型建立得是否恰当，直接影响到求解。而选取适当的决策变量，是建立有效模型的关键之一。

【例 3-2】　某工厂计划期内要安排生产 Ⅰ、Ⅱ 两种产品，已知生产单位产品所需的设备台时及 A、B 两种原材料的消耗如表 3-1 所示。该工厂生产一件产品 Ⅰ 可获利 2 元，每生产一件产品 Ⅱ 可获利 3 元，问如何安排计划使工厂获利最多？

分析　所谓"如何安排生产计划"，意指产品 Ⅰ、Ⅱ 各生产多少，每指定一次两种产品的产量，就决定了一个生产方案，而一个生产方案决定一个获利值。问题的实质是寻找一个可行的生产方案（满足资源和设备约束），使得工厂的获利值达到最大。

表 3-1　生产单位产品的资源消耗

	产品 Ⅰ	产品 Ⅱ	限制
设　　备	1 台时/件	2 台时/件	8 台时
原材料 A	4 kg/件	0	16 kg
原材料 B	0	4 kg/件	12 kg

解　这个问题可以用以下的数学语言来描述。

假设 x_1、x_2 分别表示产品 Ⅰ、Ⅱ 的产量。可行的生产方案要考虑不能超出设备的有效台时数，即可用不等式表示为 $x_1 + 2x_2 \leqslant 8$，同时，还要考虑满足原材料 A、B 的资源约束条件，即用不等式表示为 $4x_1 \leqslant 16$，$4x_2 \leqslant 12$。

对于产量 x_1，x_2，该工厂的获利值 f 可表示为 $f = 2x_1 + 3x_2$。工厂的目标是在满足设备能力和原材料限制的条件下，如何确定产量 x_1 和 x_2，使工厂的获利最大。

综上所述，安排生产计划问题可归纳为

$$\max f = 2x_1 + 3x_2$$

$$\begin{cases} x_1 + 2x_2 \leqslant 8 \\ 4x_1 \leqslant 16 \\ 4x_2 \leqslant 12 \\ x_1,\ x_2 \geqslant 0 \end{cases}$$

进行求解。

由此，把这类实际问题转换为数学模型的过程可归结为三个基本步骤：

(1) 确定决策变量，如例 3-2 中产品 Ⅰ、Ⅱ 的产量确定。决策变量必须是可控制的，通常用 x_1，x_2，…，x_n 来表达。

(2) 恰当地表达所要追求的目标（目的），如例 3-1 中工厂追求的最大获利。目标通常用决策变量的函数来表达，称为目标函数。目标可以是单一的，也可以是多个的，但线性规划问题中一般只讨论目标单一的情形。

(3) 把现实中的各种限制用含有决策变量 x_1，x_2，…，x_n 的数学关系式来表达，称为约束条件，诸如资源限制、能力限制等。

【例 3-3】 （下料问题）某工厂制造一种机床，每台机床需 A、B、C 三种不同长度的轴各一根，其毛坯长度：A 为 2.9 m，B 为 2.1 m，C 为 1.5 m，它们用同一种圆钢来下料，每根圆钢长为 7.4 m。要造 100 台机床，问如何下料最好？试建立其数学模型（不考虑下料截口损耗）。

解 将各种可能的下料方案排列成表 3-2，设圆钢总数为 f 根，则由题意有

$$\min f = \sum_{j=1}^{8} x_j$$

$$\begin{cases} 2x_1 + x_2 + x_3 + x_4 \geqslant 100 \\ 2x_2 + x_3 + 3x_5 + 2x_6 + x_7 \geqslant 100 \\ x_1 + x_3 + 3x_4 + 2x_6 + 3x_7 + 4x_8 \geqslant 100 \\ x_j \geqslant 0,\ j = 1,2,\cdots,8 \end{cases} \tag{3-3}$$

各种下料方案如表 3-2 所示。

表 3-2　各种下料方案

方案	1	2	3	4	5	6	7	8	需求量
A	2根	1根	1根	1根	—	—	—	—	100 根
B	—	2根	1根	—	3根	2根	1根	—	100 根
C	1根	—	1根	3根	—	2根	3根	4根	100 根
总用料/m	7.3	7.1	6.5	7.4	6.3	7.2	6.6	6.0	—
料头/m	0.1	0.3	0.9	0	0.9	0.2	0.8	1.4	—
圆钢	x_1	x_2	x_3	x_4	x_5	x_6	x_7	x_8	f

上述模型即为所求模型。通过分析表 3-2，发现其中的方案 3、5、7、8 的料头过长，不经济，如果把它们舍弃，对剩下的 4 种方案进行搭配，仍然可以满足题意。为此可以将上述模型简化为下列模型（保持变量下标不变），即

$$\min f = x_1 + x_2 + x_4 + x_6$$

$$\begin{cases} 2x_1 + x_2 + x_4 \geqslant 100 \\ 2x_2 + 2x_6 \geqslant 100 \\ x_1 + 3x_4 + 2x_6 \geqslant 100 \\ x_1, x_2, x_4, x_6 \geqslant 0 \end{cases} \tag{3-4}$$

【例 3-4】 （运输问题）设有甲、乙、丙 3 个仓库，存有某种货物分别为 7 t、4 t 和 9 t。现在要把这些货物分别送 A、B、C、D 这 4 个商店，其需要量分别为 3 t、6 t、5 t 和 6 t，各仓库到各商店的每吨运费以及收、发总量见表 3-3。

表 3-3　货物收发情况

	A	B	C	D	收量/t
甲	5	12	3	11	7
乙	1	9	2	7	4
丙	7	4	10	5	9
收量/t	3	6	5	6	20

现在要确定一个运输方案：从哪一个仓库运多少货到哪一个商店，使得各个商店都能得到货物需要量，各个仓库都能发完存货，而且总的运输费用最低？试建立其数学模型。

解　记总运费为 z，设 x_{ij} 为 i 仓库到 j 商店的货物量，其中 $i=1$、2、3 分别代表甲、乙、丙仓库，$j=1$、2、3、4 分别代表 A、B、C、D 商店，则根据题意有

$$\min z = 5x_{11} + 12x_{12} + 3x_{13} + 11x_{14} + x_{21} + 9x_{22} + 2x_{23} + 7x_{24} + 7x_{31} + 4x_{32} + 10x_{33} + 5x_{34}$$

（由发量关系）$\begin{cases} x_{11} + x_{12} + x_{13} + x_{14} = 7 \\ x_{21} + x_{22} + x_{23} + x_{24} = 4 \\ x_{31} + x_{32} + x_{33} + x_{34} = 9 \\ x_{ij} \geqslant 0, \ i=1, 2, 3; \ j=1, 2, 3, 4 \end{cases}$ $\quad$ (3-5)

（由收量关系）$\begin{cases} x_{11} + x_{21} + x_{31} = 3 \\ x_{12} + x_{22} + x_{32} = 6 \\ x_{13} + x_{23} + x_{33} = 5 \\ x_{14} + x_{24} + x_{34} = 6 \\ x_{ij} \geqslant 0, \ i=1, 2, 3; \ j=1, 2, 3, 4 \end{cases}$

上述各例，都是要求一组非负变量，在满足一组线性等式或线性不等式的前提下，使一线性函数取得最大值或最小值，这一类问题称为线性规划问题。

将上述问题得出的数学表达式加以概括和抽象，就可得到线性规划问题的数学模型为求一组变量 x_j，$j=1, 2, \cdots, n$，满足条件：

$$\begin{cases} a_{11}x_1 + a_{12}x_2 + \cdots + a_{1n}x_n \leqslant (=, \geqslant)b_1 \\ a_{21}x_1 + a_{22}x_2 + \cdots + a_{2n}x_n \leqslant (=, \geqslant)b_2 \\ \qquad\qquad\qquad \vdots \\ a_{m1}x_1 + a_{m2}x_2 + \cdots + a_{mn}x_n \leqslant (=, \geqslant)b_m \\ x_j \geqslant 0, \ j=1, 2, \cdots, n \end{cases} \tag{3-6}$$

使函数

$$f = c_1 x_1 + c_2 x_2 + \cdots + c_n x_n \tag{3-7}$$

取得最大值或最小值。

化简后，线性规划问题的数学模型可以表示为

$$\max(\min) f = \sum_{j-1}^{n} c_j x_j \tag{3-8}$$

$$\begin{cases} \sum_{j=1}^{n} a_{ij} x_j \leqslant (=, \geqslant) b_i, \ i = 1, 2, \cdots, m \\ x_j \geqslant 0, \ j = 1, 2, \cdots, n \end{cases} \tag{3-9}$$

式(3-8)称为目标函数，式(3-9)称为约束条件。其中：$\max(\min) f$ 为目标函数 f 取最大（最小）值；x_j 为决策变量，又称为生产活动或活动方式；c_j 为决策变量在目标函数中的系数，又称为利益系数、价值或效果系数；a_{ij} 为决策变量在约束条件中的系数，又称为投入产出系数或技术系数；b_i 为资源限制量；n 为决策变量的个数；m 为约束条件（不包括非负约束条件）的个数。

把满足约束条件式(3-2)的任意一组解称为线性规划问题的可行解，使得目标函数 f 取得最优值的可行解称为线性规划问题的最优解。如何求得线性规划问题的最优解，就是本章所要讨论的中心问题。

3.1.2 线性规划问题数学模型的一般形式

从例 3-1～例 3-4 的线性规划可以看出，它们具有以下共同特征：

（1）每一个问题都用一组未知数（$x_1, x_2, \cdots, x_n$）表示某一方案，这组未知数的一组定值就代表一个具体方案。通常要求这些未知数取值是非负的。

（2）存在一定的限制条件（称为约束条件，也可用缩写 s.t. 表示），这些限制条件都可以用一组线性等式或线性不等式来表达。

（3）都有一个目标要求，并且这个目标可表示为一组未知数的线性函数（称为目标函数）。按研究的问题不同，要求目标函数实现最大化或者最小化。

一般来讲，这类问题可用数学语言描述如下：

$$\max(\min) f = c_1 x_1 + c_2 x_2 + \cdots + c_n x_n \tag{3-10}$$

$$\text{s.t.} \begin{cases} a_{11} x_1 + a_{12} x_2 + \cdots + a_{1n} x_n \leqslant b_1 \\ a_{21} x_1 + a_{22} x_2 + \cdots + a_{2n} x_n \leqslant b_2 \\ \quad\vdots \\ a_{n1} x_1 + a_{n2} x_2 + \cdots + a_{nn} x_n \leqslant b_n \end{cases} \tag{3-11}$$

$$x_1, x_2, \cdots, x_n \geqslant 0 \tag{3-12}$$

这就是线性规划的数学模型。式(3-10)称为目标函数，式(3-11)与式(3-12)称为约束条件，其中，式(3-12)也称为非负条件。这就是线性规划问题的一般形式，也可简写为

$$\max(\min) f = c_1 x_1 + c_2 x_2 + \cdots + c_n x_n \tag{3-13}$$

$$\begin{cases} \sum_{j=1}^{n} a_{ij} x_j \leqslant b_i \\ x_j \geqslant 0, \ j = 1, 2, 3, \cdots, n \end{cases} \tag{3-14}$$

3.1.3　线性规划问题数学模型的标准形式

由例 3-1～例 3-4 可知，线性规划问题可能有各种不同的形式。对于目标函数，有的要求实现最大化，有的要求最小化；约束条件可以是"≤"形式的不等式，也可以是"≥"形式的不等式，还可以是等式。这种多样性给求解问题的讨论和求解程序的标准化带来不便。在所有 $b_i \geqslant 0 (i=1, 2, \cdots, n)$ 的前提下，有必要化成规范形式，又称标准形式。为了求解的方便，就需要把线性规划问题的一般数学形式化成如下标准形式，即

$$\max f = c_1 x_1 + c_2 x_2 + \cdots + c_n x_n \tag{3-15}$$

$$\text{s.t.} \begin{cases} a_{11} x_1 + a_{12} x_2 + \cdots + a_{1n} x_n = b_1 \\ a_{21} x_1 + a_{22} x_2 + \cdots + a_{2n} x_n = b_2 \\ \qquad\qquad\qquad \vdots \\ a_{m1} x_1 + a_{m2} x_2 + \cdots + a_{mn} x_n = b_m \end{cases} \tag{3-16}$$

$$x_1, x_2, \cdots, x_n \geqslant 0 \tag{3-17}$$

又即

$$\max f = \sum_{j=1}^{n} c_j x_j \tag{3-18}$$

$$\begin{cases} \sum_{j=1}^{n} a_{ij} x_j = b_i, \ i=1, 2, \cdots, m \\ x_j \geqslant 0, \ j=1, 2, \cdots, n \end{cases} \tag{3-19}$$

进一步可用矩阵形式表示为

$$\max f(x) = \boldsymbol{c}^{\mathrm{T}} \boldsymbol{x}$$

$$\text{s.t.} \boldsymbol{A}\boldsymbol{x} = \boldsymbol{b}$$

$$\boldsymbol{x} \geqslant 0$$

$$\max f(x) = \boldsymbol{c}^{\mathrm{T}} \boldsymbol{x} \tag{3-20}$$

$$\text{s.t.} \begin{cases} \boldsymbol{A}\boldsymbol{x} = \boldsymbol{b} \\ \boldsymbol{x} \geqslant 0 \end{cases} \tag{3-21}$$

标准型数学模型的特征如下：① 目标函数最大化；② 约束条件为等式；③ 右端项为非负值；④ 决策变量为非负值。

下面讨论如何将一般形式的线性规划问题化为标准形式。

1. 目标函数为求最小值

若原问题的目标函数为 $\min f$，则令 $f' = -f$，于是有

$$\min f = \max(-f) = \max f' \tag{3-22}$$

2. 含有不等式的约束条件

这类问题往往有两种情形：

(1) 若原问题的第 i 个约束条件为 $\sum_{j=1}^{n} a_{ij} x_j \leqslant b_i$，则可在不等式的左边加上一个新的

变量 $x' \geqslant 0$，使其变为等式约束，即 $\sum_{j=1}^{n} a_{ij}x_j + x'_i = b_i$，$x'_i$ 称为松弛变量。例如：

$$a_{i1}x_1 + a_{i2}x_2 + \cdots + a_{in}x_n \leqslant b_i \tag{3-23}$$

则可以通过引进非负变量 x_{n+1} 使两边相等，即

$$a_{i1}x_1 + a_{i2}x_2 + \cdots + a_{in}x_n + x_{n+1} = b_i \tag{3-24}$$

其中，x_{n+1} 称为松弛变量。

（2）若原问题的第 i 个约束条件为 $\sum_{j=1}^{n} a_{ij}x_j \geqslant b_i$，则可在不等式的左边减去一个新的变量 $x''_i \geqslant 0$，使其变为等式约束，即 $\sum_{j=1}^{n} a_{ij}x_j - x''_i = b_i$，$x''_i$ 称为剩余变量，也称为松弛变量。例如：

$$a_{i1}x_1 + a_{i2}x_2 + \cdots + a_{in}x_n \geqslant b_i \tag{3-25}$$

则

$$a_{i1}x_1 + a_{i2}x_2 + \cdots + a_{in}x_n - x_{n+1} = b_i \tag{3-26}$$

其中，x_{n+1} 称为剩余变量。

应该指出，引入松弛变量和剩余变量后，对目标函数无任何影响，因为它们在目标函数中的系数全为零。

3. 所有变量要求非负

还需要提到的一点是，在标准型中要求 $b_i \geqslant 0$（$i = 1, 2, \cdots, m$），如果存在 $b_i < 0$ 的情形，则可在约束方程式两边各乘上"-1"，使所有 $b_i \geqslant 0$ 得到满足。例如：

$$x_1 + x_2 \geqslant -1 \Rightarrow -x_1 - x_2 \leqslant 1 \tag{3-27}$$

4. 含有自由变量及非负约束的变量

若原问题中第 j 个变量 x_j 没有非负约束，则 x_j 称为自由变量。自由变量可用两个非负变量之差代换，即令 $x_j = x'_j - x''_j$（$x'_j, x''_j \geqslant 0$），并代入约束条件和目标函数中，便可消去自由变量。在现实中，有些变量可能在物理意义或经济意义上讲没有非负要求。

【例 3-5】 将以下线性规划问题转化为标准形式：

$$\min f = -x_1 + 2x_2 - 3x_3$$

$$\text{s.t.} \begin{cases} x_1 + x_2 + x_3 \leqslant 7 \\ x_1 - x_2 + x_3 \geqslant 2 \\ -3x_1 + x_2 - 2x_3 = -5 \\ x_1, x_2 \geqslant 0, x_3 \text{ 无符号结束} \end{cases}$$

解 目标函数属于求极小值，约束中有大于、小于等情况。按前述标准化方法进行转换。

（1）令 $x_3 = x'_3 - x''_3$，或者 $x_3 = x_4 - x_5$。

（2）在第一个约束条件中引入松弛变量 x_6，在第二个约束条件中引入剩余变量 x_7。

（3）对第三个约束条件两边同乘以 -1。

（4）将引入的变量代入目标函数和约束条件，并令 $f' = -f$，把求最小变成求最大，于是有

$$\max f' = x_1 - 2x_2 + 3x_4 - 3x_5$$

$$\text{s.t.} \begin{cases} x_1 + x_2 + x_4 - x_5 + x_6 = 7 \\ x_1 - x_2 + x_3 = 2 \\ 3x_1 - x_2 + 2x_4 - 2x_5 = 5 \\ x_j \geqslant 0, \ j = 1, 2, \cdots, 7 \end{cases}$$

解此规划问题，得到 x_4、x_5 和 $\max f'$ 的值，则 $x_3 = x_4 - x_5$，$\min f = \max f'$，从而可得到原问题的解。

3.1.4　线性规划问题解的概念

3.1.3 小节介绍了线性规划的数学模型，建立数学模型的目的自然是为了求解，而要找到好的求解方法，首先必须对模型的解及其基本性质有一个清楚的了解。

对于一般线性规划问题，有

$$\max(\min) f = \sum_{i=1}^{n} c_i x_j \tag{3-28}$$

$$\text{s.t.} \begin{cases} \sum_{j=1}^{n} a_{ij} x_j \leqslant (=, \geqslant) b_i, \ i = 1, 2, \cdots, m \\ x_j \geqslant 0, \ j = 1, 2, \cdots, n \end{cases} \tag{3-29}$$

称满足式（3-29）的点（或向量）X 为该问题的解（solution）；而同时又满足式（3-29）的第二式，则称点 X 为可行解（feasible solution）；所有可行解组成的集合称为可行域（feasible region）或可行解集。可行域上满足式（3-28）的点称为最优解（optimal solution），最优解对应的目标函数值称为最优值。

在讨论线性规划问题的解法之前，先来介绍一下标准形式线性规划问题解的概念。对于标准形式的线性规划问题，其约束条件式（3-29）可表示为下列线性方程组：

$$\begin{cases} a_{11} x_1 + a_{12} x_2 + \cdots + a_{1n} x_n = b_1 \\ a_{21} x_1 + a_{22} x_2 + \cdots + a_{2n} x_n = b_2 \\ \vdots \\ a_{m1} x_1 + a_{m2} x_2 + \cdots + a_{mn} x_n = b_m \\ x_1, x_2, \cdots, x_n \geqslant 0 \end{cases} \tag{3-30}$$

在此约束条件中，前 m 个等式构成线性方程组，对此方程组，若 $m = n$，且系数行列式不为零，则方程组有唯一一组解，故不存在优化问题。

若 $m \neq n$，一般来说 $m < n$，如果方程组的系统矩阵

$$A = \begin{bmatrix} a_{11} & a_{12} & \cdots & a_{1n} \\ a_{21} & a_{22} & \cdots & a_{2n} \\ \vdots & \vdots & & \vdots \\ a_{m1} & a_{m2} & \cdots & a_{mn} \end{bmatrix}$$

的秩为 m，则该方程组有无穷多个解。假设前 m 个变量的系数列向量是线性独立的，构成的系数矩阵

$$\boldsymbol{B} = \begin{bmatrix} a_{11} & a_{12} & \cdots & a_{mn} \\ a_{21} & a_{22} & \cdots & a_{mn} \\ \vdots & \vdots & & \vdots \\ a_{m1} & a_{m2} & \cdots & a_{mn} \end{bmatrix} = (P_1 \quad P_2 \quad \cdots \quad P_m)$$

称为线性问题的一个基，称$(P_1 \quad P_2 \quad \cdots \quad P_m)$为基向量，称与基向量对应的变量$x_1$，$x_2, \cdots, x_m$为基变量，其他变量称为非基变量。

若令非基变量等于零，则可求得一个解为

$$\boldsymbol{X} = [x_1^0, x_2^0, \cdots, x_m^0 \quad \underbrace{0, 0, \cdots, 0}_{n-m}]^{\mathrm{T}}$$

这样的解称为基本解，它的非零变量的个数不大于秩m。基本解不一定都是可行的。若基本解同时满足非负条件，则称为基本可行解，对应于基本可行解的基称为可行基。若基本可行解中的非零变量的个数小于m，即基变量出现零值时，则此基本可行解称为退化的基本可行解。当其非零变量的个数等于m，即基变量均为正值时，则此基本可行解称为非退化的基本可行解。

显然，如果基矩阵$\boldsymbol{B}$为m阶单位阵，则问题的一个基本可行解为

$$\boldsymbol{X} = [b_1, b_2, \cdots, b_m \quad \underbrace{0, 0, \cdots, 0}_{n-m}]^{\mathrm{T}}$$

线性规划问题的一个基本可行解对应于可行域上的一个顶点。若线性规划问题有最优解，则必定在某个顶点处得到。虽然顶点数目是有限的，但它不超过$\mathrm{C}_n^m = \dfrac{n!}{m!(n-m)!}$，采用枚举法找出所有基本可行解，然后一一比较，最终可以找到最优解。但当m、n相当大时，这种办法是行不通的。所以，需用另一种更好的方法——单纯形法。

3.2 线性规划问题解的性质

3.2.1 几何意义上的基本概念

对一个线性规划问题建立数学模型之后，面临着如何求解的问题。这里先介绍含有两个未知变量的线性规划问题的图解法，它简单直观。这里通过图解法来直观地了解线性规划问题的最优解。

图解法的步骤如下：

(1) 确定可行域。

① 绘制约束等式直线，确定由约束等式直线决定的两个区域中哪个区域对应着由约束条件所定义的正确的不等式。通过画出指向正确区域的箭头，来说明这个正确区域。

② 确定可行域。

(2) 画出目标函数的等值线，标出目标值改进的方向。

(3) 确定最优解。用图示的方式朝着不断改进的目标函数值的方向，移动目标函数的等值线，直到等值线正好接触到可行域的边界。等值线正好接触到可行域边界的接触点对

应着线性优化模型的最优解。

【例 3-6】 求解线性规划：

$$\max f = 0.7x_1 + 0.9x_2$$

$$\text{s.t.} \begin{cases} x_1 \leqslant 8 \\ x_2 \leqslant 7 \\ x_1 + x_2 \leqslant 12 \\ x_1, x_2 \geqslant 0 \end{cases}$$

解 在二维平面坐标中，每个线性不等式约束的点集是一个半平面（由一条直线分界），通常一个二维线性规划问题的可行域如果是有界的，则是一个多边形围成的区域。

（1）先在平面直角坐标系 $x_1 O x_2$ 里画出上述线性规划的可行域 R。事实上在约束条件中，每个线性等式代表平面上的一条直线，这直线将坐标平面分成两部分，于是每个线性不等式代表一个半平面。本例中五个线性不等式代表的五个半平面的交集，就是可行域 R，显然它是一个凸多边形，这个凸多边形有五个顶点，它们分别是 $O(0,0)$，$A(0,7)$，$B(5,7)$，$C(8,4)$，$D(8,0)$，如图 3-1 所示。

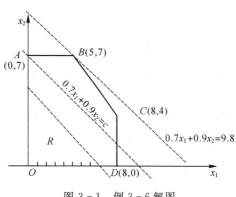

图 3-1　例 3-6 解图

（2）求解线性规划，就是要在上述凸多边形 R 中找一点 (x_1, x_2)，使目标函数 $f = 0.7x_1 + 0.9x_2$ 取最大值。对任意固定的常数 c，直线 $0.7x_1 + 0.9x_2 = c$ 上的每点都有相同的目标函数值 c，故该直线也称为"等值线"。当 c 变化时，得出一族相互平行的等值线，这些等值线中有一部分与可行域相交。要在凸多边形即可行域 R 中找这样的点，使它所在的等值线具有最大值 c。当 $c < 0$ 时，直线 $0.7x_1 + 0.9x_2 = c$ 与 R 不相交；当 $c = 0$ 时，直线 $0.7x_1 + 0.9x_2 = c$ 与 R 有唯一交点，即顶点 $(0,0)$；当 c 由 0 增大时，等值线平行向右上方移动，与 R 相交于一线段；当 c 增至一定程度时，等值线与可行域 R 只有唯一交点，即顶点 $(5,7)$，这时 $c = 9.8$；若 c 继续增大，等值线与 R 将不再有交点。由此可见，顶点 $(5,7)$ 是使 R 中目标函数达到最大值的点，于是线性规划有唯一解 $x_1^* = 5$，$x_2^* = 9$，这时，$f^* = \max f = 9.8$。

若将例 3-6 中求目标函数的最大值改为求最小值，即求 $\min f = 0.7x_1 + 0.9x_2$，约束条件不变。这时，令直线族 $0.7x_1 + 0.9x_2 = c$ 中的 c 不断减小，等值线将向左下方平行移动。当 $c = 0$ 时，等值线与可行域只有唯一交点，即顶点 $(0,0)$，若 c 继续减小，等值线与 R 将不再有交点，于是线性规划有最优解：$x_1^* = 0$，$x_2^* = 0$，这时，$f^* = \min f = 0$。

从上面的图解法中可以看出：两变量线性规划的可行域一定是一个凸多边形，线性规划如果有解，则该解一定可以在凸多边形的顶点上找到。

有时线性规划的最优解不是唯一的。例如将例 3-6 中线性规划的目标函数改为 $\max f = 0.9x_1 + 0.9x_2$，而约束条件不变。这时，对直线族 $0.9x_1 + 0.9x_2 = c$，令 c 不断增大，当 c 增至 10.8 时，等值线与 R 相交于线段 BC，该线段的两个端点是 R 的顶点，当 c

继续增大时，等值线与 R 不再相交，故这时线段 BC 上的点都是线性规划的最优解，最优值 $\max f^* = 10.8$。

由此可见：若有两个顶点是最优解，则这两个顶点连线上所有的点都是最优解。线性规划的可行域可能是空集，这意味着约束条件互相矛盾，线性规划无可行解。

【例 3 - 7】 求解线性规划（无可行解）：
$$\max f = x_1 + x_2$$
$$\text{s.t.} \begin{cases} x_1 + x_2 \leqslant 10 \\ 2x_1 + x_2 \geqslant 30 \\ x_1 \geqslant 0, x_2 \geqslant 0 \end{cases}$$

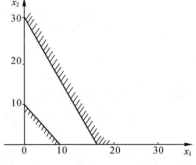

图 3 - 2 例 3 - 7 解图

解 因为约束条件中前两个不等式相互矛盾，所以线性规划无可行解（见图 3 - 2）。

注意：有时线性规划的可行域无界，这时线性规划的解可能存在，也可能没有有界的最优解。

【例 3 - 8】 求解线性规划（无界解）：
$$\max f = x_1 + x_2$$
$$\text{s.t.} \begin{cases} x_1 - x_2 \geqslant -1 \\ x_1 - x_2 \leqslant 1 \\ x_1, x_2 \geqslant 0 \end{cases}$$

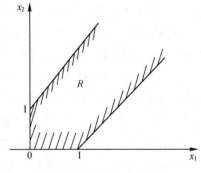

图 3 - 3 例 3 - 8 解图

解 该线性规划的可行域 R 无界（见图3-3），用图解法可以看出，该线性规划无有界最优解。

注意：本例中，若改求目标函数的最小值，则它仍有最优解 $x_1^* = 0$，$x_2^* = 0$，这时，$f^* = \min f = 0$。

通过图解法可以看出，线性规划问题的所有可行解构成的可行域，一般是凸多边形（有时可行域是无界的）。若存在最优解，则一定在可行域的某顶点上得到；若在两个顶点上同时得到最优解，则这两顶点连线上的任一点都是最优解。若可行解无界，则可能发生无最优解的情况；若无可行域，则既无可行解，也无最优解。因此有如下结论：

(1) 线性规划问题的所有可行解组成的可行域是一凸集，即可行域上任意两点之间的连线都可在可行域内。

(2) 若一个线性规划问题存在最优解，则至少有一个最优解在可行域的顶点上；若在两个顶点上同时达到最优，则这两顶点连线上的任一点都是最优解，这时称有无穷多个最优解。

(3) 若可行域呈现无界区域，则可能有最优解，也可能出现最优解无界的情形，这时称最优解不存在或无最优解。

(4) 若可行域为空集，则无可行解，当然也就无最优解。

上述结论对于含有两个以上变量的线性规划问题同样适用。图解法虽然直观、简便，但只能用于两个或三个变量的线性规划问题，当变量个数超过三个时，用图解法就很难处理了。因此在后面将要介绍线性规划问题的一般解法——单纯形法。

推广到线性规划问题的基本性质：

（1）线性规划问题的可行域如果非空，则是一个凸集——凸多面体。

（2）如果线性规划问题有最优解，那么最优解可在可行域的顶点中确定。

（3）如果可行域有界，且可行域只有有限个顶点，则问题的最优解必存在，并在这有限个顶点中确定。

（4）最优解可由最优顶点处的有效约束形成的方程组的解确定。

3.2.2　线性规划问题的基本定理

下面将解两变量线规划问题时用图解法得出的结论推广到一般的情形。为此，先介绍凸集的概念。

【凸集定义】　设 K 是 n 维欧氏空间的一个点集，对 K 中任意两点 X_1，$X_2 \in K$，和任意实数 $\alpha \in (0,1)$，若都有 $\alpha X_1 + (1-\alpha)X_2 \in K$，则称 K 为凸集。

设 X_1、X_2 是 n 维欧氏空间中的两个点，X 是它们连线上的任意一点，且有向线段之比 $\dfrac{XX_2}{X_1X_2} = \alpha$，显然由 $\dfrac{X_2-X}{X_2-X_1} = \alpha$ 可推出：$X = \alpha X_1 + (1-\alpha)X_2$，故 $\alpha \in (0,1)$ 时，$\alpha X_1 + (1-\alpha)X_2$ 是 X_1、X_2 连线上的一点，称为 X_1、X_2 的凸组合。于是 K 是凸集的几何意义是，若 X_1、X_2 是 K 中任意两点，那么 X_1、X_2 连线上的点也是 K 中的点。

实心圆、实心球体、实心立方体等都是凸集，圆环不是凸集。从直观上讲，凸集没有凹入部分，其内部没有空洞。例如三角形、凸多边形、四面体、凸多面体、圆、球等都是凸集。在图 3-4 中，(a)、(b)是凸集，(c)不是凸集，(d)是两个图集的交集，也是凸集。

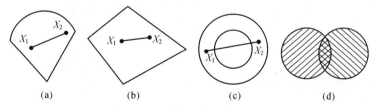

图 3-4　几种凸集概念的示例

【顶点定义】　设 K 是凸集，$X \in K$，且 X 不能用 K 中不同的两点 X_1、$X_2 \in K$ 表示成 $X = \alpha X_1 + (1-\alpha)X_2$，$\alpha \in (0,1)$ 线性组合的形式，则称 X 为 K 的一个顶点（或极点）。

例如：三角形的顶点、四面体的顶点、圆周和球面上任意一点，都是凸集的顶点。可以将两变量线性规划图解法中得到的结果推广到一般线性规划中去：

（1）线性规划的可行域 R 是凸集。

（2）线性规划若有最优解，则最优解一定可以在顶点中确定。

（3）若有两个或两个以上的顶点都是线性规划的最优解，则这些点组成的凸组合也是最优解。

（4）线性规划可行域顶点的个数是有限的，因此线性规划如果有最优解的话，总可以在有限个顶点中找到最优解。

丹茨格的著名的单纯形法，就是根据上述原理，从一个初始的顶点开始，通过有限步，就能找到线性规划的最优顶点。

相关的基本定理如下(这里不作证明,有兴趣的读者可参考相关资料):

【定理1】 若线性规划问题存在可行解,则问题的可行域是凸集(即连接线性规划问题任意两个可行解的线段上的点仍然是可行解)。

【定理2】 线性规划问题的基可行解 x 对应线性规划问题可行域的顶点。

【定理3】 若线性规划问题有最优解,则一定存在一个基可行解是最优解。

3.3 单 纯 形 法

求解线性规划问题的单纯形方法(Simplex Method)是由美国数学家丹茨格(G. B. Dantzig)于1947年首先提出的,至今这一数学方法仍然是解线性规划问题的行之有效的方法。它是从可行域的一个基本可行解(极点)出发,判别它是否已是最优解,如果不是,寻找下一个基本可行解,并使目标函数得到改进,如此迭代下去,直到找到最优解或判定问题无界为止。

3.3.1 单纯形法的思路

单纯形法求解线性规划的思路:一般线性规划问题中线性方程组的变量数大于方程个数,这时有不定的解。但可以从线性方程组中找出许多个单纯形,每一个单纯形可以求得一组解,然后再判断该解使目标函数值增大还是变小,决定下一步选择的单纯形。这就是迭代,直到目标函数实现最大值或最小值为止。

注意:单纯形是指零维中的点、一维中的线段、二维中的三角形、三维中的四面体、n 维空间中的有 $n+1$ 个顶点的多面体。例如在三维空间中的四面体,其顶点分别为 $(0,0,0)$,$(1,0,0)$;$(0,1,0)$,$(0,0,1)$。具有单位截距的单纯形的方程是 $\sum x_i \leqslant 1$,并且 $x_i \geqslant 0$,$i=1, 2, \cdots, m$。这样问题就得到了最优解,先举一例来说明。

【例3-9】 求解例3-2线性规划模型:

$$\max f = 2x_1 + 3x_2$$

$$\begin{cases} x_1 + 2x_2 \leqslant 8 \\ 4x_1 \leqslant 16 \\ 4x_2 \leqslant 12 \\ x_1, x_2 \geqslant 0 \end{cases}$$

解 (1)将一般形式的线性规划问题化成标准型。

在约束条件中,引入松弛变量 x_3,x_4,x_5,有

$$\max f = 2x_1 + 3x_2 + 0x_3 + 0x_4 + 0x_5$$

$$\begin{cases} x_1 + 2x_2 + x_3 = 8 \\ 4x_1 + x_4 = 16 \\ 4x_2 + x_5 = 12 \\ x_1, x_2, x_3, x_4, x_5 \geqslant 0 \end{cases} \tag{3-31}$$

(2)确定初始基本可行解。

为确定初始基本可行解，首先要找出初始可行基。由 3.1.4 节可知，如果在约束方程的系数矩阵中能找到 m 个线性无关的单位向量，就能很容易地得到问题的一个初始基本可行解。若原问题的约束条件(不包括非负约束条件，下同)为一组"$\leqslant$"不等式，标准化后，可将松弛变量作为基变量，其余的变量为非基变量，令非基变量等于零，便可立即得到一个初始基本可行解。对于本例，x_3、x_4、x_5 为基变量，x_1、x_2 为非基变量，$x_1 = x_2 = 0$，则问题的一个初始可行解为 $\boldsymbol{X} = (0\ 0\ 8\ 16\ 12)^{\mathrm{T}}$。此时的目标函数值 $f = 2x_1 + 3x_2 = 0$，这意味着工厂没有进行生产，对应的利润为零。这也正是生产规划的开始。

若原问题的约束条件为一组"$\geqslant$"不等式或一组等式，或三种约束组合，标准化后，如果约束方程的系数矩阵中不存在 m 个线性无关的单位向量，就要设法构成 m 个不同的单位列向量，有关这个问题将在后面进行讨论。

为明显起见，把基变量放在等式左边，非基变量放在等式右边，由式(3-31)得

$$\begin{cases} x_3 = 8 - x_1 - 2x_2 \\ x_4 = 16 - 4x_1 \\ x_5 = 12 - 4x_2 \end{cases} \tag{3-32}$$

相应的目标函数用非基变量表示为

$$f = 0 + 2x_1 + 3x_2$$

从目标函数表达式可以看出，非基变量 x_1、x_2 的系数都是正数，因此增加 x_1 或 x_2 均可使目标函数 f 增加，所以只要在目标函数的表达式中还存在有正系数的非基变量，就表明目标函数还有增加的可能，就需要将非基变量进行对换。单纯形法的实质就是进行基变量和非基变量的代换过程。新进入左边的变量称为换入变量，被代换到右边的变量称为换出变量。每完成一次代换，就是一次迭代，而对应的目标函数值就相应地有所增加，至少也与代换前相同。

(3) 确定换入换出变量，进行第一次迭代。

在进行单纯形法迭代时，每次只能代换一个变量。一般选择正系数最大的那个非基变量为换入变量，并成为新的基变量，本例中，x_2 为换入变量。同时，还要从原来的基变量中确定出一个为换出变量，成为新的非基变量。

换出变量要通过计算换入变量的最大步长来确定。x_2 作为换入变量，由于受到有关资源的限制，是不能随意安排调整的，把资源允许的最大调整量称为最大步长。故当 $x_1 = 0$ 时，要保证 x_3，x_4，$x_5 \geqslant 0$，由式(3-32)有

$$\begin{cases} x_3 = 8 - x_1 - 2x_2 \\ x_4 = 16 - 4x_1 \\ x_5 = 12 - 4x_2 \end{cases} \quad 即 \quad \begin{cases} x_2 \leqslant \dfrac{8}{2} = 4 \\ x_2 \leqslant \dfrac{12}{4} = 3 \end{cases}$$

显然，为同时满足以上三个条件，x_2 的调整量只能是 $x_2 = \min\{4, -, 3\} = 3$，即 $x_2 = 3$ 为调整的最大步长。因此，x_5 为换出变量。

$$\begin{cases} x_3 = 8 - x_1 - 2x_2 \\ x_4 = 16 - 4x_1 \\ x_2 = 3 - \dfrac{1}{4}x_5 \end{cases}$$

这样一来就得到了新的基变量 x_3、x_4、x_2，新的非基变量为 x_1、x_5。此时，需要把式 (3-32)中 x_1、x_5 的位置对换，即由式(3-32)中第 3 式得

$$x_2 = 3 - \frac{1}{4}x_5 \tag{3-33}$$

将式(3-33)代入式(3-32)中，消去 x_2，有

$$\begin{cases} x_3 = 8 - x_1 - 2x_2 = 8 - x_1 - 2\left(3 - \frac{1}{4}x_5\right) = 2 - x_1 + \frac{1}{2}x_5 \\ x_4 = 16 - 4x_1 \\ x_2 = 3 - \frac{1}{4}x_5 \end{cases} \tag{3-34}$$

将目标函数中的基变量用非基变量代换，得到调整后的目标函数为

$$f = 2x_1 + 3\left(3 - \frac{1}{4}x_5\right) = 2x_1 + 9 - \frac{3}{4}x_5 = 9 + 2x_1 - \frac{3}{4}x_5$$

这样，在 f 中，x_1 为正系数表明还有潜力可挖，没有达到最大值；x_5 为负系数表明若要剩余资源发挥作用，就必须支付附加费用。当 $x_5 = 0$ 时，即不再利用这些资源。

此时，当非基变量 $x_1 = x_5 = 0$ 时，得到另一个基本可行解为

$$\boldsymbol{X}_1 = (0 \quad 3 \quad 2 \quad 16 \quad 0)^{\mathrm{T}}$$

目标函数值为 $f = 9$，由此可见，调整 x_2 后，目标函数值增加了 9。从目标函数的表达式可以看出，非基变量 x_1 的系数为正，说明调整 x_1 将会使目标函数继续增加，$\boldsymbol{X}_1$ 不是规划问题的最优解。

（4）确定新的换入换出变量，进行第二次迭代。

由于非基变量 x_5 在目标函数中的系数为 $-3/4$，调整 x_5 将使目标函数值减少，又因目标函数中只有 x_1 的系数为正，于是便知 x_1 是新的换入变量，而新的换出变量还要通过计算最大的调整步长来确定。

故当 $x_5 = 0$ 时，要保证 x_3，x_4，$x_2 \geqslant 0$，有

$$\begin{cases} x_3 = 2 - x_1 + \frac{1}{2}x_5 \\ x_4 = 16 - 4x_1 \\ x_2 = 3 - \frac{1}{4}x_5 \end{cases} \rightarrow \begin{cases} x_1 \leqslant 2 = 2 \\ x_1 \leqslant \frac{16}{4} = 4 \end{cases}$$

x_1 的调整最大步长为 $x_1 = \min\{2, 4, -\} = 2$

x_1 的最大步长是由式(3-34)中的第 1 个方程确定的，对应的基变量 x_3 为新的换出变量，由式(3-34)中的第 1 式得

$$x_1 = 2 - x_3 + \frac{1}{2}x_5$$

将其带入式(3-34)中的第 2、第 3 式，消去 x_1，有

$$\begin{cases} x_1 = 2 - x_3 + \frac{1}{2}x_5 \\ x_4 = 16 - 4x_1 = 16 - 4\left(2 - x_3 + \frac{1}{2}x_5\right) = 8 + 4x_3 - 2x_5 \\ x_2 = 3 - \frac{1}{4}x_5 \end{cases} \tag{3-35}$$

调整后的目标函数为

$$f = 9 + 2\left(2 - x_3 + \frac{1}{2}x_5\right) - \frac{3}{4}x_5 = 13 - 2x_3 + \frac{1}{4}x_5$$

当 $x_3 = x_5 = 0$ 时，可得到一个新的基本可行解为

$$\boldsymbol{X}_2 = (2 \quad 3 \quad 0 \quad 8 \quad 0)^{\mathrm{T}}$$

对应的目标函数值为 13。由于目标函数中非基变量 x_5 的系数大于 0，即目前的基本可行解不是最优解，x_5 为换入变量，同样用步长确定换出变量。当 $x_3 = 0$ 时，要保证 x_1，x_4，$x_2 \geqslant 0$，有

$$\begin{cases} x_1 = 2 - x_3 + \dfrac{1}{2}x_5 \\ x_4 = 8 + 4x_3 - 2x_5 \\ x_2 = 3 - \dfrac{1}{4}x_5 \end{cases} \rightarrow \begin{cases} x_5 \leqslant 4 \\ x_5 \leqslant 12 \end{cases} \tag{3-36}$$

x_5 的调整最大步长为 $x_5 = \min\{-, 4, 12\} = 4$

x_5 的最大步长是由式（3-34）中的第 2 个方程确定的，对应的基变量 x_4 为新的换出变量，由式（3-35）中的第 2 式得

$$x_5 = 4 + 2x_3 - \frac{1}{2}x_4$$

代入式（3-36）得

$$\begin{cases} x_1 = 4 - \dfrac{1}{4}x_4 \\ x_5 = 4 + 2x_3 - \dfrac{1}{2}x_4 \\ x_2 = 2 - \dfrac{1}{2}x_3 + \dfrac{1}{8}x_4 \end{cases}$$

令 x_3、x_4 为零，则最优解为

$$\boldsymbol{X}_3 = (4 \quad 2 \quad 0 \quad 0 \quad 4)^{\mathrm{T}}$$

$$f = 14 - \frac{3}{2}x_3 - \frac{1}{8}x_4, \quad \max f = 14$$

可以看出，目标函数中的系数均为负，故 $f = 14$ 为最优解。

3.3.2　单纯形表解法

例 3-9 说明了用单纯形法解线性规划问题的基本思路和理论依据。但在实际求解中，用上述方法比较麻烦，而且容易出错，故多采用单纯形表解法，下面仍以例 3-9 为例来说明求解的步骤和方法，并引出一般线性规划问题的解法。

（1）标准化（见例 3-9 中第（1）步）。

（2）找出初始基变量，并将目标函数中的基变量用非基变量代替。

① 检查约束方程的系数矩阵是否含有几阶单位阵。若没有，则设法构造。m 阶单位阵对应的变量为基变量，其余变量为非基变量。

例 3-9 中 3 阶单位矩阵对应的变量 x_3、x_4、x_5 为基变量，x_1、x_2 为非基变量。

② 检查目标函数中是否含有基变量，如果有，则用非基变量加以代换。例 3-9 的目标函数中不含有基变量，故不需代换。

（3）做初始单纯形表。

初始单纯形表就是把线性规划模型中的变量和相关的系数规则地排成一种表格，它和线性规划模型具有一一对应的关系。

对于例 3-9，可将目标函数写成类似于约束方程的形式。

为了便于理解计算关系，现设计一种计算表，称为单纯形表，其功能与增广矩阵相似，下面来建立这种计算表。

将标准式约束条件与目标函数组成含有 $n+1$ 个变量、$m+1$ 个方程的方程组。

$$\begin{cases} x_1 \quad\quad + a_{1m+1}x_{m+1} + \cdots + a_{1n}x_n = b_1 \\ \quad x_2 \quad + a_{2m+1}x_{m+1} + \cdots + a_{2n}x_n = b_2 \\ \quad\quad \vdots \\ \quad x_m + a_{mm+1}x_{m+1} + \cdots + a_{mn}x_n = b_m \\ -f + c_1x_1 + c_2x_1 + \cdots + c_mx_m + c_{m+1}x_{m+1} + \cdots + c_nx_n = 0 \end{cases} \quad (3-37)$$

为了便于迭代，可将式(3-37)化成增广矩阵的形式：

$$\begin{array}{ccccccccc} -f & x_1 & x_2 & \cdots & x_m & x_{m+1} & \cdots & x_n & b \end{array}$$
$$\begin{bmatrix} 0 & 1 & 0 & \cdots & 0 & a_{1m+1} & \cdots & a_n & b_1 \\ 0 & 0 & 1 & \cdots & 0 & a_{2m+1} & \cdots & a_{2n} & b \\ & & & \cdots & & & & & \\ 0 & 0 & 0 & & 1 & a_{mm+1} & \cdots & a_{mn} & b_m \\ 1 & c_1 & c_2 & & c_m & c_{m+1} & \cdots & c_n & 0 \end{bmatrix} \quad (3-38)$$

若将 f 看作不参与基变换的基变量，它与 $x_1, x_2, \cdots, x_m$ 的系数构成一个基，这时可采用行初等变换将 $c_1, c_2, \cdots, c_m$ 变换为零，使其对应的系数矩阵为单位矩阵，得到

$$\begin{array}{cccccccc} -f & x_1 & x_2 & \cdots & x_m & x_{m+1} & \cdots & x_n & b \end{array}$$
$$\begin{bmatrix} 0 & 1 & 0 & \cdots & 0 & a_{1m+1} & \cdots & a_n & b_1 \\ 0 & 0 & 1 & \cdots & 0 & a_{2m+1} & \cdots & a_{2n} & b_2 \\ & & & \cdots & & & & \\ 0 & 0 & 0 & & 1 & a_{mm+1} & \cdots & a_{mn} & b_m \\ 1 & 0 & 0 & & 0 & c_{m+1}-\sum\limits_{i=1}^{m}c_ia_{im+1} & \cdots & c_n-\sum\limits_{i=1}^{m}c_ia_{in} & -\sum\limits_{i=1}^{m}c_ib_i \end{bmatrix} \quad (3-39)$$

依据增广矩阵设计单纯形表，如表 3-4 所示。

X_B 列中填入基变量，这里是 $x_1, x_2, \cdots, x_m$；

C_B 列中填入基变量的价值系数，这里是 $c_1, c_2, \cdots, c_m$，它们是与基变量相对应的；

b 列中填入约束方程组右端的常数；

c_j 行中填入基变量的价值系数 $c_1, c_2, \cdots, c_n$；

θ_i 列的数字是在确定换入变量后，按 θ 规则计算后填入的；

表 3-4 的最后一行称为检验数行，对应各非基变量 x_j 的检验数为

$$c_j - \sum_{i=1}^{m} c_i a_{ij}, \quad j = 1, 2, \cdots, n$$

表 3-4 称为初始单纯形表，每迭代一步构造一个新单纯形表。

表 3-4　单纯形表

		$c_j \rightarrow$	c_1	$\cdots$	c_m	c_{m+1}	$\cdots$	c_n	θ_i
C_B	X_B	b	x_1	$\cdots$	x_m	x_{m+1}	$\cdots$	x_n	
c_1	x_1	b_1	1	$\cdots$	0	$a_{1,m+1}$	$\cdots$	$a_{1,n}$	θ_1
c_2	x_2	b_2	0	$\cdots$	0	$a_{2,m+1}$	$\cdots$	$a_{2,n}$	θ_2
$\vdots$	$\vdots$	$\vdots$	$\vdots$	$\cdots$	$\vdots$	$\vdots$	$\cdots$	$\vdots$	$\vdots$
c_m	x_m	b_m	0	$\cdots$	1	$a_{m,m+1}$	$\cdots$	$a_{m,n}$	θ_m
	$-z$	$-\sum_{i=1}^{m} c_i b_i$	0	$\cdots$	0	$c_{m-1} - \sum_{i=1}^{m} c_i a_{i,m+1}$	$\cdots$	$c_n - \sum_{i=1}^{m} c_i a_{i,n}$	

3.3.3　单纯形表解的步骤

(1) 建立线性规划的数学模型，并使其标准化。标准化的要求为：

① 目标函数化成求最大值问题。

② 约束条件均表达为等式关系(必要时引入松弛变量和剩余变量)。

③ 模型存在一个初始可行基——单位矩阵(必要时引入人工变量)。

(2) 找出初始可行基，确定初始基可行解，建立初始单纯形表。

(3) 检验各非基变量 x_j 的检验数为

$$\sigma_j = c_j - \sum_{i=1}^{m} c_i a_{ij}, \quad 若 \; \sigma_j \leqslant 0, \quad j = m+1, \cdots, n$$

则已得到最优解，可停止计算。否则转入下一步。

(4) 在 $\sigma_j > 0$, $j = m+1, \cdots, n$ 中，若有某个 σ_k 对应 x_k 的系数列向量 $P_k \leqslant 0$，则此问题是无界，停止计算。否则，转入下一步。

(5) 根据 $\max_{j}(\sigma_j > 0) = \sigma_k$，在单纯形表中，$\sigma_k$ 所在的列为主元列，主元列所对应的变量 x_k 为换入变量(入基变量)，按 θ 规则计算 $\theta_l = \min \left[\dfrac{b_i}{a_{ik}} \middle| a_{ik} > 0 \right] = \dfrac{b_l}{a_{lk}}$，确定 θ_l 所在的行为主元行，主元行在单纯形表中 s 对的基变量 x_l 为换出变量(出基变量)。主元行与主元列相交的元素 a_{lk} 为主元素，转入下一步。

(6) 以 a_{lk} 为主元素进行迭代，即用高斯消去法(或称为旋转运算)，将主元列中主元素 a_{lk} 变为 1，其他元素变为 0，即把 x_k 所对应的列向量

$$P_k = \begin{bmatrix} a_{1k} \\ a_{2k} \\ \vdots \\ a_{lk} \\ \vdots \\ a_{mk} \end{bmatrix} \quad 变换为 \quad \begin{bmatrix} 0 \\ 0 \\ \vdots \\ 1 \\ \vdots \\ 0 \end{bmatrix} \quad \leftarrow 第 1 行$$

将 X_B 列中的 x_l 转换为 x_k，C_B 列中的 c_l 换成 c_k，得到新的单纯形表。重复第(3)步~

第(6)步,直到算法终止。

【例 3-10】 用例 3-2 的标准型来说明上述计算步骤。

(1)将模型标准化。取松弛变量 x_3、x_4、x_5 为基变量,它对应的单位矩阵为基。

$$\max f = 2x_1 + 3x_2 + 0x_3 + x_4 + x_5$$

$$\begin{cases} x_1 + x_2 + x_3 = 8 \\ 4x_1 + x_4 = 16 \\ 4x_2 + x_5 = 12 \\ x_1, x_2, x_3, x_4, x_5 \geq 0 \end{cases} \qquad (3-40)$$

模型中已存在一个初始可行基,对应的基变量为 x_3、x_4、x_5,这就得到初始基可行解

$$X^{(0)} = (0\ 0\ 8\ 16\ 12)^{\mathrm{T}}$$

将有关数字填入表中,得到初始单纯形表,见表 3-5。

表 3-5 初始单纯形表

$c_j \rightarrow$			2	3	0	0	0	θ
C_B	X_B	b	x_1	x_2	x_3	x_4	x_5	
0	x_3	8	1	2	1	0	0	4
0	x_4	16	4	0	0	1	0	—
0	x_5	12	0	[4]	0	0	1	3
$-z$			0	2	3	0	0	0

表(3-5)中左上角的 c_j 表示目标函数中各变量的价值系数。在 C_B 列填入初始基变量的价值系数,它们都为零,各非基变量的检验数为

$$\sigma_1 = c_1 - z_1 = 2 - (0 \times 1 + 0 \times 4 + 0 \times 0) = 2$$

$$\sigma_2 = c_2 - z_2 = 3 - (0 \times 2 + 0 \times 0 + 0 \times 4) = 3$$

(2)因检验数都大于零,且 P_1、P_2 有正分量存在,转入下一步。

(3)$\max(\sigma_1, \sigma_2) = \max(2, 3) = 3$,对应的变量 x_2 为换入变量,计算 θ:

$$\theta = \min\left[\frac{b_i}{a_{i2}} \Big| a_{i2} > 0\right] = \min\left(\frac{8}{2}, -, \frac{12}{4}\right) = 3 \qquad (3-41)$$

θ 所在行对应的 x_5 为换出变量。x_2 所在列和 x_5 所在行的交叉处[4]称为主元素或枢元素(pivot element)。

(4)以[4]为主元素进行旋转运算,即初等行变换,使 P_2 变换为 $(0, 0, 1)^{\mathrm{T}}$,在 X_B 列中将 x_2 替换 x_5,得到表 3-6。

表 3-6 单纯形表一

$c_j \rightarrow$			2	3	0	0	0	θ_i
C_B	X_B	b	x_1	x_2	x_3	x_4	x_5	
0	x_3	2	[1]	0	1	0	$-1/2$	2
0	x_4	16	4	0	0	1	0	4
3	x_2	3	0	1	0	0	$1/4$	—
$-f$		9	2	0	0	0	$-3/4$	

b 列的数字是 $x_3=2$，$x_4=16$，$x_2=3$。于是得到新的基可行解：$\boldsymbol{X}^{(1)}=(0，3，2，16，0)^{\mathrm{T}}$。
目标函数的取值 $f=9$。

（5）检查表 3-6 的所有 c_j-f_j，这时有 $c_1-f_1=2$，说明 x_1 应为换入变量。重复
（2）～（4）的计算步骤，得到表 3-7 和表 3-8。

表 3-7　单纯形表二

$c_j \rightarrow$			2	3	0	0	0	θ_i
C_B	X_B	b	x_1	x_2	x_3	x_4	x_5	
2	x_1	2	1	0	1	0	$-1/2$	—
0	x_4	8	0	0	-4	1	[2]	4
3	x_2	3	0	1	0	0	$1/4$	12
$-f$		-13	0	0	-2	0	$1/4$	

表 3-8　单纯形表三

$c_j \rightarrow$			2	3	0	0	0	θ
C_B	X_B	b	x_1	x_2	x_3	x_4	x_5	
0	x_1	4	1	0	0	$1/4$	0	
0	x_5	4	0	0	-2	$1/2$	1	—
0	x_2	2	0	1	$1/2$	$-1/8$	0	
$-f$		-14	0	0	$-3/2$	$-1/8$	0	—

（6）表 3-8 最后一行的所有检验数都已为负或零。这表示目标函数值已不可能再增
大，于是得到最优解

$$\boldsymbol{X}^*=\boldsymbol{X}^{(3)}=(4\ 2\ 0\ 0\ 4)^{\mathrm{T}}$$

目标函数值 $f^*=14$。

3.4　二阶段法（人工变量法）

线性规划问题的单纯形法在标准化后若找不到 m 阶单位阵，为了得到问题的一组初
始基变量，通常采用人造基，即给方程加入一个非负的虚拟变量，称这个虚拟变量为人工
变量（剩余变量系数为 -1，不能构成初始基变量）。

人工变量是虚拟变量，存在于初始基本可行解中，需要将它们从基变量中替换出来。
若人工变量可以从基变量中替换出来，即基变量中不含有非零的人工变量，表示原问题有
解；若人工变量不可以从基变量中替换出来，则表示原问题无可行解。

对于一个标准化的线性规划问题，其约束方程为

$$\sum_{j=1}^{m}a_{ij}x_j=b_i \quad i=1,2,\cdots,m \tag{3-42}$$

给第 i 个约束方程中加入一个人工变量 x_{n+i}，得到

$$\begin{cases} a_{11}x_1 + a_{12}x_2 + \cdots + a_{1n}x_n + x_{n+1} = b_1 \\ a_{21}x_1 + a_{22}x_2 + \cdots + a_{2n}x_n + x_{n+2} = b_2 \\ \quad\quad\quad\cdots \\ a_{m1}x_1 + a_{m2}x_2 + \cdots + a_{mn}x_n + x_{n+m} = b_m \\ x_1, x_2, \cdots, x_n \geqslant 0 \quad x_{n+1}, \cdots, x_{n+m} \geqslant 0 \end{cases} \quad (3-43)$$

如果以 $x_{n+1}, x_{n+2}, \cdots, x_{n+m}$ 为基变量，$x_1, x_2, \cdots, x_n$ 为非基变量，便可得到问题的一个初始基本可行解 $X_0 = (0\ 0\ \cdots\ 0\quad b_1\quad b_2\cdots b_m)^{\mathrm{T}}$。因为人工变量是加入到原约束方程组中的虚拟变量，为了不改变原来问题的性质，就应将它们从基变量中逐渐替换掉，即使人工变量为零。处理人工变量的方法有两阶段法和大 M 法，下面分别介绍这两种方法。

3.4.1 两阶段法

两阶段法是将加入人工变量后的线性规划问题分两阶段来求解。

第一阶段：在原线性规划问题中加入人工变量，构造模型。构造模型的目标函数为

$$\max w = -(x_{n+1} + x_{n+2} + \cdots + x_{n+m}) \quad (3-44)$$

$$\begin{cases} a_{11}x_1 + a_{12}x_2 + \cdots + a_{1n}x_n + x_{n+1} = b_1 \\ a_{21}x_1 + a_{22}x_2 + \cdots + a_{2n}x_n + x_{n+2} = b_2 \\ \quad\quad\quad\cdots \\ a_{m1}x_1 + a_{m2}x_2 + \cdots + a_{mn}x_n + x_{n+m} = b_m \\ x_j \geqslant 0 \quad j = 1, 2, \cdots, n+m \end{cases} \quad (3-45)$$

用单纯形法对式（3-45）求解。若 $w=0$，即所有的人工变量都为零，说明原问题存在一个基本可行解，可以进行第二个阶段；若 $w<0$，即不是所有人工变量都为零，这说明原问题无可行解，停止运算。

第二阶段：从第一阶段得到的基本可行解开始，继续用单纯形法进行迭代，直到找出原问题的最优解或判断无最优解。

说明：以上介绍的方法是对每个约束方程中都加入人工变量。如果原问题约束方程的系数矩阵中存在一些单位向量，为减少计算工作量，可以只在部分约束方程中加入人工变量。

下面举例说明。

【例 3-11】 用两阶段法求下列线性规划问题：

$$\max f = 3x_1 - x_2 - x_3$$

$$\begin{cases} x_1 - 2x_2 + x_3 \leqslant 11 \\ -4x_1 + x_2 + 2x_3 \geqslant 3 \\ -2x_1 + x_3 = 1 \\ x_j \geqslant 0, j = 1, 2, \cdots, 3 \end{cases} \quad (3-46)$$

解 （1）标准化。

在第 1 个约束条件中引入松弛变量 x_4，在第 2 个约束条件中引入剩余变量 x_5，得到原问题的标准形式为

$$\max f = 3x_1 - x_2 - x_3$$

$$\begin{cases} x_1 - 2x_2 + x_3 + x_4 = 11 \\ -4x_1 + x_2 + 2x_3 - x_5 = 3 \\ -2x_1 + x_3 = 1 \\ x_j \geqslant 0, \ j = 1, 2, \cdots, 5 \end{cases} \tag{3-47}$$

（2）确定初始变量，并将目标函数中的基变量用非基变量代替。

在第（1）步中，约束方程只有 x_4 的系数为单位向量，为形成 3 阶单位矩阵，在第 2、第 3 个约束方程中分别引入人工变量 x_6 和 x_7，得到第一阶段的规划问题为

$$\max w = -x_6 - x_7$$

$$\begin{cases} x_1 - 2x_2 + x_3 + x_4 = 11 \\ -4x_1 + x_2 + 2x_3 - x_5 + x_6 = 3 \\ -2x_1 + x_3 + x_7 = 1 \\ x_j \geqslant 0, \ j = 1, 2, \cdots, 7 \end{cases} \tag{3-48}$$

其中，x_4、x_6、x_7 为基变量，将目标函数 w 中的基变量用非基变量代替，有

$$w = -x_6 - x_7 \Rightarrow w = -4 - 6x_1 + x_2 + 3x_3 - x_5$$
$$-w - 6x_1 + x_2 + 3x_3 - x_5 = 4$$

注意：如果原问题的目标函数中也含有基变量，则必须用非基变量代替。

（3）作初始单纯形表。

作初始单纯形表的基本要求与前面介绍的完全一样，唯一的区别是增加了第一阶段问题的目标函数 w 行，见表 3-9。

表 3-9 第一阶段的单纯形表

c_j			0	0	0	0	0	1	1
C_B	X_B	b	x_1	x_2	x_3	x_4	x_5	x_6	x_7
0	x_4	11	1	−2	1	1	0	0	0
1	x_6	3	−4	1	2	0	−1	1	0
1	x_7	1	−2	0	[1]	0	0	0	1
σ_j			6	−1	−3	0	1	0	0
0	x_4	10	3	−2	0	1	0	0	−1
1	x_6	1	0	[1]	0	0	−1	1	−2
0	x_3	1	−2	0	1	0	0	0	1
σ_j			0	−1	0	0	1	0	3
0	x_4	12	3	0	0	1	−2	2	−5
0	x_2	1	0	1	0	0	−1	1	−2
0	x_3	1	−2	0	1	0	0	0	1
σ_j			0	0	0	0	0	1	1

（4）确定主元。

第一阶段的问题以 w 为目标函数，主元的确定方法与前面相同。

（5）进行第一阶段的迭代。

与前述方法相同，即换出变量退出基底，换入变量进入基底，化主元为 1，主元列其他元素（包括 f 行元素）为零，完成一次迭代。若检验数行的检验数有正值，则继续迭代。

该问题经过二次迭代后，w 行的检验数全部非正，且有 $\max w = 0$，故得到了原问题的一组基变量 x_4、x_2、x_3，至此第一阶段的迭代结束。

（6）进行第二阶段的迭代。

从第一阶段的最终单纯形表中去掉人工变量 x_6、x_7 所对应的列及 w 行，得到第二阶段的单纯形表，见表 3-10。

表 3-10　第二阶段的单纯形表

	c_j		3	-1	-1	0	0
C_B	X_B	b	x_1	x_2	x_3	x_4	x_5
0	x_4	12	[3]	0	0	1	-2
-1	x_2	1	0	1	0	0	-1
-1	x_3	1	-2	0	1	0	0
	σ_j		1	0	0	0	-1
3	x_1	4	1	0	0	1/3	$-2/3$
-1	x_2	1	0	1	0	0	-1
-1	x_3	9	0	0	1	2/3	$-4/3$
	σ_j		0	0	0	$-1/3$	$-1/3$

经过一次迭代后，检验数全部非正，得到原问题的最优解为

$$X = (4 \quad 1 \quad 9 \quad 0 \quad 0)^{\mathrm{T}}$$

相应的目标函数值 $f = 2$。

3.4.2　大 M 法

在一个线性规划问题的约束条件中加入人工变量后，目标函数应如何处理？由于希望人工变量对目标函数的取值不产生影响，因此，只有在迭代过程中把人工变量从基变量换出去，让它成为非基变量。为此，必须假定人工变量在目标函数中的价值系数为 $-M$（M 为很大的正数），这样对于要求实现目标函数最大化的问题来讲，只要在基变量中还存在人工变量，目标函数就不可能实现最大化（取正值）。若要求目标函数实现最小化时，则在目标函数中给人工变量规定一个很大的正系数 $+M$，其理由与前述相同。这就是大 M 法。

大 M 法的基本思路是对标准型线性规划问题，引入人工变量后将其改造为

$$\max f = \sum_{j=1}^{n} c_j x_j - \sum_{j=n+1}^{n+m} M x_j$$

$$\text{s.t.} \begin{cases} a_{11}x_1 + a_{12}x_2 + \cdots + a_{1n}x_n + x_{n+1} = b_1 \\ a_{21}x_1 + a_{22}x_2 + \cdots + a_{2n}x_n + x_{n+2} = b_2 \\ \qquad\qquad \cdots \\ a_{m1}x_1 + a_{m2}x_2 + \cdots + a_{mn}x_n + x_{n+m} = b_m \\ x_j \geqslant 0, \quad j = 1, 2, \cdots, n+m \end{cases} \qquad (3-49)$$

其中，M 为充分大的整数，记为 $M \gg 1$。

下面举例说明大 M 法的具体迭代过程。

【例 3 - 12】　试用大 M 法求解线性规划问题：

$$\min z = -3x_1 + x_2 + x_3$$

$$\begin{cases} x_1 - 2x_2 + 3x_3 \leqslant 11 \\ -4x + x_2 + 2x_3 \geqslant 3 \\ -2x_1 + x_3 = 1 \\ x_1, x_2, x_3 \geqslant 0 \end{cases}$$

解　在约束条件中加入松弛变量、剩余变量和人工变量，得到

$$\max z' = 3x_1 - x_2 - x_3 - Mx_6 - Mx_7$$

$$\begin{cases} x_1 - x_2 + x_3 + x_4 = 11 \\ -4x_1 + x_2 + x_3 - x_5 + x_6 = 3 \\ -2x_1 + x_3 + x_7 = 1 \\ x_1, x_2, x_3, x_4, x_5, x_6, x_7 \geqslant 0 \end{cases}$$

在目标函数中，M 是一个很大的正数。下面用单纯形法进行计算，见表 3 - 11。

表 3 - 11　单纯形表

c_j			3	-1	-1	0	0	-M	-M	θ_i
C_B	X_B	b	x_1	x_2	x_3	x_4	x_5	x_6	x_7	
0	x_4	11	1	-2	1	1	0	0	0	11
-M	x_6	3	-4	1	2	0	-1	1	0	3/2
-M	x_7	1	-2	0	[-1]	0	0	0	1	1
			$3-6M$	$-1+M$	$-1+3M$	0	$-M$	0	0	—
0	x_4	10	3	-2	0	1	0	0	-1	
-M	x_6	1	0	[1]	0	0	-1	1	-2	1
-1	x_3	1	-2	0	1	0	0	0	1	
			-1	$-1+M$	0	0	$-M$	0	$-3M+1$	—
0	x_4	12	[3]	0	0	1	-2	2	-5	4
-1	x_2	1	0	1	0	0	-1	1	-2	—
-1	x_3	1	-2	0	1	0	0	0	1	—
			1	0	0	0	-1	$-M+1$	$-M-1$	—
3	x_1	4	1	0	0	1/3	-3/2	3/2	-5/3	—
-1	x_2	1	0	1	0	0	-1	1	-2	—
-1	x_3	9	0	0	1	2/3	-4/3	4/3	-7/3	—
			0	0	0	-1/3	-1/3	$-M+1/3$	$-M+2/3$	—

由表 3 - 11 的最终计算表得到最优解为

$$\boldsymbol{X}^* = [x_1^*, x_2^*, \cdots, x_7^*]^T = [4, 1, 9, 0, 0, 0, 0]^T, z'^* = 2, z^* = -2$$

由此可见，凡约束条件为大于或等于型不等式时，均需引入人工变量，在目标函数中，人工变量前面均应乘上系数 M，$M \gg 1$，而且，在极大值问题中，M 前面为负号。这样，可以保证在获得最优解时消去人工变量，如果人工变量不能通过迭代消去，则说明该问题无最优解。

到此为止，对于任何形式的线性规划问题，总可以利用单纯形法、两阶段单纯形法或大 M 法对其求解。

3.5 改进的单纯形法

对于较简单的线性规划问题，可以用单纯形表法求解，但当线性规划问题的规模较大时，用单纯形表求解会非常困难，甚至变得不可能。为此就出现了一种新的算法——改进的单纯形法。这是一种通过矩阵求逆来实现规划问题解的方法，有助于计算机求解线性规划问题。

针对标准形式的线性规划问题，

$$\max f = c_1 x_1 + c_2 x_2 + \cdots + c_n x_n$$

$$\text{s.t.} \begin{cases} a_{11} x_1 + a_{12} x_2 + \cdots + a_{1n} x_n = b_1 \\ a_{21} x_1 + a_{22} x_2 + \cdots + a_{2n} x_n = b_2 \\ \qquad \cdots \\ a_{m1} x_1 + a_{m2} x_2 + \cdots + a_{mn} x_n = b_m \\ x_j \geqslant 0, j = 1, 2, \cdots, n \end{cases} \quad (3-50)$$

令

$$\boldsymbol{A} = \begin{bmatrix} a_{11} & a_{12} & \cdots & a_{1n} \\ a_{21} & a_{22} & \cdots & a_{2n} \\ \cdots & \cdots & & \cdots \\ a_{m1} & a_{m2} & \cdots & a_{mn} \end{bmatrix}, \boldsymbol{b} = \begin{bmatrix} b_1 \\ b_2 \\ \cdots \\ b_m \end{bmatrix}, \boldsymbol{X} = \begin{bmatrix} x_1 \\ x_2 \\ \cdots \\ x_n \end{bmatrix}$$

$$\boldsymbol{C} = (c_1 \quad c_2 \quad \cdots \quad c_n)$$

则式(3 - 50)可用矩阵形式表示为

$$\max f = \boldsymbol{CX}$$

$$\begin{cases} \boldsymbol{AX} = \boldsymbol{b} \\ \boldsymbol{X} \geqslant 0 \end{cases} \quad (3-51)$$

若用列向量 $P_j(j = 1, 2, \cdots, n)$ 代表矩阵 $\boldsymbol{A}$ 的第 j 列，则有

$$\boldsymbol{A} = (P_1, P_2, \cdots, P_n)$$

可设其前 m 个列向量是线性独立的，则 $\boldsymbol{B} = (P_1, P_2, \cdots, P_m)$ 为线性规划问题的基矩阵。其余列向量构成的矩阵 $\boldsymbol{N} = (P_{m+1}, P_{m+2}, \cdots, P_n)$ 称为非基子矩阵。此时有 $\boldsymbol{A} = (\boldsymbol{B} \quad \boldsymbol{N})$。其中基矩阵 $\boldsymbol{B}$ 对应的变量为基变量，用 $\boldsymbol{X}_B$ 表示，$\boldsymbol{X}_B = (x_1 \, x_2 \cdots x_m)^T$，非基子矩阵 $\boldsymbol{N}$ 对应的变量为非基变量，用 $\boldsymbol{X}_N$ 表示，$\boldsymbol{X}_N = (x_{m+1} \, x_{m+2} \cdots x_n)^T$，则有 $\boldsymbol{X} = (\boldsymbol{X}_B \quad \boldsymbol{X}_N)^T$。同样地，$\boldsymbol{C}$ 可以表示为 $\boldsymbol{C} = (\boldsymbol{C}_B \quad \boldsymbol{C}_N)^T$，$\boldsymbol{C}_B = (c_1 \, c_2 \cdots c_m)$，$\boldsymbol{C}_N = (c_{m+1} \, c_{m+2} \cdots c_n)$。于是式

(3-51)可改写为

$$\max f = (\boldsymbol{C}_{\mathrm{B}}\boldsymbol{X}_{\mathrm{B}} + \boldsymbol{C}_{\mathrm{N}}\boldsymbol{X}_{\mathrm{N}}) = (\boldsymbol{C}_{\mathrm{B}} \quad \boldsymbol{C}_{\mathrm{N}}) \begin{bmatrix} \boldsymbol{X}_{\mathrm{B}} \\ \boldsymbol{X}_{\mathrm{N}} \end{bmatrix}$$

$$\begin{cases} \boldsymbol{B}\boldsymbol{X}_{\mathrm{B}} + \boldsymbol{N}\boldsymbol{X}_{\mathrm{N}} = \boldsymbol{b} \\ \boldsymbol{X}_{\mathrm{B}} \geqslant 0, \ \boldsymbol{X}_{\mathrm{N}} \geqslant 0 \end{cases} \tag{3-52}$$

由式(3-52)得

$$\boldsymbol{X}_{\mathrm{B}} = \boldsymbol{B}^{-1}\boldsymbol{b} - \boldsymbol{B}^{-1}\boldsymbol{N}\boldsymbol{X}_{\mathrm{N}} \tag{3-53}$$

将其代入目标函数整理得

$$f = \boldsymbol{C}_{\mathrm{B}}\boldsymbol{B}^{-1}\boldsymbol{b} + (\boldsymbol{C}_{\mathrm{N}} - \boldsymbol{C}_{\mathrm{B}}\boldsymbol{B}^{-1}\boldsymbol{N})\boldsymbol{X}_{\mathrm{N}} \tag{3-54}$$

其中，$\boldsymbol{Y} = \boldsymbol{C}_{\mathrm{B}}\boldsymbol{B}^{-1}$ 称为单纯形算子。

注意到 $\boldsymbol{C}_{\mathrm{N}} - \boldsymbol{C}_{\mathrm{B}}\boldsymbol{B}^{-1}\boldsymbol{A} = (0 \ \boldsymbol{C}_{\mathrm{N}} - \boldsymbol{C}_{\mathrm{B}}\boldsymbol{B}^{-1}\boldsymbol{N})$，则 $\lambda = \boldsymbol{C}_{\mathrm{N}} - \boldsymbol{C}_{\mathrm{B}}\boldsymbol{B}^{-1}\boldsymbol{A}$ 表示了检验数行的所有元素，而 λ 又可以表示为

$$\lambda = \boldsymbol{C}_{\mathrm{N}} - \boldsymbol{C}_{\mathrm{B}}\boldsymbol{B}^{-1}\boldsymbol{A} = (\lambda_{\mathrm{B}} \quad \lambda_{\mathrm{N}}) = (0 \ \boldsymbol{C}_{\mathrm{N}} - \boldsymbol{C}_{\mathrm{B}}\boldsymbol{B}^{-1}\boldsymbol{N}) \tag{3-55}$$

此时，单纯形表如表 3-12 所示。

表 3-12　单纯形表的矩阵形式

变量＼基变量	$\boldsymbol{X}_{\mathrm{B}}^{\mathrm{T}}$	$\boldsymbol{X}_{\mathrm{N}}^{\mathrm{T}}$	—
$\boldsymbol{X}_{\mathrm{B}}$	$\boldsymbol{I}$	$\boldsymbol{B}^{-1}\boldsymbol{N}$	$\boldsymbol{B}^{-1}\boldsymbol{b}$
$-f$	0	$\boldsymbol{C}_{\mathrm{N}} - \boldsymbol{C}_{\mathrm{B}}\boldsymbol{B}^{-1}\boldsymbol{N}$	$-\boldsymbol{C}_{\mathrm{B}}\boldsymbol{B}^{-1}\boldsymbol{b}$

如果检验数 $\lambda = \boldsymbol{C}_{\mathrm{N}} - \boldsymbol{C}_{\mathrm{B}}\boldsymbol{B}^{-1}\boldsymbol{N} \leqslant 0$，则 $\boldsymbol{X}_{\mathrm{B}} = \boldsymbol{B}^{-1}\boldsymbol{b}$ 为问题的最优基可行解，相应的目标函数值 $f = \boldsymbol{C}_{\mathrm{B}}\boldsymbol{B}^{-1}\boldsymbol{b}$，否则，应确定新的基矩阵 $\boldsymbol{B}_{1}$ 继续迭代。

实际上，单纯形迭代过程是由一个基矩阵到另一个基矩阵的转移，而且每一次迭代只能是一个变量换入，一个变量换出，即基阵中只有一个列向量发生变化。设 $\boldsymbol{B}_{0} = (\boldsymbol{P}_{1} \ \boldsymbol{P}_{2} \cdots \ \boldsymbol{P}_{l} \cdots \ \boldsymbol{P}_{m})$ 为初始基矩阵，若对应的检验数行向量 $\lambda_{\mathrm{N0}} = \boldsymbol{C}_{\mathrm{N0}} - \boldsymbol{C}_{\mathrm{B0}}\boldsymbol{B}_{0}^{-1}\boldsymbol{N}_{0}$ 不全非正，即基矩阵 $\boldsymbol{B}_{0}$ 不是最优基，根据前述的方法确定的换入变量为 x_{k}，则以列向量 $\boldsymbol{P}_{k}$ 代换 $\boldsymbol{P}_{l}$ 得到新的基矩阵为 $\boldsymbol{B}_{1} = (\boldsymbol{P}_{1} \ \boldsymbol{P}_{2} \cdots \ \boldsymbol{P}_{k} \cdots \ \boldsymbol{P}_{m})$。由前面的推导可知，如果求得了 $\boldsymbol{B}_{1}^{-1}$，那么就可以求出一组新的基本可行解、相应的目标函数值和检验数等。由此可见，在改进单纯形法计算中，关键是每次迭代时基矩阵的逆阵 $\boldsymbol{B}^{-1}$。下面讨论其求法。

与单纯形表解法类似，改进单纯形法通常也是用 m 个单位向量构成的单位矩阵作为初始矩阵，即

$$\boldsymbol{B}_{0} = \begin{matrix} & P_{1} \quad P_{2} \qquad P_{m} \\ & \begin{pmatrix} 1 & & \cdots & \\ & 1 & \cdots & \\ & & \cdots & \\ & & \cdots & 1 \end{pmatrix} \end{matrix}$$

以列向量 P_k 代换 P_l 后，得到的新基矩阵为

$$\boldsymbol{B}_1 = \begin{matrix} P_1 & P_2 & P_k & P_m \end{matrix} \begin{pmatrix} 1 & & \cdots & a_{1k} & \\ & 1 & \cdots & a_{2k} & \\ & & \cdots & & \\ & & \cdots & a_{mk} & 1 \end{pmatrix}$$

因此，基矩阵求逆实际上就是计算此矩阵的逆，根据线性代数理论，不难求得 $\boldsymbol{B}_1$ 的逆 $\boldsymbol{B}_1^{-1}$ 为

$$\boldsymbol{B}_1^{-1} = \begin{pmatrix} 1 & & \cdots & -a_{1k}/a_{lk} & \\ & 1 & \cdots & -a_{2k}/a_{lk} & \\ & & \cdots & 1/a_{lk} & \\ & & \cdots & -a_{mk}/a_{lk} & 1 \end{pmatrix}$$

改进单纯形法的计算步骤与单纯形法类似，举例说明如下。

【例 3-13】 用改进单纯形法求下列线性规划问题：

$$\max f = 2x_1 + x_2$$

$$\text{s.t.} \begin{cases} x_1 + x_2 \leqslant 5 \\ -x_1 + x_2 \leqslant 0 \\ 6x_1 + 2x_2 \leqslant 21 \\ x_j \geqslant 0, \ j = 1, 2 \end{cases}$$

解 （1）标准化，引入松弛变量 x_3、x_4、x_5 得

$$\max f = 2x_1 + x_2$$

$$\begin{cases} x_1 + x_2 + x_3 = 5 \\ -x_1 + x_2 + x_4 = 0 \\ 6x_1 + 2x_2 + x_5 = 21 \\ x_j \geqslant 0, \ j = 1, 2, \cdots, 5 \end{cases}$$

（2）确定初始可行解，用矩阵表示，可得

$$\boldsymbol{A} = \begin{pmatrix} 1 & 1 & 1 & 0 & 0 \\ -1 & 1 & 0 & 1 & 0 \\ 6 & 2 & 0 & 0 & 1 \end{pmatrix}, \ \boldsymbol{b} = \begin{pmatrix} 5 \\ 0 \\ 21 \end{pmatrix}, \ \boldsymbol{C} = (2 \ 1 \ 0 \ 0 \ 0)$$

取 x_3、x_4、x_5 为初始基变量，则初始基为

$$\boldsymbol{B}_0 = \begin{pmatrix} 1 & 0 & 0 \\ 0 & 1 & 0 \\ 0 & 0 & 1 \end{pmatrix}$$

则有

$$\boldsymbol{B}_0^{-1} = \begin{pmatrix} 1 & 0 & 0 \\ 0 & 1 & 0 \\ 0 & 0 & 1 \end{pmatrix}, \ \boldsymbol{N}_0 = \begin{pmatrix} 1 & 1 \\ -1 & 1 \\ 6 & 2 \end{pmatrix}, \ \boldsymbol{C}_{B0} = (0 \ 0 \ 0), \ \boldsymbol{C}_{N0} = (2 \ 1)$$

可得非基变量的列向量为

$$(P_{10} \quad P_{20}) = \boldsymbol{B}_0^{-1}\boldsymbol{N}_0 = \begin{pmatrix} 1 & 0 & 0 \\ 0 & 1 & 0 \\ 0 & 0 & 1 \end{pmatrix} \begin{pmatrix} 1 & 1 \\ -1 & 1 \\ 6 & 2 \end{pmatrix} = \begin{pmatrix} 1 & 1 \\ -1 & 1 \\ 6 & 2 \end{pmatrix}$$

初始基本可行解为

$$\boldsymbol{X}_{B0} = \begin{bmatrix} x_3 \\ x_4 \\ x_5 \end{bmatrix} = \boldsymbol{B}_0^{-1}\boldsymbol{b} = \begin{bmatrix} 1 & 0 & 0 \\ 0 & 1 & 0 \\ 0 & 0 & 1 \end{bmatrix} \begin{bmatrix} 5 \\ 0 \\ 21 \end{bmatrix} = \begin{bmatrix} 5 \\ 0 \\ 21 \end{bmatrix}$$

相应的目标函数为

$$f_0 = \boldsymbol{C}_{B0}\boldsymbol{B}_0^{-1}\boldsymbol{b} = \boldsymbol{C}_{B0}\boldsymbol{X}_{B0} = (0 \ 0 \ 0)\begin{bmatrix} 5 \\ 0 \\ 21 \end{bmatrix} = 0$$

非基变量检验数为

$$\lambda_{N0} = (\lambda_1 \ \lambda_2) = \boldsymbol{C}_{N0} - \boldsymbol{C}_{B0}\boldsymbol{B}_0^{-1}\boldsymbol{N}_0 = (2 \ 1) - (0 \ 0 \ 0)\begin{bmatrix} 1 & 1 \\ -1 & 1 \\ 6 & 2 \end{bmatrix}$$

$$= (2 \ 1) - (0 \ 0) = (2 \ 1)$$

可将上述结果列表表示(见表 3-13)。

表 3-13 改进的单纯形表

基变量\列变量\变量	x_3	x_4	x_5	x_1	x_2	X_{B0}
	P_{30}	P_{40}	P_{50}	P_{10}	P_{20}	
x_3	1	0	0	1	1	5
x_4	0	1	0	-1	1	0
x_5	0	0	1	6	2	21
$-f_0$	0	0	0	2	1	0

因 $\lambda_{N0} = \boldsymbol{C}_{N0} - \boldsymbol{C}_{B0}\boldsymbol{B}_0^{-1}\boldsymbol{N}_0 > 0$,故 $\boldsymbol{B}_0$ 不是最优基。

(3) 确定新基,进行第一次迭代。

$\max\{\lambda_1 \ \lambda_2\} = \lambda_1 = 2$,$x_1$ 为换入变量,P_{10} 为换入列向量,则

$$P_{10} = \begin{bmatrix} a_{31} \\ a_{41} \\ a_{51} \end{bmatrix} = \begin{bmatrix} 1 \\ -1 \\ 6 \end{bmatrix}$$

由

$$\min\left\{\frac{b_i}{a_{i1}} \,\middle|\, a_{i1} > 0\right\} = \min\left\{\frac{b_1}{a_{31}}, \frac{b_2}{a_{41}}, \frac{b_3}{a_{51}}\right\} = \min\left\{\frac{5}{1}, \frac{0}{-1}, \frac{21}{6}\right\} = \frac{21}{6}$$

可知,6 为主元,x_5 为换出变量,新的基变量为 x_3,x_4,x_1,故得新基 $\boldsymbol{B}_1$ 为

$$\boldsymbol{B}_1 = \begin{bmatrix} 1 & 0 & 1 \\ 0 & 1 & -1 \\ 0 & 0 & 6 \end{bmatrix}$$

此时有

$$\boldsymbol{B}_1^{-1} = \begin{pmatrix} 1 & 0 & -1/6 \\ 0 & 1 & 1/6 \\ 0 & 0 & 1/6 \end{pmatrix}, \boldsymbol{N}_1 = (P_{50} \quad P_{20}) = \begin{pmatrix} 0 & 1 \\ 0 & 1 \\ 1 & 2 \end{pmatrix}$$

$$\boldsymbol{C}_{B1} = (0 \quad 0 \quad 2), \boldsymbol{C}_{N1} - (0 \quad 1)$$

由此得

$$(P_{51} \quad P_{21}) = \boldsymbol{B}_1^{-1}\boldsymbol{N}_1 = \begin{pmatrix} 1 & 0 & -1/6 \\ 0 & 1 & 1/6 \\ 0 & 0 & 1/6 \end{pmatrix} \begin{pmatrix} 0 & 1 \\ 0 & 1 \\ 1 & 2 \end{pmatrix} = \begin{pmatrix} -1/6 & 2/3 \\ 1/6 & 4/3 \\ 1/6 & 1/3 \end{pmatrix}$$

$$\boldsymbol{X}_{B1} = \begin{pmatrix} x_3 \\ x_4 \\ x_1 \end{pmatrix} = \boldsymbol{B}_1^{-1}\boldsymbol{X}_{B0} = \begin{pmatrix} 1 & 0 & -1/6 \\ 0 & 1 & 1/6 \\ 0 & 0 & 1/6 \end{pmatrix} \begin{pmatrix} 5 \\ 0 \\ 21 \end{pmatrix} = \begin{pmatrix} 3/2 \\ 7/2 \\ 7/2 \end{pmatrix}$$

$$f_1 = \boldsymbol{C}_{B1}\boldsymbol{X}_{B1} = (0 \quad 0 \quad 2) \begin{pmatrix} 3/2 \\ 7/2 \\ 7/2 \end{pmatrix} = 7$$

$$\lambda_{N1} = (\lambda_5 \quad \lambda_2) = \boldsymbol{C}_{N1} - \boldsymbol{C}_{B1}\boldsymbol{B}_1^{-1}\boldsymbol{N}_1 = (0 \quad 1) - (0 \quad 0 \quad 2) \begin{pmatrix} -1/6 & 2/3 \\ 1/6 & 4/3 \\ 1/6 & 1/3 \end{pmatrix}$$

$$= (-1/3 \quad 1/3)$$

其中，$\lambda_5 = -1/3 < 0$，$\lambda_2 = 1/3 > 0$，故 x_2 为换入变量，P_{21} 为换入列向量。

$$P_{21} = \begin{pmatrix} a_{32} \\ a_{42} \\ a_{12} \end{pmatrix} = \begin{pmatrix} 2/3 \\ 4/3 \\ 1/3 \end{pmatrix}$$

同样地，按照第(2)步的方法可知，x_3 为换出变量，P_{31} 为换出列向量，新的基变量为 x_2、x_4、x_1，故得新基 $\boldsymbol{B}_2$ 为

$$\boldsymbol{B}_2 = \begin{pmatrix} 2/3 & 0 & 0 \\ 4/3 & 1 & 0 \\ 1/3 & 0 & 1 \end{pmatrix}$$

此时有

$$\boldsymbol{B}_2^{-1} = \begin{pmatrix} 3/2 & 0 & 1 \\ -2 & 1 & 0 \\ -1/2 & 0 & 0 \end{pmatrix}, \boldsymbol{N}_2 = (P_{51} \quad P_{31}) = \begin{pmatrix} -1/6 & 1 \\ 1/6 & 0 \\ 1/6 & 0 \end{pmatrix}$$

$$\boldsymbol{C}_{B2} = (1 \quad 0 \quad 2), \boldsymbol{C}_{N2} = (0 \quad 0)$$

由此可得

$$(P_{52} \quad P_{32}) = \boldsymbol{B}_2^{-1}\boldsymbol{N}_2 = \begin{pmatrix} 3/2 & 0 & 1 \\ -2 & 1 & 0 \\ -1/2 & 0 & 0 \end{pmatrix} \begin{pmatrix} -1/6 & 1 \\ 1/6 & 0 \\ 1/6 & 0 \end{pmatrix} = \begin{pmatrix} -1/4 & 3/2 \\ 1/2 & -2 \\ 1/4 & -1/2 \end{pmatrix}$$

$$\boldsymbol{X}_{B2} = \begin{bmatrix} x_2 \\ x_4 \\ x_1 \end{bmatrix} = \boldsymbol{B}_2^{-1} \boldsymbol{X}_{B1} = \begin{bmatrix} 3/2 & 0 & 0 \\ -2 & 1 & 0 \\ -1/2 & 0 & 1 \end{bmatrix} = \begin{bmatrix} 9/4 \\ 1/2 \\ 11/4 \end{bmatrix}$$

$$f_2 = \boldsymbol{C}_{B2} \boldsymbol{X}_{B2} = (1 \quad 0 \quad 2) \begin{bmatrix} 9/4 \\ 1/2 \\ 11/4 \end{bmatrix} = \frac{31}{4}$$

$$\lambda_{N2} = (\lambda_5 \quad \lambda_3) = \boldsymbol{C}_{N2} - \boldsymbol{C}_{B2} \boldsymbol{B}_2^{-1} \boldsymbol{N}_2 = (0 \quad 1) - (1 \quad 0 \quad 2) \begin{bmatrix} -1/4 & 3/2 \\ 1/2 & -2 \\ 1/4 & -1/2 \end{bmatrix}$$

$$= (0 \quad 0) - (1/4 \quad 1/2) = (-1/4 \quad -1/2)$$

因检验数 $\lambda_{N2} < 0$，所以，迭代终止，得到问题的最优解为

$$\boldsymbol{X} = (11/4 \quad 9/4 \quad 0 \quad 1/2 \quad 0)^{\mathrm{T}}$$

相应的目标函数 $f_2 = 31/4$，上述结果可用表 3-14 给出。

表 3-14   最优单纯形法表

基 变 量 列 变 量 变 量	x_2	x_4	x_1	x_5	x_3	X_{B2}
	P_{22}	P_{42}	P_{12}	P_{52}	P_{31}	
x_2	1	0	0	$-1/4$	$3/2$	$9/4$
x_4	0	1	0	$1/2$	-2	$1/2$
x_1	0	0	1	$1/4$	$-1/2$	$11/4$
$-f_2$	0	0	0	$-1/4$	$-1/2$	$-31/4$

小结：从以上运算过程可以看出，对于手算来说，采用改进单纯形法并不方便，而且很容易出错，但对于计算机而言，却是得心应手的事情，既节约了内存，也减小了运算量。

3.6   对偶线性规划问题

3.6.1   对偶规划

先看看下面的例子：

在例 3-2 中，已建立的规划问题模型 LP1 为

$$\max f = 2x_1 + 3x_2$$

$$\begin{cases} x_1 + 2x_2 \leqslant 8 \\ 4x_1 \leqslant 16 \\ 4x_2 \leqslant 12 \\ x_1, x_2 \geqslant 0 \end{cases}$$

生产单位产品的资源消耗如表 3-15 所示。

表 3 - 15　生产单位产品的资源消耗

	产品Ⅰ	产品Ⅱ	限　　制
设　　备	1 台时/件	2 台时/件	8 台时
原材料 A	4 kg/件	0	16 kg/件
原材料 B	0	4 kg	12 kg

现从另一角度来讨论这个问题。假设该厂的决策者决定不生产产品Ⅰ、Ⅱ，而将其所有资源出租或外售。这时工厂的决策者就要考虑给每种资源如何定价的问题。设用 y_1，y_2，y_3 分别表示出租单位设备台时的租金和出让单位原材料 A、B 的附加额。在作定价决策时，进行了如下比较：若用 1 个单位设备台时和 4 个单位原材料 A 可以生产一件产品Ⅰ，可获利 2 元，那么生产每件产品Ⅰ的设备台时和原材料出租或出让的所有收入应不低于生产一件产品Ⅰ的利润，则有 $2y_1 + 3y_2 \geqslant 2$。

同理将生产每件产品Ⅱ的设备台时和原材料出租或出让的所有收入应不低于生产一件产品Ⅱ的利润，则有 $2y_1 + 4y_2 \geqslant 3$。把工厂所有设备台时和资源都出租或出让，其收入为 $g = 8y_1 + 16y_2 + 12y_3$。从工厂的决策者来看当然 g 越大越好，但从接受者来看自己的支付越少越好，所以工厂的决策者只能在满足大于等于所有产品的利润条件下，提出一个尽可能低的出租或出让价格，才能实现其原意，为此需解如下的线性规划问题 LP2：

$$\max g = 8y_1 - 16y_2 + 12y_3$$

$$\text{s.t.} \begin{cases} y_1 + 4y_2 \geqslant 2 \\ 2y_1 + 4y_3 \geqslant 3 \\ y_1, y_2, y_3 \geqslant 0 \end{cases} \qquad (3-56)$$

显然，当 $\min g = \max f$ 时，工厂决策者认为这两种考虑具有相同的结果，都是最优方案。比较 LP1 和 LP2，可知它们之间有着密切的联系，两者包含有相同的数据，只是位置不同而已。如果称前者为原问题，则后者称为前者的对偶问题，反过来也是如此，即两者互为对偶问题。一般地，若原问题为

$$\max f = \sum_{j=1}^{n} c_j x_j$$

$$\sum_{j=1}^{n} a_{ij} x_j \leqslant b_i, \ i = 1, 2, \cdots, m$$

$$x_j \geqslant 0, \ j = 1, 2, \cdots, n \qquad (3-57)$$

则对偶问题为

$$\min g = \sum_{i=1}^{m} b_i x_i$$

$$\sum_{i=1}^{m} a_{ij} x_i \leqslant c_j, \ j = 1, 2, \cdots, n$$

$$y_i \geqslant 0, \ i = 1, 2, \cdots, m \qquad (3-58)$$

其中，y_i 为对偶变量。若表示成矩阵形式，则有

$$\begin{array}{ll} \max f = \boldsymbol{CX} & \min g = \boldsymbol{Yb} \\ \boldsymbol{AX} \leqslant 0 & \boldsymbol{YA} \leqslant \boldsymbol{C} \\ \boldsymbol{X} \geqslant 0 & \boldsymbol{Y} \geqslant 0 \end{array} \qquad (3-59)$$

其中，$\boldsymbol{A}$ 是 $m \times n$ 矩阵；$\boldsymbol{C}$ 是 n 维向量；$\boldsymbol{b}$ 是 m 维列向量；$\boldsymbol{X}$ 是 n 维列向量，为原问题的变量；$\boldsymbol{Y}$ 是 m 维行向量，为对偶问题的变量。式(3-59)称为对偶关系的对称形式(或称为对偶标准形式)，一般情况下，原问题与对偶问题的变换关系可归纳如表 3-16 所示。

表 3-16　原问题和对偶问题的关系

原问题(或对偶问题)	对偶问题(或原问题)
目标函数为 $\max f$	目标函数为 $\min g$
约束条件为 m 个	对偶变量数为 m 个
约束条件为 $=$	对偶变量 y_i 为自由变量
约束条件为 $\leqslant$	对偶变量 $y_i \geqslant 0$
变量数为 n 个	约束条件数为 n 个
变量 $x_j \geqslant 0$	约束条件为 $\geqslant$
变量 x_j 为自由变量	约束条件为 $=$

若原规划问题的约束条件中含有 $\geqslant$ 约束，可在其两边同乘以 -1，统一为 $\leqslant$ 约束。这里，右边项没有符号限制。

根据表 3-17，可以写出下列一对线性规划问题：

$$\begin{array}{ll} \max f = \boldsymbol{CX} & \min g = \boldsymbol{Yb} \\ \boldsymbol{AX} = \boldsymbol{b} & \boldsymbol{YA} \geqslant \boldsymbol{C} \\ \boldsymbol{X} \geqslant 0 & \boldsymbol{Y} \quad 无符号限制 \end{array} \qquad (3-60)$$

式(3-60)称为对偶关系的非对称形式。

【例 3-14】　写出下列线性规划问题的对偶问题：

$$\max f = 4x_1 + 5x_2$$
$$\begin{cases} 3x_1 + 2x_2 \leqslant 20 \\ 4x_1 - 3x_2 \geqslant 10 \\ x_1 + x_2 = 5 \\ x_1 \geqslant 0, x_2 \text{ 无符号限制} \end{cases}$$

解　用 -1 乘第 2 个约束条件的两端，把它变成 $\leqslant$ 约束，根据表 3-17 即可写出其对偶问题为

$$\max f = 20y_1 - 10y_2 + 5y_3$$
$$\begin{cases} 3y_1 - 4y_2 + y_3 \geqslant 4 \\ 2y_1 + 3y_2 + y_3 = 5 \\ x_1, y_2 \geqslant 0, y_3 \text{ 无符号限制} \end{cases}$$

【例 3-15】　写出下列线性规划问题的对偶问题：

$$\max f = 2x_1 + 3x_2 - 5x_3 + x_4$$

$$\begin{cases} x_1 + x_2 - 3x_3 + x_4 \geqslant 5 \\ 2x_1 + 2x_3 - x_4 \leqslant 4 \\ x_2 + x_3 + x_4 = 6 \\ x_1 \leqslant 0, \ x_2, \ x_3 \leqslant 0, \ x_4 \ \text{无约束} \end{cases}$$

解 设对应于约束条件的对偶变量分别为 y_1、y_2、y_3，则由表 3-16 的对偶关系，可直接给出该问题的对偶问题，即

$$\max g = 5y_1 + 4y_2 + 6y_3$$

$$\begin{cases} y_1 + 2y_2 \geqslant 2 \\ y_1 + y_3 \leqslant 3 \\ -3y_1 + 2y_2 + y_3 \leqslant -5 \\ y_1 - y_2 + y_3 = 1 \\ y_1 \geqslant 0, \ y_2 \leqslant 0, \ y_3 \ \text{无约束} \end{cases}$$

3.6.2 对偶问题的基本性质

下面介绍对偶问题的几条重要性质，以揭示原问题的解与对偶问题的解之间的重要关系，并为后续讨论对偶问题的单纯形法奠定基础。

(1) 若 X 和 Y 分别是原问题和对偶问题的任一可行解，则必有 $CX \leqslant Yb$，即 $f \leqslant g$。

(2) 若 X^* 和 Y^* 分别为原问题和对偶问题的可行解，且可行解对应的原问题和对偶问题的目标函数值相等，即 $CX^* \leqslant Y^*b$，X^* 和 Y^* 分别为原问题和对偶问题的最优解。

(3) 若原问题和对偶问题之一的最优解无界，则另一个无可行解；若之一无可行解，则另一个的最优解无界或无可行解。也就是说，原问题和对偶问题之一无最优解，则另一个也无最优解。

(4) 若原问题和对偶问题之一有最优解，则另一个也有最优解，且两者的最优目标函数值相等。

(5) 原问题的最优解为 $X_B = B^{-1}b$，则对偶问题的最优解为 $Y = C_B B^{-1}$。

(6) 根据原问题最优单纯形表中的检验数可以读出对偶问题的最优解。

对于第 6 个性质下面作一说明。

设原问题和对偶问题为式(3-59)，

$$\begin{array}{ll} \max f = CX & \min g = Yb \\ AX \leqslant 0 & YA \leqslant C \\ X \geqslant 0 & Y \geqslant 0 \end{array} \qquad (3-61)$$

在原问题和对偶问题的约束条件中分别引入松弛变量 X_S 和剩余变量 Y_S，其中 X_S 为 m 维列向量，Y_S 为 n 维列向量，有

$$\begin{array}{ll} \max f = CX & \min g = Yb \\ AX + X_S = b & YA - Y_S = C \\ X, X_S \geqslant 0 & Y, Y_S \geqslant 0 \end{array}$$

设 B 为原问题的一个最优基，则原问题可改写为

$$\max f = \boldsymbol{C}_\mathrm{B}\boldsymbol{X}_\mathrm{B} + \boldsymbol{C}_\mathrm{N}\boldsymbol{X}_\mathrm{N}$$
$$\boldsymbol{B}\boldsymbol{X}_\mathrm{B} + \boldsymbol{N}\boldsymbol{X}_\mathrm{N} + \boldsymbol{X}_\mathrm{S} = \boldsymbol{b}$$
$$\boldsymbol{X}_\mathrm{B}, \boldsymbol{X}_\mathrm{N}, \boldsymbol{X}_\mathrm{S} \geqslant 0$$

相应的对偶问题为

$$\min g = \boldsymbol{Y}\boldsymbol{b}$$
$$\boldsymbol{Y}\boldsymbol{B} - \boldsymbol{Y}_\mathrm{S1} = \boldsymbol{C}_\mathrm{B}$$
$$\boldsymbol{Y}\boldsymbol{N} - \boldsymbol{Y}_\mathrm{S2} = \boldsymbol{C}_\mathrm{N} \tag{3-62}$$
$$\boldsymbol{Y}, \boldsymbol{Y}_\mathrm{S1}, \boldsymbol{Y}_\mathrm{S2} \geqslant 0$$

其中，$\boldsymbol{Y}_\mathrm{S} = (\boldsymbol{Y}_\mathrm{S1} \quad \boldsymbol{Y}_\mathrm{S2})$，$\boldsymbol{Y}_\mathrm{S1}$ 是对应于原问题中基变量 $\boldsymbol{X}_\mathrm{B}$ 的剩余变量，$\boldsymbol{Y}_\mathrm{S2}$ 是对应于原问题中非基变量 $\boldsymbol{X}_\mathrm{N}$ 的剩余变量。

原问题的最优解为 $\boldsymbol{X}_\mathrm{B} = \boldsymbol{B}^{-1}\boldsymbol{b}$，相应的基变量 $\boldsymbol{X}_\mathrm{B}$ 的检验数为 0，非基变量 $\boldsymbol{X}_\mathrm{N}$ 的检验数为 $\boldsymbol{C}_\mathrm{N} - \boldsymbol{C}_\mathrm{B}\boldsymbol{B}^{-1}\boldsymbol{N}$，松弛变量 $\boldsymbol{X}_\mathrm{S}$ 的检验数为 $-\boldsymbol{C}_\mathrm{B}\boldsymbol{B}^{-1}$，把对偶问题的最优解 $\boldsymbol{Y} = \boldsymbol{C}_\mathrm{B}\boldsymbol{B}^{-1}$ 代入式(3-62)得

$$\begin{cases} -\boldsymbol{Y}_\mathrm{S1} = 0 \\ -\boldsymbol{Y}_\mathrm{S2} = \boldsymbol{C}_\mathrm{N} - \boldsymbol{C}_\mathrm{B}\boldsymbol{B}^{-1}\boldsymbol{N} \end{cases}$$

由此可见，原问题的最优单纯形表中的检验数对应于对偶问题的最优解的负值。它们的关系见表 3-17。

同样地，若原问题和对偶问题为式(3-60)所示的非对称形式，则可得到表 3-18 所示的结果。

表 3-17　原问题和对偶问题的最优解的关系

$\boldsymbol{X}_\mathrm{B}$	$\boldsymbol{X}_\mathrm{N}$	$\boldsymbol{X}_\mathrm{S}$
0	$\boldsymbol{C}_\mathrm{N} - \boldsymbol{C}_\mathrm{B}\boldsymbol{B}^{-1}\boldsymbol{N}$	$-\boldsymbol{C}_\mathrm{B}\boldsymbol{B}^{-1}$
$-\boldsymbol{Y}_\mathrm{S1}$	$-\boldsymbol{Y}_\mathrm{S2}$	$-\boldsymbol{Y}$

表 3-18　非对称形式的最优解的关系

$\boldsymbol{X}_\mathrm{B}$	$\boldsymbol{X}_\mathrm{N}$
0	$\boldsymbol{C}_\mathrm{N} - \boldsymbol{C}_\mathrm{B}\boldsymbol{B}^{-1}\boldsymbol{N}$
$-\boldsymbol{Y}_\mathrm{S1}$	$-\boldsymbol{Y}_\mathrm{S2}$

根据表 3-18 可知，原问题最优表中的检验数对应于对偶问题最优解中剩余变量的负值，而对偶决策变量的值 $\boldsymbol{Y} = \boldsymbol{C}_\mathrm{B}\boldsymbol{B}^{-1}$ 看起来还不能直接从表 3-18 中读出。当然，如果知道了 $\boldsymbol{B}^{-1}$ 和 $\boldsymbol{C}_\mathrm{B}$ 就可以直接计算出 $\boldsymbol{Y}$，下面讨论如何从表 3-18 中直接读出对偶变量的值。

假定在原问题的约束条件的系数矩阵中有一个 m 阶单位阵，以此为初始可行基进行迭代得到最优基 $\boldsymbol{B}$，则在最优表中，原来为单位阵的地方就变成了 $\boldsymbol{B}^{-1}$，而在初始表中和 $\boldsymbol{B}^{-1}$ 相对应的基矩阵 $\boldsymbol{B}$ 正好位于和最优表中的单位阵相对应的位置，若用 $\boldsymbol{C}_1$ 表示和初始表中单位阵相对应变量的价值系数向量，则在最优表中 $\boldsymbol{B}^{-1}$ 下的检验数将是 $\boldsymbol{C}_1 - \boldsymbol{C}_\mathrm{B}\boldsymbol{B}^{-1}$。若由最优表中 $\boldsymbol{B}^{-1}$ 下的检验数减去相应的价值系数，则正好得到其对偶问题最优解的负值，即 $-\boldsymbol{Y} = -\boldsymbol{C}_\mathrm{B}\boldsymbol{B}^{-1}$，需要特别说明的是，当初始表中的单位阵是由引入松弛变量后而形

成的，则有 $C_1 = 0$。在这种情况下，最优表 3-18 中 $\boldsymbol{B}^{-1}$ 下面的检验数就正好等于其对偶问题的最优解的负值。举例说明如下。

【例 3-16】 线性规划问题如下：

$$\max f = 5x_1 + 4x_2$$

$$\begin{cases} x_1 + 3x_2 \leqslant 90 \\ 2x_1 + x_2 \leqslant 80 \\ x_1 + x_2 \leqslant 45 \\ x_1, x_2 \geqslant 0 \end{cases} \tag{3-63}$$

对偶问题为

$$\min g = 90y_1 + 80y_2 + 45y_3$$

$$\begin{cases} y_1 + 2y_2 + y_3 \geqslant 5 \\ 3y_1 + y_2 + y_3 \geqslant 4 \\ x_1, y_2, y_3 \geqslant 0 \end{cases} \tag{3-64}$$

在原问题的约束条件中引入松弛变量 x_1、x_2、x_3，按单纯形法得到原问题的初始表和最优表分别如表 3-19 和表 3-20 所示。

表 3-19 原问题的初始表

变量＼基变量	x_1	x_2	x_3	x_4	x_5	b_i
x_3	1	3	1	0	0	90
x_4	2	1	0	1	0	80
x_5	1	1	0	0	1	45
$-f$	5	4	0	0	0	0

表 3-20 原问题的最优表

变量＼基变量	x_1	x_2	x_3	x_4	x_5	b_i
x_3	0	0	1	2	-5	25
x_1	1	0	0	1	-1	35
x_2	0	1	0	-1	2	10
$-f$	0	0	0	-1	-3	-215

由表 3-20 可知，原问题的最优解为 $\boldsymbol{X} = (35 \quad 10 \quad 25 \quad 0 \quad 0)^\mathrm{T}$，最优目标函数值为 $\max f = 215$。

在表 3-19 中，松弛变量 x_1、x_2、x_3 的系数矩阵构成单位阵，故在最优表 3-20 中对应的系数矩阵为最优基的逆阵：

$$\boldsymbol{B}^{-1} = \begin{pmatrix} 1 & 2 & -5 \\ 0 & 1 & -1 \\ 0 & -1 & 2 \end{pmatrix}$$

且对应的检验数等于它在对偶问题式(3-64)中的最优解的负值，即 $\boldsymbol{Y}=(y_1 \quad y_2 \quad y_3)^{\mathrm{T}}=$ (0 1 3)，相应的目标函数值为 $\min g = \max f = 215$。

另一方面，$\boldsymbol{Y}$ 也可按式 $\boldsymbol{Y}=\boldsymbol{C}_{\mathrm{B}}\boldsymbol{B}^{-1}$ 计算，由于最优表中的单位阵对应于基变量 x_3、x_1、x_2，所以它们在初始表 3-19 中的系数列向量构成最优基 $\boldsymbol{B}$，故 $\boldsymbol{C}_{\mathrm{B}}=(c_3 \quad c_1 \quad c_2)^{\mathrm{T}}=$ (0 5 4)，则有

$$\boldsymbol{Y}=\boldsymbol{C}_{\mathrm{B}}\boldsymbol{B}^{-1}=(0 \quad 5 \quad 4)\begin{pmatrix} 1 & 2 & -5 \\ 0 & 1 & -1 \\ 0 & -1 & 2 \end{pmatrix}=(0 \quad 1 \quad 3)$$

相应的目标函数值为

$$\min g = \boldsymbol{Y}\boldsymbol{b}=(0 \quad 1 \quad 3)\begin{pmatrix} 90 \\ 80 \\ 45 \end{pmatrix}=215$$

为了验证按上述方法确定的对偶问题的最优解的正确性，按单纯形法对对偶问题式(3-64)进行迭代，得到对偶问题的最优表，见表 3-21。表中 y_6、y_7 为人工变量，$g'=-g$。

表 3-21　原问题的最优表

变量＼基变量	y_1	y_2	y_3	y_4	y_5	y_6	y_7	—
y_2	-2	1	0	-1	1	1	-1	1
y_3	5	0	1	1	-2	-1	2	3
$-g'$	-25	0	0	-35	-10	35	10	215

由表 3-21 可知，对偶问题式(3-64)的最优解和最优目标函数值与上述方法求得的完全相同。由此可见，从表 3-21 的检验数中也可以直接读出原问题的最优解，这说明在求解线性规划问题时，可在原问题和对偶问题中选择容易求解的一种问题进行计算。然后，应用对偶问题性质可找出对应解。一般来说，线性规划问题求解的工作量在很大程度上取决于约束条件数目的多少，约束越多，基矩阵阶次就高，计算量自然就大。因此，对于约束条件多、变量少的规划问题，找出约束条件少的对偶规划问题进行求解，就可减少计算工作量。

3.6.3　对偶单纯形法

在用单纯形法进行迭代时，在 b_i 列中得到问题的基本可行解，而在检验数行得到的是对偶问题的非可行解。这是因为在达到最优解之前，检验数 $\lambda = \boldsymbol{C} - \boldsymbol{C}_{\mathrm{B}}\boldsymbol{B}^{-1}\boldsymbol{A} = \boldsymbol{C} - \boldsymbol{Y}\boldsymbol{A} \geqslant 0$，即 $\boldsymbol{Y}\boldsymbol{A} \leqslant \boldsymbol{C}$，显然 $\boldsymbol{Y}=\boldsymbol{C}_{\mathrm{B}}\boldsymbol{B}^{-1}$ 不满足对偶问题的约束条件 $\boldsymbol{Y}\boldsymbol{A} \geqslant \boldsymbol{C}$。通过逐步迭代，当检验数行得到的对偶问题的解也是可行解时，即 $\boldsymbol{C} - \boldsymbol{Y}\boldsymbol{A} \leqslant \boldsymbol{C}$ 或 $\boldsymbol{Y}\boldsymbol{A} \geqslant \boldsymbol{C}$ 时，$\boldsymbol{C}_{\mathrm{B}}\boldsymbol{X}_{\mathrm{B}}=\boldsymbol{Y}\boldsymbol{b}$，由对偶问题的性质 2 可知，此时原问题和对偶问题同时达到了最优解。

根据对偶问题的对称性也可以这样来考虑：若保持对偶问题的解是可行解，即 $\boldsymbol{C} - \boldsymbol{Y}\boldsymbol{A} \leqslant$ 0，而原问题在非可行解的基础上，即 $\boldsymbol{B}^{-1}\boldsymbol{b}$ 中至少有一个负分量，通过迭代逐步达到基本可行解，这样也得到了原问题和对偶问题的最优解。因为这种方法是从对偶问题的可行性出发来求解原问题的最优解，故它称作对偶单纯形法。这种方法的优点是原问题的初始解不一定是基本可行解，即可以从非可行解开始迭代。下面通过一个例题来介绍对偶单纯形法的计算步骤。

【例 3 - 17】 用对偶单纯形法求解下列线性规划问题：

$$\min f = x_1 + 3x_2$$

$$\begin{cases} 2x_1 + x_2 \geqslant 3 \\ 3x_1 + 2x_2 \geqslant 4 \\ x_1 + 2x_2 \geqslant 1 \\ x_1, x_2 \geqslant 0 \end{cases} \qquad (3-65)$$

解 （1）标准化。

引入剩余变量 x_3、x_4、x_5，并令 $f' = -f$，则有

$$\max f' = -x_1 - 3x_2$$

$$\begin{cases} 2x_1 + x_2 - x_3 = 3 \\ 3x_1 + 2x_2 - x_4 = 4 \\ x_1 + 2x_2 - x_5 = 1 \\ x_1, x_2, \cdots, x_5 \geqslant 0 \end{cases} \qquad (3-66)$$

显然，如果要用单纯形法求解，则需引入 3 个人工变量，再用两阶段法或大 M 法进行求解，若用下面介绍的对偶单纯形法就简单多了。

（2）找初始基变量，并将目标函数中的基变量用非基变量代替。

为了找出基变量，先在约束方程的系数矩阵中形成 m 阶单位阵，为此用 -1 乘式 (3 - 66) 约束方程的两端，得

$$\max f' = -x_1 - 3x_2$$

$$\begin{cases} -2x_1 - x_2 + x_3 = -3 \\ -3x_1 - 2x_2 + x_4 = -4 \\ -x_1 - 2x_2 + x_5 = -1 \\ x_1, \cdots, x_5 \geqslant 0 \end{cases} \qquad (3-67)$$

显然，x_3、x_4、x_5 为初始基变量，但对应的初始解不是可行解。目标函数中不含基变量，故不需代换。

（3）作初始单纯形表。

由式 (3 - 67) 得初始单纯形表 (见表 3 - 22)。由表 3 - 23 可知，初始解是非可行的，但检验数全部非正，在对偶单纯形法中，把这种对应检验数全部非正的基本解称为正则解。对偶单纯形法是以正则解出发开始迭代，在迭代过程中最终保持 b_i 列所有元素全部非负，即得到原问题的最优解。

表 3 - 22　初始单纯形表

基变量＼变量	x_1	x_2	x_3	x_4	x_5	b_i
x_3	-2	-1	1	0	0	-3
x_4	-3	-2	0	1	0	-4
x_5	-1	-2	0	0	1	-1
$-f'$	-1	-3	0	0	0	0

（4）确定主元。

对偶单纯形算法是以原问题的右端列 b_i 作为检验数。若

$$\min\{b_i \mid b_i < 0\} = b_l$$

则 b_l 所在的行为主元行，b_l 所对应的基变量为换出变量。此例中 x_4 为换出变量。

当主元行确定后，就可按下式确定主元，若

$$\min\left\{\frac{\lambda_j}{a_{lj}} \mid a_{lj} < 0\right\} = \frac{\lambda_k}{a_{lk}}$$

则 x_k 所在列为主元列，对应的变量 x_k 为换入变量，主元行与主元列的交叉元素 a_{lk} 就是主元。当最小比值 $\frac{\lambda_k}{a_{lk}}$ 不唯一时，任取其中一列为主元列。如果出现一个 $b_l < 0$，而所有 $a_{ij} > 0$，则问题无解。本例中，

$$\min\left\{\frac{\lambda_j}{a_{2j}} \mid a_{2j} < 0\right\} = \min\left\{\frac{-1}{-3}, \frac{-3}{-2}\right\} = \frac{-1}{-3}$$

则 -3 为主元，x_1 为换入变量。

（5）开始迭代。

x_1 进入基底，x_4 退出基底，化主元为 1，主元列其他元素为零，完成一次迭代，结果见表 3-23。右端列不全为负，故需继续迭代。

表 3-23　初次迭代结果

基变量 变量	x_1	x_2	x_3	x_4	x_5	b_i
x_3	0	1/3	1	[−2/3]	0	−1/3
x_1	1	2/3	0	−1/3	0	4/3
x_5	0	−4/3	0	−1/3	1	1/3
$-f'$	0	−7/3	0	−1/3	0	4/3

（6）确定新主元，进行第二次迭代。

因 $b_1 = -1/3$，故 x_3 为换出变量，同时该行只有一个负元素 $-2/3$，故 $-2/3$ 为主元，对应的变量 x_4 为换入变量。迭代结果见表 3-24。

表 3-24　最优迭代结果

基变量 变量	x_1	x_2	x_3	x_4	x_5	b_i
x_4	0	−1/2	−3/2	1	0	1/2
x_1	1	1/2	−1/2	0	0	3/2
x_5	0	−3/2	−1/2	0	1	1/2
$-f'$	0	−5/2	−1/2	0	0	3/2

由表 3-23 可知，b_i 列所有元素全部非负，故问题的最优解为

$$\boldsymbol{X} = (3/2 \quad 0 \quad 0 \quad 1/2 \quad 1/2)^{\mathrm{T}}$$

相应的目标函数为 $f' = -3/2$，即 $f = -f' = 3/2$。

3.7 运 输 问 题

前几节讨论了一般线性规划问题的单纯形法求解方法。但在实际工作中，往往碰到某些线性规划问题，它们的约束方程组的系数矩阵具有特殊的结构，这就有可能找到比单纯形法更为简便的求解方法。从而可节约计算时间和费用。本节讨论的运输问题就是属于这样一类特殊的线性规划问题。

3.7.1 运输问题的数学模型

在经济建设中，经常碰到大宗物资调运问题，如煤、钢铁、木材、粮食等物资，在全国有若干生产基地，根据已有的交通网，应如何制订调运方案，将这些物资运到各消费地点，而总运费要最小。这类问题可用以下数学语言描述。

已知有 m 个生产地点 $A_i(i=1, 2, \cdots, m)$ 可供应某种物资，其供应量（产量）分别为 $a_i(i=1, 2, \cdots, m)$，有 n 个销地 $B_j(j=1, 2, \cdots, n)$，其需要量分别为 $b_j(j=1, 2, \cdots, n)$，从 A_i 到 B_j 运输单位物资的运价（单价）为 c_{ij}，这些数据可汇总于产销平衡表（见表 3-25）和单位运价表（见表 3-26）中。有时可把这两个表合二为一。

表 3-25 产销平衡表

产地 \ 销地	1	2	⋯	n	产量
1					a_1
2					a_2
⋯					⋯
m					a_m
销量	b_1	b_2	⋯	b_n	

表 3-26 单位运价表

产地 \ 销地	1	2	⋯	n
1	c_{11}	c_{12}	⋯	c_{1n}
2	c_{21}	c_{22}	⋯	c_{2n}
⋯	⋯	⋯	⋯	⋯
m	c_{m1}	c_{m2}	⋯	c_{mm}

若用 x_{ij} 表示从 A_i 到 B_j 的运量，那么在产销平衡的条件下，可由以下数学模型求得总运费最小的调运方案：

$$\min z = \sum_{i=1}^{m} \sum_{j=1}^{n} c_{ij} x_{ij}$$

$$\begin{cases} \sum_{i=1}^{m} x_{ij} = b_j, \ j=1, 2, \cdots, n \\ \sum_{j=1}^{n} x_{ij} = a_i, \ i=1, 2, \cdots, m \\ x_{ij} \geqslant 0 \end{cases} \tag{3-68}$$

这就是运输问题的数学模型。它包含 $m \times n$ 个变量，$(m+n)$ 个约束方程。其系数矩阵的结构比较松散，且特殊。

$$
\begin{array}{c}
\begin{array}{ccccccccccc}
x_{11} & x_{12} & \cdots & x_{1n} & x_{21} & x_{22} & \cdots & x_{2n} & \cdots & x_{m1} & x_{m2} & \cdots & x_{mn}
\end{array}\\
\begin{array}{c}
u_1\\ u_2\\ \vdots\\ u_m\\ v_1\\ v_2\\ \vdots\\ v_n
\end{array}
\left[
\begin{array}{ccccccccccccc}
1 & 1 & \cdots & 1 & & & & & & & & & \\
& & & & 1 & 1 & \cdots & 1 & & & & & \\
& & & & & & & & w & & & & \\
& & & & & & & & & 1 & 1 & \cdots & 1 \\
1 & & & & 1 & & & & & 1 & & & \\
& 1 & & & & 1 & & & & & 1 & & \\
& & w & & & & w & & & & & w & \\
& & & 1 & & & & 1 & & & & & 1
\end{array}
\right]
\begin{array}{l}
\left.\begin{array}{c} \\ \\ \\ \\ \end{array}\right\}m\ \text{行}\\[1em]
\left.\begin{array}{c} \\ \\ \\ \\ \end{array}\right\}n\ \text{行}
\end{array}
\end{array}
$$

该系数矩阵中对应于变量 x_{ij} 的系数向量 P_{ij}，其分量中除第 i 个和第 $m+j$ 个为 1 外，其余的都为零，即

$$
P_{ij} = (0\ \cdots\ 1\ \cdots\ 0\ \cdots\ 1\ \cdots\ 0)^{\mathrm{T}} = e_i + e_{m+j} \tag{3-69}
$$

对于产销平衡的运输问题，因为有以下关系式存在：

$$
\sum_{j=1}^{n} b_j = \sum_{i=1}^{m}\left[\sum_{j=1}^{n} x_{ij}\right] = \sum_{j=1}^{n}\left[\sum_{i=1}^{m} x_{ij}\right] = \sum_{i=1}^{m} a_i \tag{3-70}
$$

所以模型最多只有 $m+n-1$ 个独立约束方程，即系数矩阵的秩 $\leqslant m+n-1$。因为有以上特征，所以求解运输问题时，可用比较简便的计算方法，习惯上称为表上作业法。

3.7.2　表上作业法(运筹学)

表上作业法是单纯形法在求解运输问题时的一种简化方法，其实质是单纯形法。但具体计算和术语有所不同。可归纳为以下几点：

(1) 找出初始基可行解，即在 $m \times n$ 产销平衡表上给出 $m+n-1$ 个数字格。

(2) 求各非基变量的检验数，即在表上计算空格的检验数，判别是否达到最优解。如已是最优解，则停止计算，否则转到下一步。

(3) 确定换入变量和换出变量，找出新的基可行解。在表上用闭回路法调整。

(4) 重复(2)、(3)步直到得到最优解为止。

以上运算都可以在表上完成，下面通过例子说明表上作业法的计算步骤。

【例 3-18】　某公司经销甲产品。它下设三个加工厂。每日的产量分别是：A_1 为 7 吨，A_2 为 4 吨，A_3 为 9 吨。该公司把这些产品分别运往四个销售点。各销售点每日销量为：B_1 为 3 吨，B_2 为 6 吨，B_3 为 5 吨，B_4 为 6 吨。已知从各工厂到各销售点的单位产品的运价如表 3-27 所示。问该公司应如何调运产品，在满足各销售点的需要量的前提下，使总运费为最少。

解　先制出本问题的单位运价表和产销平衡表，见表 3-27 和表 3-28。

表 3-27　单位运价表

产地＼销地	B_1	B_2	B_3	B_4
A_1	3	11	3	10
A_2	1	9	2	8
A_3	7	4	10	5

表 3 - 28　产销平衡表

销地＼产地	B_1	B_2	B_3	B_4	产量
A_1					7
A_2					4
A_3					9
销量	3	6	5	6	

（1）确定初始基可行解。

这与一般线性规划问题不同。产销平衡的运输问题总是存在可行解。因有

$$\sum_{i=1}^{m} a_i = \sum_{j=1}^{n} b_j = d \qquad (3-71)$$

必存在

$$x_{ij} \geqslant 0, \ i = 1, \cdots, m, \ j = 1, \cdots, n$$

这就是可行解。又因

$$0 \leqslant x_{ij} \leqslant \min(a_j, b_j)$$

故运输问题必存在最优解。

确定初始基可行解的方法很多，一般希望的方法是既简便，又尽可能接近最优解。下面介绍两种方法：最小元素法和伏格尔(Vogel)法。

· 最小元素法。

最小元素法的基本思想是就近供应，即从单位运价表中最小的运价开始确定供销关系，然后确定次小，一直到给出初始基可行解为止。以例 3 - 18 为例进行讨论。

① 从表 3 - 27 中找出最小运价为 1，这表示先将 A_2 的产品供应给 B_1。因 $a_2 > b_1$，A_2 除满足 B_1 的全部需要外，还可多余 1 吨产品。在表 3 - 28 中 (A_2, B_1) 的交叉格处填上 3，得表 3 - 29。并将表 3 - 27 的 B_1 列运价划去，得表 3 - 30。

② 在表 3 - 30 未划去的元素中再找出最小运价 2，确定 A_2 多余的 1 吨供应 B_3，并给出表 3 - 31 和表 3 - 32。

表 3 - 29　产销平衡表（一）

销地＼产地	B_1	B_2	B_3	B_4	产量
A_1	—	—	—	—	7
A_2	3	—	—	—	4
A_3	—	—	—	—	9
销量	3	6	5	6	—

表 3 - 30　单位运价表(一)

产地＼销地	B_1	B_2	B_3	B_4
A_1	—	11	3	10
A_2	—	9	2	8
A_3	—	4	10	5

表 3 - 31　产销平衡表(二)

产地＼销地	B_1	B_2	B_3	B_4	产量
A_1	—	—	—	—	7
A_2	3	—	1	—	4
A_3	—	—	—	—	9
销量	3	6	5	6	—

表 3 - 32　单位运价表(二)

产地＼销地	B_1	B_2	B_3	B_4
A_1	—	11	3	10
A_2	—	—	—	—
A_3	—	4	10	5

③ 在表 3 - 32 未划去的元素中再找出最小运价 3；这样一步步地进行下去，直到单位运价表上的所有元素划去为止，最后在产销平衡表上得到一个调运方案，见表 3 - 33。这种方案的总运费为 86 元。

表 3 - 33　产销平衡表(三)

产地＼销地	B_1	B_2	B_3	B_4	产量
A_1	—	—	4	3	7
A_2	3	—	1	—	4
A_3	—	6	—	3	9
销量	3	6	5	6	—

用最小元素法给出的初始解是运输问题的基可行解，其理由为：

① 用最小元素法给出的初始解，是从单位运价表中逐次地挑选最小元素，并比较产量和销量。当产大于销，划去该元素所在列。当产小于销，划去该元素所在行。然后在未划去的元素中再找最小元素，再确定供应关系。这样在产销平衡表上每填入一个数字，在运价表上就划去一行或一列。表中共有 m 行 n 列，总共可划($n＋m$)条直线。但当表中只剩

一个元素，在产销平衡表上填这个数字时，需在运价表上同时划去一行和一列。此时把单价表上所有元素都划去了，相应地在产销平衡表上填了$(m+n-1)$个数字，即给出了$(m+n-1)$个基变量的值。

② 这$(m+n-1)$个基变量对应的系数列向量是线性独立的。

证 若表中确定的第一个基变量为$x_{i_1j_1}$，则它对应的系数列向量为

$$P_{i_1j_1} = e_{i_1} + e_{m+j_1}$$

给定$x_{i_1j_1}$的值后，将划去第i_1行或第j_1列，即其后的系数列向量中再不出现e_{i_1}或e_{m+j_1}，因而$P_{i_1j_1}$不可能用解中的其他向量的线性组合表示。类似地给出第二个，……，第$(m+n-1)$个。这$(m+n-1)$个向量都不可能用解中的其他向量的线性组合表示。故这$(m+n-1)$个向量是线性独立的。

用最小元素法给出初始解时，有可能在产销平衡表上填入一个数字后，在单位运价表上同时划去一行和一列。这时就出现退化。

·伏格尔法。

最小元素法的缺点是：为了节省一处的费用，有时造成在其他处要多花几倍的运费。伏格尔法考虑到，一产地的产品假如不能按最小运费就近供应，就考虑次小运费，这就有一个差额。差额越大，说明不能按最小运费调运时，运费增加越多。因而对差额最大处，就应当采用最小运费调运。因此，伏格尔法求值步骤为：

① 在表3-27中分别计算出各行和各列的最小运费和次最小运费的差额，并填入该表的最右列和最下行，见表3-34。

表3-34 单位运价表(三)

产地\销地	B_1	B_2	B_3	B_4	行差额
A_1	3	11	3	10	0
A_2	1	9	2	8	1
A_3	7	4	10	5	1
列差额	2	5	1	3	

② 从行或列差额中选出最大者，选择它所在行或列中的最小元素。在表3-34中B_2列是最大差额所在列。B_2列中最小元素为4，可确定A_3的产品先供应B_2的需要，得表3-35。同时将运价表中的B_2列数字划去，如表3-36所示。

表3-35 产销平衡表(四)

产地\销地	B_1	B_2	B_3	B_4	产量
A_1	—	—	—	—	7
A_2	—	—	—	—	4
A_3	—	6	—	—	9
销量	3	6	5	6	—

表 3-36　单位运价表(四)

产地＼销地	B_1	B_2	B_3	B_4	行差额
A_1	3	—	3	10	0
A_2	1	—	2	8	1
A_3	7	—	10	5	2
列差额	2	—	1	3	—

③ 对表 3-36 中未划去的元素再分别计算出各行、各列的最小运费和次最小运费的差额,并填入该表的最右列和最下行。重复第(1)、(2)步。直到给出初始解为止。用此法得到的本题的初始解列于表 3-37。

表 3-37　例 3-18 的初始解

产地＼销地	B_1	B_2	B_3	B_4	产量
A_1	—	—	5	2	7
A_2	3	—	—	1	4
A_3	—	6	—	3	9
销量	3	6	5	6	—

由以上内容可见:伏格尔法同最小元素法除在确定供求关系的原则上不同外,其余步骤相同。伏格尔法给出的初始解比用最小元素法给出的初始解更接近最优解。本例用伏格尔法给出的初始解就是最优解。

(2) 最优解的判别。

最优解的判别方法是计算空格(非基变量)的检验数 $c_{ij}-\boldsymbol{C}_{\mathrm{B}}\boldsymbol{B}^{-1}P_{ij}$, $i,j\in\boldsymbol{N}$。因运输问题的目标函数是要求实现最小化,故当所有的 $c_{ij}-\boldsymbol{C}_{\mathrm{B}}\boldsymbol{B}^{-1}P_{ij}\geqslant0$ 时,为最优解。下面介绍两种求空格检验数的方法。

·闭回路法。

在给出调运方案的计算表上(见表 3-37),从每一空格出发找一条闭回路。它是以某空格为起点的。用水平或垂直线向前画,当碰到一数字格时转 90°后继续前进,直到回到起始空格为止。闭回路法如图 3-5 所示。

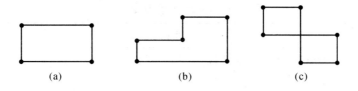

图 3-5　闭回路法示例

从每一空格出发,一定存在且可以找到唯一的闭回路。因 $(m+n-1)$ 个数字格(基变量)对应的系数向量是一个基。任一空格(非基变量)对应的系数向量是这个基的线性组合,如 $P_{ij}(i,j\in\boldsymbol{N})$ 可表示为

$$P_{ij} = e_i + e_{m+j}$$
$$= e_i + e_{m+k} - e_{m+k} + e_l - e_l + e_{m+s} - e_{m+s} + e_u - e_u + e_{m+j}$$
$$= (e_i + e_{m+k}) - (e_l + e_{m+k}) + (e_l + e_{m+s}) - (e_u + e_{m+s}) + (e_u + e_{m+j})$$
$$= P_{ik} - P_{lk} + P_{lk} - P_{us} + P_{uj}$$

其中，P_{ik}，P_{lk}，P_{ls}，P_{us}，$P_{uj} \in \boldsymbol{B}$。而这些向量构成了闭回路(见图3-6)。

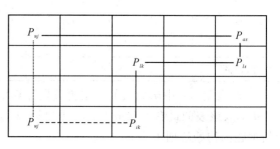

闭回路法计算检验数的经济解释为：在已给出初始解的表3-33中，可从任一空格出发，如$(A_1，B_1)$，若让A_1的产品调运1吨给B_1。为了保持产销平衡，就要依次作调整：在$(A_1，B_3)$处减少1吨，$(A_2，B_3)$处增加1吨，$(A_2，B_1)$处减少1吨，即构成了以$(A_1，B_1)$

图3-6 闭回路法示例过程

空格为起点，其他为数字格的闭回路，如表3-38中的虚线所示。表中闭回路各顶点所在格的右上角数字是单位运价。

表3-38 闭回路法示例

产地＼销地	B_1	B_2	B_3	B_4	产量
A_1	3 (+1) ------	11	3 -- 4(-1)	10 3	7
A_2	1 3(-1) ------	9	2 -- 1(+1)	8	4
A_3	7	4 6	10	5 3	9
销量	3	6	5	6	

可见这种调整方案使运费增加了$(+1) \times 3 + (-1) \times 3 + (+1) \times 2 + (-1) \times 1 = 1$(元)。

这表明若这样调整运量将增加运费。将"1"这个数填入$(A_1，B_1)$格，这就是检验数。按以上所述，可找出所有空格的检验数，见表3-39。

表3-39 检验数

空格	闭回路	检验数
(11)	(11)-(13)-(23)-(21)-(11)	1
(12)	(12)-(14)-(34)-(32)-(12)	2
(22)	(22)-(23)-(13)-(14)-(34)=(32)=(22)	1
(24)	(24)-(23)-(13)-(14)-(24)	-1
(31)	(31)-(34)-(14)-(13)-(23)-(21)-(31)	10
(33)	(33)-(34)-(14)-(13)-(33)	12

当检验数存在负数时，说明原方案不是最优解，改进方法见本节第 3 部分内容。

·位势法。

用闭回路法求检验数时，需给每一空格找一条闭回路。当产销点很多时，有烦琐的工作量，这里介绍一种计算量较小的位势法。

设 u_1，u_2，$\cdots$，u_m；v_1，v_2，$\cdots$，v_n 是对应运输问题的 $m+n$ 个约束条件的对偶变量。$\boldsymbol{B}$ 是含有一个人工变量 x_a 的 $(m+n)\times(m+n)$ 初始基矩阵。人工变量 x_a 在目标函数中的系数 $c_a=0$，从线性规划的对偶理论可知：

$$\boldsymbol{C}_{\mathrm{B}}\boldsymbol{B}^{-1}=(u_1，u_2，\cdots，u_m；v_1，v_2，\cdots，v_n)$$

而每个决策变量 x_{ij} 的系数向量 $P_{ij}=e_i+e_{m+j}$，所以 $\boldsymbol{C}_{\mathrm{B}}\boldsymbol{B}^{-1}P_{ij}=u_i+v_j$。于是检验数为

$$\sigma_{ij}=c_{ij}-\boldsymbol{C}_{\mathrm{B}}\boldsymbol{B}^{-1}P_{ij}=c_{ij}-(u_i+v_j)$$

由单纯形法得知所有基变量的检验数等于 0，即

$$c_{ij}-(u_i+v_j)=0，\qquad i，j\in\boldsymbol{B}$$

如在例 3-16 中，由最小元素法得到的初始解中 x_{23}、x_{34}、x_{21}、x_{32}、x_{13}、x_{14} 是基变量，x_a 为人工变量，则对应的检验数为

基变量	检验数	
x_a	$c_a-u_1=0$	$\because c_a=0$　$\therefore u_1=0$
x_{23}	$c_{23}-(u_2+v_3)=0$	$2-(u_2+v_3)=0$
x_{34}	$c_{34}-(u_3+v_4)=0$	$5-(u_3+v_4)=0$
x_{21}	$c_{21}-(u_2+v_1)=0$	$1-(u_2+v_1)=0$
x_{32}	$c_{32}-(u_3+v_2)=0$	$4-(u_3+v_2)=0$
x_{13}	$c_{13}-(u_1+v_3)=0$	$3-(u_1+v_3)=0$
x_{14}	$c_{14}-(u_1+v_4)=0$	$10-(u_1+v_4)=0$

从以上 7 个方程中由 $u_1=0$ 可求得：$u_2=-1$，$u_3=-5$，$v_1=2$，$v_2=9$，$v_3=3$，$v_4=10$。

非基变量的检验数为

$$\sigma_{ij}=c_{ij}-(u_i+v_j)，\qquad i，j\in\boldsymbol{N}$$

这样在已知 u_i、v_j 后，就可求得检验数。用表格进行计算会方便些，下面用例 3-16 进行说明。

① 按最小元素法给出表 3-34 的初始解，制表 3-40。在对应表 3-33 的数字格处填入单位运价。

表 3-40　例 3-16 的初始解

销地 产地	B_1	B_2	B_3	B_4
A_1	—	—	3	10
A_2	1	—	2	—
A_3	—	4	—	5

② 在表 3-40 上增加一行一列，在列中填入 u_i，在行中填入 v_j，得表 3-41。

表 3-41　增加一行一列

产地＼销地	B_1	B_2	B_3	B_4	u_i
A_1	—	—	3	10	0
A_2	1	—	2	—	−1
A_3	—	4	—	5	−5
v_j	2	9	3	10	—

计算过程：先令 $u_1＝0$，然后按 $u_i＋v_j＝c_{ij}$，$i,j∈B$ 相继地确定 u_i，v_j。由表 3-41 可见，当 $u_1＝0$ 时，由 $u_1＋v_3＝3$ 可得 $v_3＝3$，由 $u_1＋v_4＝10$ 可得 $v_4＝10$；在 $v_4＝10$ 时，由 $u_3＋v_4＝5$ 可得 $u_3＝−5$，以此类推可确定所有的 u_i，v_j 的数值。

③ 按 $σ_{ij}＝c_{ij}−(u_i＋v_j)$，$i,j∈N$ 计算所有空格的检验数，如

$$σ_{11}＝c_{11}−(u_1＋v_1)＝3−(0＋2)＝1$$
$$σ_{12}＝c_{12}−(u_1＋v_2)＝11−(0＋9)＝2$$

这些计算可直接在表 3-41 上进行。为了方便，特设计计算表，如表 3-42 所示。

表 3-42　计 算 表

产地＼销地	B_1		B_2		B_3		B_4		u_i
A_1		3		11		3		10	0
	1		2		0		0		
A_2		1		9		2		8	−1
	0		2		0		0		
A_3		7		4		10		5	−5
	10		0		12		0		
v_j	2		9		3		10		—

在表 3-43 中还有负检验数，说明未得到最优解，还可以改进。

（3）改进的闭回路调整法。

当表中空格处出现负检验数时，表明未得到最优解。若有两个或两个以上的负检验数时，一般选其中最小的负检验数，以它对应的空格为调入格，即以它对应的非基变量为换入变量。由表 3-42 得 $(2,4)$ 为调入格。以此格为出发点，作一闭回路，如表 3-43 所示。

表 3-43　作闭回路

产地＼销地	B_1	B_2	B_3	B_4	产量
A_1	—	—	4(+1)	3(−1)	7
A_2	3	—	1(−1)	(+1)	4
A_3	—	6	—	3	9
销量	3	6	5	6	—

（2，4）格的调入量 θ 是选择闭回路上具有（－1）的数字格中的最小者，即 $\theta=$ $\min(1,3)=1$（其原理与单纯形法中按 θ 规划来确定换出变量相同）。然后按闭回路上的正、负号，加入和减去此值，得到调整方案，如表 3－44 所示。

表 3－44　调整方案

产地＼销地	B_1	B_2	B_3	B_4	产量
A_1	—	—	5	2	7
A_2	3	—	—	1	4
A_3	—	6	—	3	9
销量	3	6	5	6	—

对表 3－44 给出的解，再用闭回路法或位势法求各空格的检验数，见表 3－45。表中的所有检验数都非负，故表 3－44 中的解为最优解。这时得到的总运费最小是 85 元。

表 3－45　求检验数

产地＼销地	B_1	B_2	B_3	B_4
A_1	0	2	—	—
A_2	—	2	1	—
A_3	9	—	12	—

（4）表上作业法计算中的问题。

① 无穷多最优解。

在本小节第 1 部分内容中提到，产销平衡的运输问题必定存在最优解。那么有唯一最优解还是无穷多最优解？判别依据与 3.3 节的内容相同，即某个非基变量（空格）的检验数为 0 时，该问题有无穷多最优解。表 3－45 空格（1，1）的检验数是 0，表明例 3－16 有无穷多最优解。可在表 3－44 中以（1，1）为调入格，作闭回路（1，1）$_+$→（1，4）$_-$→（2，4）$_+$→（2，1）$_-$→（1，1）$_+$。确定 $\theta=\min(2,3)=2$。经调整后得到另一个最优解，见表 3－46。

表 3－46　另一个最优解

产地＼销地	B_1	B_2	B_3	B_4	产量
A_1	2	—	5	—	7
A_2	1	—	—	3	4
A_3	—	6	—	3	9
销量	3	6	5	6	—

② 退化。

用表上作业法求解运输问题出现退化时，在相应的格中一定要填一个 0，以表示此格为数字格。通常有以下两种情况：

a. 当确定初始解的各供需关系时，若在(i,j)格填入某数字后，出现A_i处的余量等于B_j处的需量。这时在产销平衡表上填一个数，而在单位运价表上相应地要划去一行和一列。为了使在产销平衡表上有$(m+n-1)$个数字格。这时需要添一个"0"。它的位置在划去的那行或那列的任一空格处，如表3-47和表3-48所示。因第一次划去第一列，剩下的最小元素为2，其对应的销地B_2，需要量为6，而对应的产地A_3的未分配量也是6。这时在产销表$(3,2)$交叉格中填入6，在单位运价表3-48中需同时划去B_2列和A_3行。在表3-48的空格$(1,2)$，$(2,2)$，$(3,3)$，$(3,4)$中任选一格添加一个0。

表 3-47 产销平衡表

销地＼产地	B_1	B_2	B_3	B_4	产量
A_1	—	—	—	—	7
A_2	—	—	—	—	4
A_3	3	6	—	—	9
销量	3	6	5	6	—

表 3-48 单位运价表

销地＼产地	B_1	B_2	B_3	B_4
A_1	3	—	4	5
A_2	7	—	3	8
A_3	—	—	—	—

b. 在用闭回路法调整时，在闭回路上出现两个和两个以上的具有(-1)标记的相等的最小值。这时只能选择其中一个作为调入格。而经调整后，得到退化解。这时另一个数字格必须填入一个0，表明它是基变量。当出现退化解后，并作改进调整时，可能在某闭回路上有标记为(-1)的取值为0的数字格，这时应取调整量$\theta=0$。

3.7.3 产销不平衡的运输问题

3.7.2 小节讲的表上作业法，都是以产销平衡，即

$$\sum_{i=1}^{m} a_i = \sum_{i=1}^{n} b_j$$

为前提的，但是实际问题中产销往往是不平衡的，因此需要把产销不平衡的问题转化成产销平衡的问题。下面分两种情况说明。

（1）当产大于销时，即$\sum_{i=1}^{m} a_i > \sum_{j=1}^{n} b_j$时，运输问题的数学模型可写为

$$\min z = \sum_{i=1}^{m} \sum_{j=1}^{n} c_{ij} x_{ij} \qquad (3-72)$$

满足：

$$\begin{cases} \sum\limits_{j=1}^{n} x_{ij} \leqslant a_i, (i=1, 2, \cdots, m) \\ \sum\limits_{i=1}^{m} x_{ij} = b_j, (j=1, 2, \cdots, n) \\ x_{ij} \geqslant 0 \end{cases} \tag{3-73}$$

由于总的产量大于销量，必有部分产地的产量不能全部运送完，就要考虑多余的物资就地库存，即每个产地建设一个仓库，库存量设为 x_i，$n+1$ 是产地 A_i 的储存量，则总库存为

$$b_{n+1} = \sum_{i=1}^{m} a_i - \sum_{j=1}^{n} b_j \tag{3-74}$$

其中，b_{n+1} 为一个虚设的销地 B_{n+1} 的销量。同时，假设 A_i 产地运往此销地的单位运价为 $c_{i,n+1}=0(i=1, 2, \cdots, m)$。这实际上相当于将产地 A_i 多余的货物存起来。经过这样处理以后，式(3-73)就转化为一个具有 m 个产地和 $n+1$ 个销地的平衡运输问题了，其模型为

$$\min z = \sum_{i=1}^{m} \sum_{j=1}^{n+1} c_{ij} x_{ij}$$

$$\text{s.t.} \begin{cases} \sum\limits_{j=1}^{n+1} x_{ij} = a_i, (i=1, 2, \cdots, m) \\ \sum\limits_{i=1}^{m} x_{ij} = b_j, (j=1, 2, \cdots, n+1) \\ x_{ij} \geqslant 0, (i=1, 2, \cdots, m; j=1, 2, \cdots, n+1) \end{cases} \tag{3-75}$$

具体计算时，在运价表右端增加一列 B_{n+1}，运价为 0，销量为 b_{n+1} 即可。

(2) 当销量大于产量时，即 $\sum\limits_{i=1}^{m} a_i < \sum\limits_{j=1}^{n} b_j$，数学模型为

$$\min z = \sum_{i=1}^{m} \sum_{j=1}^{n} c_{ij} x_{ij}$$

$$\text{s.t.} \begin{cases} \sum\limits_{j=1}^{n} x_{ij} = a_i, (i=1, 2, \cdots, m) \\ \sum\limits_{i=1}^{m} x_{ij} \leqslant b_j, (j=1, 2, \cdots, n) \\ x_{ij} \geqslant 0, (i=1, 2, \cdots, m; j=1, 2, \cdots, n) \end{cases} \tag{3-76}$$

由于总销量大于总产量，故一定有些需求地不能完全满足需要，这时可以虚设一个产地 A_{m+1}，其产量为

$$a_{m+1} = \sum_{j=1}^{n} b_j - \sum_{i=1}^{m} a_i \tag{3-77}$$

同时，假设从此产地运往销地 B_j 的单位运价为 $C_{m+1}, j=0(j=1, 2, \cdots, n)$。这实际上相当于缺货。经过这样处理以后，式(3-77)就转化为一个具有 $m+1$ 个产地和 n 个销地的平衡运输问题了。其模型为

$$\min z = \sum_{i=1}^{m+1} \sum_{j=1}^{n} c_{ij} x_{ij}$$

$$\text{s.t.} \begin{cases} \sum_{j=1}^{n} x_{ij} = a_i, & (i=1, 2, \cdots, m+1) \\ \sum_{i=1}^{m+1} x_{ij} = b_j, & (j=1, 2, \cdots, n) \\ x_{ij} \geqslant 0, & (i=1, 2, \cdots, m+1; j=1, 2, \cdots, n) \end{cases} \qquad (3-78)$$

具体计算时,在运价表的下方增加一行 A_{m+1},运价为零,产量为 a_{m+1} 即可。

将不平衡运输问题转化为平衡运输问题以后,就可以用前面介绍的表上作业法求解了。但要注意一点,就是在用最小元素法制订初始方案时,应以原运价表为主来进行分配,最后才考虑将多余或者不足的物资往运价为 0 的单元中分配。

【例 3-19】 设有 A_1、A_2、A_3 等 3 个产地生产某种物资,其日产量分别为 7 t、5 t、7 t;B_1、B_2、B_3、B_4 等 4 个销地需要该物资,销量分别为 2 t、3 t、4 t、6 t,又已知各销地之间的运价(见表 3-49),试决策总运费最少的调运方案。

表 3-49 运价表   t/日

产地＼销地	B_1	B_2	B_3	B_4	产量
A_1	2	11	3	4	7
A_2	10	3	5	9	5
A_3	7	8	1	2	7
销量	2	3	4	6	—

解 产地总产量为 19 t,总销量为 15 t,所以这是一个产大于销的运输问题。按照上述方法转化为产销平衡的问题,其运输表见表 3-50。

表 3-50 产销平衡表   t/日

产地＼销地	B_1	B_2	B_3	B_4	B_5(存储)	产量
A_1	2	11	3	4	0	7
A_2	10	3	5	9	0	5
A_3	7	8	1	2	0	7
销量	2	3	4	6	4	19

利用表上作业法可求出最优化方案,如表 3-51 所示。

表 3 - 51　最优化方案表　　　　　　　　　　t/日

产地＼销地	B_1	B_2	B_3	B_4	B_5（存储）	产量
A_1	2	—	—	3	2	7
A_2	—	3	—	—	2	5
A_3	—	—	4	3	—	7
销量	2	3	4	6	4	19

该调运方案的运费为

$$S＝2×2＋4×3＋0×2＋3×3＋0×2＋1×4＋2×3＝35（元）$$

表 3 - 51 中需求地 B_5 列，$x_{15}＝2$，$x_{25}＝2$，$x_{35}＝0$，说明应在 A_1 产地存储 2 t 的物资，在 A_2 产地存储 2 t 的物资，将供过于求的部分物资存储起来。

【例 3 - 20】　设有三个化肥厂（A、B、C）供应四个地区（Ⅰ、Ⅱ、Ⅲ、Ⅳ）的农用化肥。假定等量的化肥在这些地区使用效果相同。各化肥厂年产量、各地区年需要量及从各化肥厂到各地区运送单位化肥的运价如表 3 - 52 所示。试求出总的运费最节省的化肥调拨方案。

表 3 - 52　运　价　表

化肥厂＼需求地区	Ⅰ	Ⅱ	Ⅲ	Ⅳ	产量/万吨
A	16	13	22	17	50
B	14	13	19	15	60
C	19	20	13	—	50
最低需求/万吨	30	70	0	10	
最高需求/万吨	50	70	30	不限	—

　　解　这是一个产销不平衡的运输问题，总产量为 160 万吨，四个地区的最低需求为 110 万吨，最高需求为无限。根据现有产量，第Ⅳ个地区每年最多能分配到 60 万吨，这样最高需求为 210 万吨，大于产量。为了求得平衡，在产销平衡表中增加一个假想的化肥厂 D，其年产量为 50 万吨。由于各地区的需要量包含两部分，如地区Ⅰ，其中 30 万吨是最低需求，故不能由假想化肥厂 D 供给，令相应运价为 M（任意大正数），而另一部分 20 万吨满足或不满足均可，因此可以由假想化肥厂 D 供给，令相应运价为 0。

　　对凡是需求分两种情况的地区，实际上可按照两个地区看待。这样可以写出这个问题的产销平衡（见表 3 - 53）和单位运价表（见表 3 - 54）。

表 3 - 53　产 销 平 衡 表

销地 产地	I′	I″	II	III	IV′	IV″	产量
A	—	—	—	—	—	—	50
B	—	—	—	—	—	—	60
C	—	—	—	—	—	—	50
D	—	—	—	—	—	—	50
销量	30	20	70	30	10	50	—

表 3 - 54　单 位 运 价 表

销地 产地	I′	I″	II	III	IV′	IV″
A	16	16	13	22	17	17
B	14	14	13	19	15	15
C	19	19	20	23	M	M
D	M	0	M	0	M	0

根据表上作业法计算,可以求得这个问题的最优方案,如表 3 - 55 所示。

表 3 - 55　最 优 方 案

销地 产地	I′	I″	II	III	IV′	IV″	产量
A	—	—	50	—	—	—	50
B	—	—	20	—	10	30	60
C	30	20	0	—	—	—	50
D	—	—	—	30	—	20	50
销量	30	20	70	30	10	50	—

3.8　指 派 问 题

在生活中经常遇到这样的问题,某单位需完成 n 项任务,恰好有 n 个人可承担这些任务。由于每人的专长不同,各人完成的任务不同(或所费时间),效率也不同。于是产生应指派哪个人去完成哪项任务,使完成 n 项任务的总效率最高(或所需总时间最小)。这类问题称为指派问题或分派问题(assignment problem)。

3.8.1　指派问题的数学模型

【例 3 - 21】　有一份中文说明书,需译成英、日、德、俄四种文字。分别记作 E、J、G、

R。现有甲、乙、丙、丁四人。他们将中文说明书翻译成不同语种的说明书所需时间如表 3－56所示。问应指派何人去完成何工作，使所需总时间最少？

表 3－56 翻译所需时间

人员＼任务	E	J	G	R
甲	2	15	13	4
乙	10	4	14	15
丙	9	14	16	13
丁	7	8	11	9

类似的问题有：有 n 项加工任务，怎样指派到 n 台机床上分别完成的问题；有 n 条航线，怎样指定 n 艘船去航行的问题；等等。对应每个指派问题，需有类似表 3－56 的数表，称为效率矩阵或系数矩阵，其元素 $c_{ij} > 0 (i, j = 1, 2, \cdots, n)$ 表示指派第 i 人去完成第 j 项任务时的效率（或时间、成本等）。解题时需引入变量 x_{ij}，其取值只能是 1 或 0，并令

$$x_{ij} = \begin{cases} 1, & \text{当指派第 } i \text{ 人去完成第 } i \text{ 项任务} \\ 0, & \text{当不指派第 } i \text{ 人去完成第 } j \text{ 项任务} \end{cases}$$

当问题要求极小化时数学模型为

$$\min z = \sum_i \sum_j c_{ij} x_{ij} \tag{3－79}$$

$$\begin{cases} \sum_i x_{ij} = 1, \ j = 1, 2, \cdots, n \\ \sum_j x_{ij} = 1, \ i = 1, 2, \cdots, n \\ x_{ij} = 1 \text{ 或 } 0 \end{cases} \tag{3－80}$$

约束条件式(3－80)第 1 式说明第 j 项任务只能由 1 人去完成；约束条件式(3－80)中第 2 式说明第 i 人只能完成 1 项任务。满足约束条件的可行解 x_{ij} 也可写成表格或矩阵形式，称为解矩阵。如例 3－21 的一个可行解矩阵为

$$(x_{ij}) = \begin{bmatrix} 0 & 1 & 0 & 0 \\ 0 & 0 & 1 & 0 \\ 1 & 0 & 0 & 0 \\ 0 & 0 & 0 & 1 \end{bmatrix}$$

显然，这不是最优解。解矩阵 (x_{ij}) 中各行各列的元素之和都是 1。

指派问题是 0－1 规划的特例，也是运输问题的特例，即 $n = m$，$a_j = b_i = 1$。当然可用整数规划、0－1 规划或运输问题的解法去求解，这就如同用单纯形法求解运输问题一样是不合算的。利用指派问题的特点可有更简便的解法。

指派问题的最优解有这样的性质，若从系数矩阵 (c_{ij}) 的一行(列)各元素中分别减去该行(列)的最小元素，得到新矩阵 (b_{ij})，那么以 b_{ij} 为系数矩阵求得的最优解和用原系数矩阵求得的最优解相同。

利用这个性质，可使原系数矩阵变换为含有很多 0 元素的新系数矩阵，而最优解保持不变，在系数矩阵 b_{ij} 中，我们关心位于不同行不同列的 0 元素，以下简称为独立的 0 元

素。若能在系数矩阵 b_{ij} 中找出 n 个独立的 0 元素，则令解矩阵 x_{ij} 中对应这 n 个独立的 0 元素取值为 1，其他元素取值为 0。将其代入目标函数中得到 $z_b=0$，它一定是最小。这就是以 b_{ij} 为系数矩阵的指派问题的最优解，也就得到了原问题的最优解。

3.8.2 匈牙利解法

库恩(W. W. Kuhn)于 1955 年提出了指派问题的解法，他引用了匈牙利数学家康尼格(D. Konig)一个关于矩阵中 0 元素的定理：系数矩阵中独立 0 元素的最多个数等于能覆盖所有 0 元素的最少直线数。这种解法称为匈牙利法。之后在其方法上虽有不断改进，但仍沿用这名称。以下用例 3-21 来说明指派问题的解法。

(1) 使指派问题的系数矩阵经变换后，在各行各列中都出现 0 元素。

① 从系数矩阵的每行元素中减去该行的最小元素；

② 再从所得系数矩阵的每列元素中减去该列的最小元素。

若某行(列)已有 0 元素，那就不必再减了。如例 3-21 的计算为

$$
c_{ij} = \begin{bmatrix} 2 & 15 & 13 & 4 \\ 10 & 4 & 14 & 15 \\ 9 & 14 & 16 & 13 \\ 7 & 8 & 11 & 9 \end{bmatrix} \begin{matrix} 2 \\ 4 \\ 9 \\ 7 \end{matrix} \rightarrow \begin{bmatrix} 0 & 13 & 11 & 2 \\ 6 & 0 & 10 & 11 \\ 0 & 5 & 7 & 4 \\ 0 & 1 & 4 & 2 \end{bmatrix} \rightarrow \begin{bmatrix} 0 & 13 & 7 & 0 \\ 6 & 0 & 6 & 9 \\ 0 & 5 & 3 & 2 \\ 0 & 1 & 0 & 0 \end{bmatrix} = (b_{ij}) \quad (3-81)
$$

$$
\begin{matrix} & & 4 & 2 & \text{min} \end{matrix}
$$

(2) 进行试指派，以寻求最优解。

经第(1)步变换后，系数矩阵中每行每列都已有了 0 元素，但需找出 n 个独立的 0 元素。若能找出，就以这些独立 0 元素对应解矩阵 x_{ij} 中的元素为 1，其余为 0，即得到最优解。当 n 较小时，可用观察法、试探法找出 n 个独立 0 元素。若 n 较大时，就必须按一定的步骤去找，常用的步骤为：

① 从只有一个 0 元素的行(列)开始，给这个 0 元素加圈，记作 ◎，表示对这行所代表的人，只有一种任务可指派。然后划去 ◎ 所在列(行)的其他 0 元素，记作 Φ，表示这列所代表的任务已指派完，不必再考虑别人了。

② 给只有一个 0 元素列(行)的 0 元素加圈，记作 ◎；然后划去 ◎ 所在行的 0 元素，记作 Φ。

③ 反复进行①、②步，直到所有 0 元素都被圈出和划掉为止。

④ 若仍有没有划圈的 0 元素，且同行(列)的 0 元素至少有两个(表示此人可以从两项任务中指派其一)，则可用不同的方案去试探。从剩有 0 元素最少的行(列)开始，比较这行各 0 元素所在列中 0 元素的数目，选择 0 元素少的那列的 0 元素加圈(表示选择性多的要"礼让"选择性少的)。然后划掉同行同列的其他 0 元素。可反复进行，直到所有 0 元素都已圈出和划掉为止。

⑤ 若 ◎ 元素的数目 m 等于矩阵的阶数 n，那么问题的最优解已得到。若 $m<n$，则转入下一步。

现用例 3-21 的 b_{ij} 矩阵，按上述步骤进行运算。按步骤①，先给 b_{22} 加圈，然后给 b_{31} 加圈，划掉 b_{11}，b_{41}；按步骤②，给 b_{43} 加圈，划掉 b_{44}，最后给 b_{14} 加圈，得到

$$\begin{bmatrix} \Phi & 13 & 7 & \circledcirc \\ 6 & \circledcirc & 6 & 9 \\ \circledcirc & 5 & 3 & 2 \\ \Phi & 1 & \circledcirc & \Phi \end{bmatrix}$$

可见 $m=n=4$，所以得到最优解为

$$(x_{ij}) = \begin{bmatrix} 0 & 0 & 0 & 1 \\ 0 & 1 & 0 & 0 \\ 1 & 0 & 0 & 0 \\ 0 & 0 & 1 & 0 \end{bmatrix}$$

这个解说明：指定甲译出俄文，乙译出日文，丙译出英文，丁译出德文，所需总时间最少

$$\min z_b = \sum_i \sum_j b_{ij} x_{ij} = 0$$

$$\min z = \sum_i \sum_j c_{ij} x_{ij} = c_{31} + c_{22} + c_{43} + c_{14} = 28（小时）$$

【例 3-22】　求表 3-57 所示效率矩阵的指派问题的最小解。

表 3-57　例 3-22 表

人员＼任务	A	B	C	D	E
甲	12	7	9	7	9
乙	8	9	6	6	6
丙	7	17	12	14	9
丁	15	14	6	6	10
戊	4	10	7	10	9

解题时按第(1)步，将这些系数矩阵进行变换。

$$\begin{matrix} & & & & & \min \\ \begin{bmatrix} 12 & 7 & 9 & 7 & 9 \\ 8 & 9 & 6 & 6 & 6 \\ 7 & 17 & 12 & 14 & 9 \\ 15 & 14 & 6 & 6 & 10 \\ 4 & 10 & 7 & 10 & 9 \end{bmatrix} & \begin{matrix} 7 \\ 6 \\ 7 \\ 6 \\ 4 \end{matrix} \rightarrow & \begin{bmatrix} 5 & 0 & 2 & 0 & 2 \\ 2 & 3 & 0 & 0 & 0 \\ 0 & 10 & 5 & 7 & 2 \\ 9 & 8 & 0 & 0 & 4 \\ 0 & 6 & 3 & 6 & 5 \end{bmatrix} \end{matrix}$$

经一次运算即得每行每列都有 0 元素的系数矩阵，运算后得到

$$\begin{bmatrix} 5 & \circledcirc & 2 & \Phi & 2 \\ 2 & 3 & \Phi & \circledcirc & \Phi \\ \circledcirc & 10 & 5 & 7 & 2 \\ 9 & 8 & \circledcirc & \Phi & 4 \\ \Phi & 6 & 3 & 6 & 5 \end{bmatrix} \tag{3-82}$$

117

这里◎的个数 $m=4$，而 $n=5$；所以解题没有完成，这时应按以下步骤继续进行。

（3）作最少的直线覆盖所有0元素，以确定该系数矩阵中能找到最多的独立元素数。按以下步骤进行：

① 对没有◎的行打 * 号；

② 对已打 * 号的行中所有含Φ元素的列打 * 号；

③ 再对打有 * 号的列中含◎元素的行打 * 号；

④ 重复②、③步直到得不出新的打 * 号的行、列为止；

⑤ 对没有打 * 号的行画一横线，有打 * 号的列画一纵线，这就得到覆盖所有0元素的最少直线数。

令直线数为 l。若 $l<n$，说明必须再变换当前的系数矩阵，才能找到 n 个独立的0元素，然后进行第（4）步；若 $l=n$，而 $m<n$，应回到第（2）步④，另行试探。

在例3-22中，对式(3-82)按以下次序进行：

先在第5行旁打 *，接着可判断应在第1列下打 *，然后在第3行旁打 *。经检查不再能打 * 了。对没有打 * 的行，画一直线以覆盖0元素，已打 * 的列画一直线以覆盖0元素，得

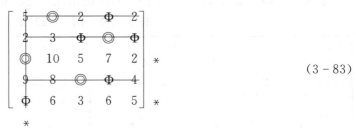

$$(3-83)$$

由此可见 $l=4<n$。所以应继续对式(3-83)的矩阵进行变换。

（4）对式(3-83)的矩阵进行变换的目的是增加0元素。为此在没有被直线覆盖的部分中找出最小元素。然后在打 * 行各元素中都减去这最小元素，而在打 * 列的各元素中都加上这最小元素，以保证原来的0元素不变。这样得到新系数矩阵(它的最优解和原问题相同)。

若得到 n 个独立的0元素，则已得最优解，否则回到第(3)步重复进行。

在例3-22的式(3-83)中，在没有被覆盖部分(第3、5行)中找出最小元素为2，然后将第3、5行各元素分别减去2，给第1列各元素加2，得到式(3-84)。按第(2)步，找出所有独立的0元素，得到式(3-85)。

$$
\begin{bmatrix}
7 & 0 & 2 & 0 & 2 \\
4 & 3 & 0 & 0 & 0 \\
0 & 8 & 3 & 5 & 0 \\
11 & 8 & 0 & 0 & 4 \\
0 & 4 & 1 & 4 & 3
\end{bmatrix}
\qquad (3-84)
$$

$$
\begin{bmatrix}
7 & ◎ & 2 & Φ & 2 \\
4 & 3 & Φ & ◎ & Φ \\
Φ & 8 & 3 & 5 & ◎ \\
11 & 8 & ◎ & Φ & 4 \\
◎ & 4 & 1 & 4 & 3
\end{bmatrix}
\qquad (3-85)
$$

式(3-85)具有 n 个独立的 0 元素。这就得到了最优解，相应的解矩阵为

$$\begin{bmatrix} 0 & 1 & 0 & 0 & 0 \\ 0 & 0 & 0 & 1 & 0 \\ 0 & 0 & 0 & 0 & 1 \\ 0 & 0 & 1 & 0 & 0 \\ 1 & 0 & 0 & 0 & 0 \end{bmatrix}$$

由解矩阵得最优指派方案为

$$甲—B，乙—D，丙—E，丁—C，戊—A$$

本例还能得到另一个最优指派方案为

$$甲—B，乙—C，丙—E，丁—D，戊—A$$

所需总时间为 32 小时。

当指派问题的系数矩阵经过变换得到了同行和同列中都有两个或两个以上 0 元素时，可以任选一行(列)中某一个 0 元素，再划去同行(列)的其他 0 元素，这时会出现多重解。

以上讨论限于极小化的指派问题。对极大化的问题，即求

$$\max z = \sum_i \sum_j c_{ij} x_{ij} \tag{3-86}$$

可令

$$b_{ij} = M - c_{ij}$$

其中，M 为足够大的常数(如选 c_{ij} 中最大元素为 M 即可)，这时系数矩阵可变换为

$$\boldsymbol{B} = (b_{ij})$$

这时 $b_{ij} \geqslant 0$，符合匈牙利法的条件。目标函数经变换后，即解

$$\min z' = \sum_i \sum_j b_{ij} x_{ij} \tag{3-87}$$

所得最小解就是原问题的最大解，因为

$$\sum_i \sum_j b_{ij} x_{ij} = \sum_i \sum_j (M - c_{ij}) x_{ij} = \sum_i \sum_j M x_{ij} - \sum_i \sum_j c_{ij} x_{ij}$$
$$= nM - \sum_i \sum_j c_{ij} x_{ij}$$

因 nM 为常数，所以当 $\displaystyle\sum_i \sum_j b_{ij} x_{ij}$ 取最小值时，$\displaystyle\sum_i \sum_j c_{ij} x_{ij}$ 便为最大。

3.9　整　数　规　划

前述的线性规划问题中，决策变量的取值可以是整数也可以是小数或分数，但在有些实际问题中，决策变量只有取整数才有意义。例如，生产或配备的机器的台数、完成工作需要的人数等。若得到的解为小数或分数就不符合要求，当然可将小数或分数的解经过"四舍五入"的办法，就可化成整数解。但这样化整后的解不一定就是可行解。或虽是可行解，又不一定是最优解，因此，对于此类问题有待专门研究。

在实际应用中，往往把变量限制为整数的规划问题称为整数规划(Integer Programming)。在整数规划中，若所有变量都限制为整数，则称为纯整数规划；若仅有一部分变量

限制为整数,则称为混合整数规划。在纯整数规划中,若所有变量的取值仅限于0或1,又称为0-1型整数规划。

对于整数规划的求解,还没有像线性规划中单纯形那样普遍有效的方法。但已经出现了一系列的算法,常用的有分支定界法、隐枚举法、匈牙利法等。

3.9.1 分支定界法

在求解整数规划时,首先容易想到的方法就是穷举变量的所有可行的整数组合,然后比较它们的目标函数值以确定最优解。对于小规模问题,这个方法是可行的,也是有效的。而当问题的规模增大时,可行的整数组合数会变得更大,这时很可能无法得到有效解。因此,一般采取分支定界法(Branch and Bound Method)来解决,即仅检查可行的整数组合中的一部分来确定最优的整数解。

分支定界法是以求相应的线性规划问题的最优解为出发点,如果这个解不符合整数条件,就将原问题分为几个部分,并在每个部分增加决策变量为整数的约束条件,这样就缩小了原线性规划问题的可行域。考虑到整数规划的最优解不会更优于线性规划的最优解,对于求最大值问题来说,相应的线性规划的目标函数的最大值就成为整数规划目标函数值的上界。分支定界法就是利用这个性质进行求解的。现举例说明这种方法。

【例3-23】 求解下列整数规划问题:

$$\max f = 50x_1 + 40x_2$$
$$\begin{cases} 4x_1 + 5x_2 \leqslant 29 \\ 3x_1 + 2x_2 \leqslant 16 \\ x_1, x_2 \geqslant 0, 且为整数 \end{cases}$$

解 先不考虑整数约束,求解相应的线性规划,得

$$x_1 = 3.142, \ x_2 = 3.285, \ \max f = 288.5$$

因x_1、x_2不满足整数条件,故需要进行分支迭代。分支定界法可任选一个非整数解进行分支,例如选$x_2 = 3.285$,则整数最优解x_2必须满足$x_2 \leqslant 3$或$x_2 \geqslant 4$,在3和4之间的数不符合要求。于是把原问题IP_1分成IP_2和IP_3两个分支,各支都增加了约束条件,即

$$IP_2: \quad \max f = 50x_1 + 40x_2 \qquad\qquad IP_3: \quad \max f = 50x_1 + 40x_2$$
$$\begin{cases} 4x_1 + 5x_2 \leqslant 29 \\ 3x_1 + 2x_2 \leqslant 16 \\ x_1, x_2 \geqslant 0, 且为整数 \\ \qquad x_2 \leqslant 3 \end{cases} \qquad\qquad \begin{cases} 4x_1 + 5x_2 \leqslant 29 \\ 3x_1 + 2x_2 \leqslant 16 \\ x_1, x_2 \geqslant 0, 且为整数 \\ \qquad x_2 \geqslant 4 \end{cases}$$

不考虑整数约束,求解两分支问题,得

$$IP_2: x_1 = 3.3, \ x_2 = 3, \ \max f = 285$$
$$IP_3: x_1 = 2.25, \ x_2 = 4, \ \max f = 272.5$$

可见,两个分支的最优解仍不满足整数条件,继续进行分解。先将IP_2进行分解,因为它的目标函数较大。分别增加约束条件$x_1 \leqslant 3$或$x_1 \geqslant 4$,得到下面的两个分支,即

$$\text{IP}_4:\quad \max f=50x_1+40x_2 \qquad\qquad \text{IP}_5:\quad \max f=50x_1+40x_2$$

$$\begin{cases}4x_1+5x_2\leqslant 29\\3x_1+2x_2\leqslant 16\\x_1,x_2\geqslant 0,\text{且为整数}\\x_1\leqslant 3\\x_2\leqslant 3\end{cases}\qquad\qquad \begin{cases}4x_1+5x_2\leqslant 29\\3x_1+2x_2\leqslant 16\\x_1,x_2\geqslant 0,\text{且为整数}\\x_1\geqslant 4\\x_2\leqslant 3\end{cases}$$

不考虑整数约束，则两个分支的解为

$$\text{IP}_4: x_1=3,x_2=3,\max f=270$$
$$\text{IP}_5: x_1=4,x_2=2,\max f=280$$

由此可见，IP_4 和 IP_5 的解已经为整数了，它们对应的目标函数值分别为 270、280，对于 IP_2 分支来说，最优解就是 IP_5 分支对应的解，对应的值为 $x_1=4$，$x_2=2$，$\max f=280$。那么 IP_5 的最优解是否为原问题的最优解呢？现在再来看 IP_1 的另一分支 IP_3，IP_3 的目标函数值为 272.5，它的后继分支所对应的目标函数值也不会超过 272.5，因为 272.5＜280，所以 IP_3 也不必再分解了。因此原问题 IP_1 的最优解就是 IP_5 的最优解，即

$$x_1=4,x_2=2,\max f=280$$

分支定界法的求解过程示意图如图 3-7 所示。

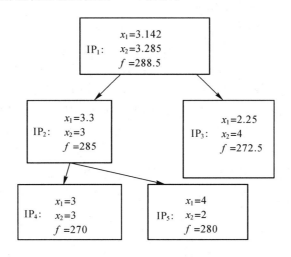

图 3-7 分支定界法的求解过程示意图

分支定界法对纯整数规划和混合整数规划问题都是适用的。如例 3-23，若只要求 x_2 为整数，则 IP_2 的最优解就是原问题的最优解，即

$$x_1=3.3,x_2=3,\max f=285$$

由例 3-23 可以看出，采用将原问题相应的线性规划的最优解舍入化整的办法，得到的整数解往往并非原问题的最优解。

从例 3-23 的求解过程可以看出分支定界法的一般计算步骤如下：

（1）求解整数规划对应的线性规划问题时，如果线性规划问题无解，则整数规划也无解；如果求得了线性规划问题的最优解，且满足整数条件，则此最优解就是整数规划的最优解，否则转下一步。

（2）在线性规划问题的求解中，任选一个不符合整数条件的变量 x_j，如 $x_j = b_i$ 作两个后继分支，并对线性规划问题增加以下两个约束条件之一：

① $x_j \leqslant \text{INT}(b_i)$，② $x_j \geqslant \text{INT}(b_i) + 1$，其中 $\text{INT}(b_i)$ 表示对 b_i 取整数。

（3）对每个后继分支再采用（1）和（2）的做法，直到找出原整数规划的最优解为止。

由以上分析可知，分支定界法是在一部分可行的整数解中寻求最优解，因而比穷举法优越。当然，也不能因此就说分支定界法可以很容易求出最优的整数解，对于求解可行解数目相当大的整数规划问题，用此法也是相当麻烦的。

3.9.2　求解 0 - 1 规划的隐枚举法

和一般整数规划的情形一样，求解 0 - 1 型整数规划最容易想到的方法就是穷举法，即列出变量取值为 0 或 1 的每种组合（这种组合有 2^n 个），然后代入每一个约束条件中，对于满足约束条件的组合，再分别计算相应的目标函数值，最后通过比较目标函数值以求得最优解。

【例 3 - 24】　求解下列 0 - 1 型整数规划

$$\max f = 3x_1 - 2x_2 + 5x_3$$

$$\begin{cases} x_1 + 2x_2 - x_3 \leqslant 2 & (3\text{-a}) \\ x_1 + 4x_2 + x_3 \leqslant 4 & (3\text{-b}) \\ x_1 + x_2 \leqslant 3 & (3\text{-c}) \\ 4x_2 + x_3 \leqslant 6 & (3\text{-d}) \\ x_1, x_2, x_3 = 0 \text{ 或 } 1 \end{cases}$$

解　由题知，变量个数 $n = 3$，变量取值的组合有 8 种，图 3 - 8 所示为相应的组合树。将这 8 种组合分别代入约束条件，发现第Ⅳ种组合 $(0, 1, 1)$ 不满足约束条件式（3-b），第Ⅶ种组合 $(1, 1, 0)$ 不满足约束条件式（3-a）和式（3-b），第Ⅷ种组合不满足约束条件式（3-b），故满足约束条件的只有 5 种组合Ⅰ、Ⅱ、Ⅲ、Ⅴ、Ⅵ。分别计算它们的目标函数值，有

$$f_1 = 3 \times 0 - 2 \times 0 + 5 \times 0 = 0, \quad f_2 = 3 \times 0 - 2 \times 0 + 5 \times 1 = 5$$

$$f_3 = 3 \times 0 - 2 \times 1 + 5 \times 0 = -2, \quad f_5 = 3 \times 1 - 2 \times 0 + 5 \times 0 = 3$$

$$f_6 = 3 \times 1 - 2 \times 0 + 5 \times 1 = 8$$

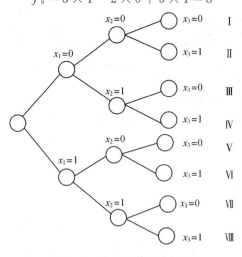

图 3 - 8　变量取值组合树图

比较目标函数的大小，发现第Ⅵ种组合的目标函数值最大，故问题的最优解为

$$x_1 = 1, \ x_2 = 0, \ x_3 = 1, \ \max f = 8$$

由此例可以看出，对于较简单的问题，穷举法是可用的，也是有效的。但当变量个数较多时，例如 $n = 20$，变量取值有 $2^{20} = 1\,048\,576$ 种组合，这样分别检查每种组合是否满足每个约束条件，并计算相应的目标函数值，几乎是不可能的。因此需另辟蹊径。如只检查变量取值组合的一部分，就可求得问题的最优解，这种方法称为隐枚举法（Implicit_Enumeration）。分支定界法实际上也是一种隐枚举法。下面以例 3-24 来说明。

解题时先通过试探的方法找到一个可行解，并求相应的目标函数值。容易得到例 3-24 中 $(x_1, x_2, x_3) = (1, 0, 0)$ 满足约束条件，相应的目标函数值为 $f = 3$。

因为寻求的是目标函数的最大值，当然希望 $f \geqslant 3$，于是就增加一个约束条件：

$$3x_1 - 2x_2 + 5x_3 \geqslant 3 \qquad (3 - e)$$

约束条件式(3-e)称为过滤条件。这样原问题的约束条件就变成了 5 个，将 5 个约束条件的代号按式(3-e)～式(3-d)的顺序排好（见表 3-58），对每一种组合依次代入约束条件左侧，求出数值并观察是否满足不等式条件。如某一条件不满足，则同行以下各条件就不必再检查，这样可以减少运算的次数。此外，在计算过程中，若遇到 f 值已超过过滤条件式(3-e)右边的值，则应改变过滤条件式(3-e)，使右边为最大值，然后继续进行。例如当组合为(0, 0, 1)时，因 $f = 5 > 3$，所以应将条件式(3-e)改为

$$3x_1 - 2x_2 + 5x_3 \geqslant 5 \qquad (3 - f)$$

当组合为(1, 0, 1)时，因为 $f = 8 > 5$，故应将条件式(3-f)换为

$$3x_1 - 2x_2 + 5x_3 \geqslant 8 \qquad (3 - g)$$

这种过滤条件的不断改进，可以进一步减少计算次数。本例计算过程见表 3-58。

表 3-58 隐枚举计算过程

变量取值组合	约束条件					满足条件？是(√)，否(×)	f 值
	(3-e)	(3-a)	(3-b)	(3-c)	(3-d)		
(0, 0, 0)	0	—	—	—	—	×	—
(0, 0, 1)	5	−1	1	0	1	√	5
(0, 1, 0)	−2	—	—	—	—	×	—
(0, 1, 1)	3	—	—	—	—	×	—
(1, 0, 0)	3	—	—	—	—	×	—
(1, 0, 1)	8	0	2	1	1	√	8
(1, 1, 0)	1	—	—	—	—	×	—
(1, 1, 1)	6	—	—	—	—	×	—

得到原问题的最解优为

$$x_1 = 1, \ x_2 = 0, \ x_3 = 1, \ \max f = 8$$

即相应的目标函数为 $f = 8$。

由以上示例可以看出，采用隐枚举法可以大大减少运算的次数，当变量个数和约束条件个数较多时，运算效率会更加明显。

本章小结

本章主要介绍线性规划分析法的基本原理，使学生掌握图解法和单纯形解法的程序及运算，并借助现代化教学，能够初步应用线性规划法解决最低成本的农业生产资源最优配合方式和最大收益的生产结构问题。

习　题

3-1　用图解法求解下列线性规划问题，并指出问题是具有唯一最优解、无穷多最优解、无界解还是无可行解？

(1) $\max z = x_1 + 3x_2$

$$\begin{cases} 5x_1 + 10x_2 \leqslant 50 \\ x_1 + x_2 \geqslant 1 \\ x_2 \leqslant 4 \\ x_1, x_2 \geqslant 0 \end{cases}$$

(2) $\min z = x_1 + 1.5x_2$

$$\begin{cases} x_1 + 3x_2 \geqslant 3 \\ x_1 + x_2 \geqslant 2 \\ x_1, x_2 \geqslant 0 \end{cases}$$

(3) $\max z = 2x_1 + 2x_2$

$$\begin{cases} x_1 - x_2 \geqslant -1 \\ -0.5x_1 + x_2 \leqslant 2 \\ x_1, x_2 \geqslant 0 \end{cases}$$

(4) $\max z = x_1 + x_2$

$$\begin{cases} x_1 - x_2 \geqslant 0 \\ 3x_1 - x_2 \leqslant -3 \\ x_1, x_2 \geqslant 0 \end{cases}$$

3-2　将下列线性规划问题变换成标准型，并列出初始单纯形表。

$$\min z = -3x_1 + 4x_2 - 2x_3 + 5x_4$$

$$\begin{cases} 4x_1 - x_2 + 2x_3 - x_4 = -2 \\ x_1 + x_2 + 3x_3 - x_4 \leqslant 14 \\ -2x_1 + 3x_2 - x_3 + 2x_4 \geqslant 2 \\ x_1, x_2, x_3 \geqslant 0, x_4 \text{ 无约束} \end{cases}$$

3-3　在下面的线性规划问题中找出满足约束条件的所有基解。指出哪些是基可行解，并代入目标函数，确定哪一个是最优解？

(1) $\max z = 2x_1 + 3x_2 + 4x_3 + 7x_4$

$$\begin{cases} 2x_1 + 3x_2 - x_3 - 4x_4 = 8 \\ x_1 - 2x_2 + 6x_3 - 7x_4 = -3 \\ x_1, x_2, x_3, x_4 \geqslant 0 \end{cases}$$

(2) $\max z = 5x_1 - 2x_2 + 3x_3 - 6x_4$

$$\begin{cases} x_1 + 2x_2 + 3x_3 + 4x_4 = 7 \\ 2x_1 + x_2 + x_3 + 2x_4 = 3 \\ x_1, x_2, x_3, x_4 \geqslant 0 \end{cases}$$

3-4　分别用图解法和单纯形法求解下列线性规划问题，并指出单纯形法迭代的每一步相当于图形上哪一个顶点？

(1) $\max z = 2x_1 + x_2$
$$\begin{cases} 3x_1 + 5x_2 \leqslant 15 \\ 6x_1 + 2x_2 \leqslant 24 \\ x_1, x_2 \geqslant 0 \end{cases}$$

(2) $\max z = 2x_1 + 5x_2$
$$\begin{cases} x_1 \leqslant 4 \\ 2x_2 \leqslant 12 \\ 3x_1 + 2x_2 \leqslant 18 \\ x_1, x_2 \geqslant 0 \end{cases}$$

3-5　分别用单纯形法中的大 M 法和两阶段法求解下述线性规划问题，并指出属于哪一类解？

(1) $\max z = 2x_1 + 3x_2 - 5x_3$
$$\begin{cases} x_1 + x_2 + x_3 = 7 \\ 2x_1 - 5x_2 + x_3 \geqslant 10 \\ x_1, x_2, x_3 \geqslant 0 \end{cases}$$

(2) $\min z = 2x_1 + 3x_2 + x_3$
$$\begin{cases} x_1 + 4x_2 + 2x_3 \geqslant 8 \\ 3x_1 + 2x_2 \geqslant 6 \\ x_1, x_2, x_3 \geqslant 0 \end{cases}$$

(3) $\max z = 10x_1 + 15x_2 + 12x_3$
$$\begin{cases} 5x_1 + 3x_2 + 15x_3 \geqslant 9 \\ -5x_1 - 6x_2 + x_3 \geqslant 15 \\ x_1 + x_2 + x_3 \geqslant 5 \\ x_1, x_2, x_3 \geqslant 0 \end{cases}$$

(4) $\max z = 2x_1 - x_2 + 2x_3$
$$\begin{cases} x_1 + x_2 + x_3 \geqslant 9 \\ -2x_1 + x_3 \geqslant 2 \\ x_2 + x_3 \geqslant 0 \\ x_1, x_2, x_3 \geqslant 0 \end{cases}$$

第4章 目标规划

【知识点聚焦】

本章主要介绍目标规划的数学模型建立，目标规划问题的图解法、目标规划问题的单纯形解法；分析约束式右边值改变时，目标函数的灵敏度分析问题；并通过应用举例，说明目标规划问题的重要性。

4.1 目标规划的数学模型

4.1.1 多目标规划简介

多目标问题最早是富兰克林（Franklin）在 1772 年提出来的，1938 年，库若尔（Cournot）提出了多目标问题的经济学模型，1896 年，帕雷托（Pareto）首次从数学的角度提出多目标最优化问题。当今，多目标规划也受到了人们的普遍重视。

在工农业生产中，常常需要考虑某些限制条件下，多个目标的最优化问题。下面举例说明。

【例 4-1】 某工厂生产 $n(n \geq 2)$ 种产品：1 号产品，2 号产品，……，n 号产品。已知：该厂生产 $i(i=1, 2, 3, \cdots, n)$ 号产品的生产能力是 a_i(t/h)；生产 1 t i 号产品可获利润 α_i 元；据市场预测，下月 i 号产品的最大销量为 $b_i(i=1, 2, 3, \cdots, n)$(t)；工厂下月的开工工时能力为 T(h)；下月市场需要尽可能多的 1 号产品。问：应如何安排下月的生产计划，在开工条件不足的情况下，使：

(1) 工人加班的时间尽量少；

(2) 工厂获得最大利润；

(3) 满足市场对 1 号产品的尽可能多的需求。

解 为制订下月的生产计划，该厂下月生产 i 号产品的时间为 $x_i(i=1, 2, 3, \cdots, n)$ h。根据已知条件，将问题中希望追求的 3 个目标用数量关系描述如下：

(1) 因为下月用 x_i 时间生产 i 号产品 $i(i=1, 2, 3, \cdots, n)$，所以工厂生产的总工时为 $\sum_{i=1}^{n} x_i$，工人的加班时间为 $\left(\sum_{i=1}^{n} x_i - T\right)$，按照要求，工人的加班时间尽可能短，应使

$$\sum_{i=1}^{n} x_i - T \to \min$$

(2) 下月该厂 i 号产品的产量为 $a_i x_i$，可获得的利润为 $\alpha_i a_i x_i$ 元 $(i=1, 2, 3, \cdots, n)$，故工厂的总利润为 $\sum_{i=1}^{n} \alpha_i a_i x_i$ 元，按照要求工厂获得最大利润，应使

$$\sum_{i=1}^{n} \alpha_i a_i x_i \to \max$$

（3）下月 1 号产品的产量为 a_1x_1，要满足市场对 1 号产品尽可能多的需求，应使

$$a_1x_1 \to \max$$

此外，由预测得知下月 i 号产品的最大销售量为 $b_i(i=1,2,3,\cdots,n)$，所以 i 号产品的产量 a_ix_i 不能超过 b_i，即

$$a_ix_i \leqslant b_i(i=1,2,3,\cdots,n)$$

为避免工厂开工条件不足，生产总工时 $\sum\limits_{i=1}^{n}x_i$ 应不低于开工能力 T，即 $\sum\limits_{i=1}^{n}x_i \geqslant T$。同时，考虑到生产时间不可能为负值，故

$$x_i \geqslant 0, \quad i=1,2,3,\cdots,n$$

结合以上讨论，所考虑的生产计划问题可归纳为以下 3 个目标的最优化问题：

$$\min f_1 = \sum_{i=1}^{n}x_i - T$$

$$\max f_2 = \sum_{i=1}^{n}\alpha_i a_i x_i$$

$$\max f_3 = a_1x_1$$

$$\begin{cases} b_i - a_ix_i \geqslant 0, \ i=2,3,\cdots,n \\ \sum\limits_{i=1}^{n}x_i - T \geqslant 0 \\ x_i \geqslant 0, \ i=1,2,3,\cdots,n \end{cases}$$

若令：

$$x = (x_1, x_2, \cdots, x_n)^{\mathrm{T}}$$

$$f(x) = \left(-\left(\sum_{i=1}^{n}x_i - T\right), \ \sum_{i=1}^{n}\alpha_i a_i x_i, \ a_1x_1\right)$$

$$R = \left\{ x \ \middle| \ b_i - a_ix_i \geqslant 0, \ i=2,3,\cdots,n; \quad \left(\sum_{i=1}^{n}x_i - T\right) \geqslant 0, \ x \geqslant 0 \right\}$$

则上面的最优化问题又可化为

$$V - \max_{x \in R} f(x) \tag{4-1}$$

的形式。其中，x、$f(x)$ 皆为向量。

为了与单目标规划区别起见，用 $V - \max\limits_{x \in R}f(x)$ 来表示一般多目标最优化问题。其中，R 表示约束集合（或称可行域）；$f(x)$ 表示向量目标函数；称 $x \in R$ 是式（4-1）的可行解。

【例 4-2】　某投资开发公司拥有总资金 A 万元，今有 $n(n \geqslant 2)$ 个项目可供选择投资。设投资第 $i(i=1,2,3,\cdots,n)$ 个项目要用资金 a_i 万元，预计可获得收益 b_i 万元，问应如何决策投资方案。

解　一个好的投资方案应该是投资少、收益大。

设 $x_i = \begin{cases} 1, & 决定投资第 \ i \ 个项目 \\ 0, & 决定不投资第 \ i \ 个项目 \end{cases}(i=1,2,\cdots,n)$，为投资决策变量。按问题所给的条件，投资第 i 个项目的金额应为 a_ix_i 万元$(i=1,2,3,\cdots,n)$，故总投资金额为

$\sum\limits_{i=1}^{n} a_i x_i$ 万元。根据题目要求所使用的资金尽可能少,应使

$$\sum_{i=1}^{n} a_i x_i \to \min$$

同时,为获得最大收益,又应满足以下条件:

$$\sum_{i=1}^{n} b_i x_i \to \max$$

此外,考虑到该公司总资金额为 A 万元,又应满足以下限制条件:

$$\sum_{i=1}^{n} a_i x_i \leqslant A$$

又因为 $x_i (i=1, 2, 3, \cdots, n)$ 只能取 1 或 0 值,所以还要满足:

$$x_i = 0 \text{ 或 } 1, \quad i=1, 2, 3, \cdots, n$$

综上所述,所考虑的投资决策问题可归纳为对两个目标中的一个极小化,另一个极大化。

$$\min f_1 = \sum_{i=1}^{n} a_i x_i$$

$$\max f_2 = \sum_{i=1}^{n} b_i x_i$$

$$\begin{cases} A - \sum\limits_{i=1}^{n} a_i x_i \geqslant 0 \\ x_i = 0 \text{ 或 } 1, \quad i=1, 2, 3, \cdots, n \end{cases}$$

多目标优化问题的例子很多。例如,设计货船,人们通常要考虑选取船舶的航速率最大、年货运量最多、运输成本最低等多个目标都尽可能好的方案;为制订国家的经济发展规划,在一定条件下就需要考虑以生产、消费、就业、投资回收率等项目的多个目标的最优化问题;为合理使用医院的血库,也会遇到要考虑血液的库存量、血液平均寿命以及血液收集费用等多个目标的最优化问题。在实际应用中,具有多个目标的最优化问题举不胜举。

在把实际问题建立成多目标规划模型时,应注意以下三点:

(1)决策变量。选择并确定所考虑问题的供选方案,并把它们用一组变量表示出来。这些变量取不同的一组值对应着问题的一个不同方案。

(2)目标函数。按照决策者的意图,对问题提出期望要极小化或极大化的若干个目标(指标),它们是决策变量的函数,并且一起组成一个向量目标函数。

(3)约束条件。寻找并建立决策变量必须满足的所有限制条件,并用含有决策变量的不等式或等式表示出来。

建立多目标规划的目的,是为了通过求解这一规划模型来解决现实中的问题。要求出多目标规划的最优解,首先应知道到底符合什么条件的可行解才是最优解。

在单目标规划中,其最优解可以通过求目标函数的极小值来获得。很自然地,希望能够将单目标规划最优解的概念推广到多目标规划中去。但是,直接地搬用是不行的,因为,找不到这样一个 x^*,使得向量函数 $f(x)$ 在 x^* 的某个邻域 $N(x^*)$ 内满足 $f(x) \geqslant f(x^*)$,

$\forall x \in N(x^*)$。

例如，向量函数 $f(x)=(-x^2, -(x-1)^2)$，$x \in R^1$。显然，$f_1(x)=-x^2$ 的唯一极大值点为 0，而 $f_2(x)=-(x-1)^2$ 的唯一极大值点为 1，因此，不可能找出一个点能满足：既是 x^2 的极大值点，又是 $-(x-1)^2$ 的极大值点。

因此，单目标规划中最优解的定义在多目标规划中就不适用了。为克服这一缺点，必须相应地引入新的概念，当然，我们自然希望当多目标规划变为单目标规划时，它们各自的最优解的概念应是一致的。

首先，为比较向量函数值的"大""小"，引入向量空间中向量间的比较关系，即"序"的关系。

【定义 4 - 1】　设 $a=(a_1, \cdots, a_m)^T$，$b=(b_1, \cdots, b_m)^T$ 是 m 维欧氏空间 R^m 中的两个向量。

(1) 若 $a_i=b_i (i=1, 2, \cdots, m)$，则称向量 a 等于向量 b，记作 $a=b$。

(2) 若 $a_i \leqslant b_i (i=1, 2, \cdots, m)$，则称向量 a 小于等于向量 b，记作 $a \leqslant b$ 或 $b \geqslant a$。

(3) 若 $a_i \leqslant b_i (i=1, 2, \cdots, m)$，并且其中至少有一个是严格不等式，则称向量 a 小于向量 b，记作 $a \leqslant b$ 或 $b \geqslant a$。

(4) 若 $a_i < b_i (i=1, 2, \cdots, m)$，则称向量 a 严格小于向量 b，记作 $a < b$ 或 $b > a$。

一般地，都将定义 4 - 1 的序关系定义为自然序。特别地，当 $m=1$ 时，自然序和实数序是一致的。下面利用向量的自然序，来给出一般多目标极大化模型的有效解的概念。

【定义 4 - 2】　设 $X \subseteq R^n$ 是式(4 - 1)的约束集，$f(x) \subseteq R^m$ 是多目标优化问题式(4 - 1)的向量目标函数。若 $x^* \in X$，并且不存在 $x \in X$ 使得 $f(x) > f(x^*)$，则称 x^* 是多目标优化问题式(4 - 1)的有效解，也称作 Pareto 解、非劣解或满意解等。

4.1.2　以多目标规划模型建立目标规划模型

设有 m 个目标函数：$f_1(x)$，$f_2(x)$，$\cdots$，$f_m(x) (m \geqslant 2)$，对应的目标值为 $\mathring{f}_1, \mathring{f}_2, \cdots, \mathring{f}_m$。为了使各个目标函数都尽可能地达到或接近于它们对应的目标值，要考虑：

$$f_i(x) \to \mathring{f}_i, \quad i=1, 2, \cdots, m$$

记 $f(x)=(f_1(x), f_2(x), \cdots, f_m(x))$，则在约束条件 $x \in X$ 下考虑各 $f_i(x) (i=1, 2, \cdots, m)$ 逼近其对应目标值 $\mathring{f}_i$ 的问题可记作

$$V - \underset{x \in X}{\mathrm{appr}} f(x) \to \mathring{f} \tag{4 - 2}$$

式(4 - 2)称为逼近目标规划模型(式中的记号 $V - \mathrm{appr}$ 代表向量逼近的意思)。那么，如何来描述向量目标函数 $f(x)$ 逼近其对应的目标值的程度呢？需要引入空间 R^m 中点 $f(x)$ 和 $\mathring{f}$ 之间的某种距离 $D[f(x), \mathring{f}]$。由于 $f(x)$ 逼近于 $\mathring{f}$，可用它们之间的距离 $D[f(x), \mathring{f}]$ 尽可能小来描述，故式(4 - 2)可归结为数值极小化问题：

$$\underset{x \in X}{\min} D[f(x), \mathring{f}] \tag{4 - 3}$$

显然，当赋予距离 $D[f(x), \mathring{f}]$ 以不同的意义时，式(4 - 3)就表示在相应意义下的 $f(x)$ 逼近于 $\mathring{f}$，这时也就对应了一个在该意义下求解式(4 - 2)的方法。本节仅就最常用的距离表

示形式 $D[f(x), \mathring{f}] = \sum\limits_{i=1}^{m} |f_i(x) - \mathring{f}_i|$ 来设计一种求解式(4-2)的方法。为此，引入几个相应的概念：

(1) $f_i(x)$ 关于 $\mathring{f}_i$ 的绝对偏差变量：

$$\Delta_i = |f_i(x) - \mathring{f}_i|, \ i=1, 2, \cdots, m$$

(2) $f_i(x)$ 关于 $\mathring{f}_i$ 的正偏差变量：

$$d_i^+ = \begin{cases} f_i(x) - \mathring{f}_i, & f_i(x) \geqslant \mathring{f}_i \\ 0, & f(x) < \mathring{f}_i \end{cases} \quad (i=1, 2, \cdots, m)$$

(3) $f_i(x)$ 关于 $\mathring{f}_i$ 的负偏差变量：

$$d_i^- = \begin{cases} 0, & f_i(x) \geqslant \mathring{f} \\ -(f_i(x) - \mathring{f}_i), & f(x) < \mathring{f}_i \end{cases} \quad (i=1, 2, \cdots, m)$$

则可以直接得到上述偏差变量之间有以下关系：

$$R_1: d_i^+ + d_i^- = \Delta_i = |f_i(x) - \mathring{f}_i|, \ i=1, 2, \cdots, m$$
$$R_2: d_i^+ - d_i^- = f_i(x) - \mathring{f}_i, \ i=1, 2, \cdots, m$$
$$R_3: d_i^+ \times d_i^- = 0, \ i=1, 2, \cdots, m$$
$$R_4: d_i^+ \geqslant 0, \ d_i^- \geqslant 0, \ i=1, 2, \cdots, m$$

由关系 R_1 可知 $D[f(x), \mathring{f}] = \sum\limits_{i=1}^{m} |f_i(x) - \mathring{f}_i| = \sum\limits_{i=1}^{m}(d_i^+ + d_i^-)$，再注意到关系 R_2、R_3 和 R_4，则在距离意义为 $D[f(x), \mathring{f}] = \sum\limits_{i=1}^{m} |f_i(x) - \mathring{f}_i|$ 的条件下，可将式(4-3)等价地化为如下形式：

$$\min f = \sum_{i=1}^{m}(d_i^+ + d_i^-)$$

$$\begin{cases} x \in X \\ f_i(x) - d_i^+ + d_i^- = \mathring{f}_i \\ d_i^+ \times d_i^- = 0 \\ d_i^+ \geqslant 0, \ d_i^- \geqslant 0 \end{cases} \quad i=1, 2, \cdots, m \qquad (4-4)$$

式(4-4)是利用两组偏差变量 d_i^+ 和 d_i^- $(i=1, 2, \cdots, m)$，并以这些偏差变量之和作为 $f(x)$ 和 $\mathring{f}$ 之间的距离来描述 $f(x)$ 逼近于 $\mathring{f}$ 的。可以看到，式(4-4)的目标函数是偏差变量的线性函数，而式(4-3)的目标函数则带有绝对值的形式，就目标函数而言，式(4-4)比式(4-3)要便于计算，但式(4-4)中含有(偏差)变量相乘的约束条件，这会给求解带来极大的不便。要去掉 $d_i^+ \times d_i^- = 0$ $(i=1, 2, \cdots, m)$ 这一约束条件，可将模型变为

$$\min f = \sum_{i=1}^{m}(d_i^+ + d_i^-)$$

$$\begin{cases} x \in X \\ f_i(x) - d_i^+ + d_i^- = \mathring{f}_i, & i=1, 2, \cdots, m \\ d_i^+ \geqslant 0, \ d_i^- \geqslant 0 \end{cases} \qquad (4-5)$$

式$(4-5)$的任一最优解$(x^{*\mathrm{T}}, d^{+*\mathrm{T}}, d^{-*\mathrm{T}})$是式$(4-4)$的最优解，为此有下面的结论：

【**定理 4-1**】 若$(x^{*\mathrm{T}}, d^{+*\mathrm{T}}, d^{-*\mathrm{T}})$是式$(4-5)$的最优解，则$(x^{*\mathrm{T}}, d^{+*\mathrm{T}}, d^{-*\mathrm{T}})$是式$(4-4)$的最优解。

对于目标函数来说，由于决策者偏爱程度的不同，导致对不同目标函数逼近于其目标值的要求程度也不同。若要在模型中将决策者这一偏爱关系体现出来，可以利用权系数法和优先层次法来解决。

1) 权系数法

通过式$(4-5)$的目标函数$\sum\limits_{i=1}^{m}(d_i^+ + d_i^-)$中根据$f_i(x)$重要程度的不同，引入相应的权系数$w_i^+$，$w_i^-(\geqslant 0)(i=1, 2, \cdots, m)$的方式来体现决策者的偏爱程度。带有权系数的目标规划的一般数学模型如下：

$$\min f = \sum_{i=1}^{m}(w_i^+ d_i^+ + w_i^- d_i^-)$$

$$\begin{cases} x \in X \\ f_i(x) - d_i^+ + d_i^- = \mathring{f}_i, \quad i=1, 2, \cdots, m \\ d_i^+ \geqslant 0, d_i^- \geqslant 0 \end{cases} \qquad (4-6)$$

其中，w_i^+表示正偏差变量d_i^+在式$(4-6)$中的重要程度，当w_i^+越大时，表示对应的目标函数$f_i(x)$从大于$\mathring{f}_i$而接近于$\mathring{f}_i$越重要；同样地，w_i^-表示负偏差量d_i^-在式$(4-6)$中的重要程度，当w_i^-越大时，表示对应的目标函数$f_i(x)$从小于$\mathring{f}_i$而接近于$\mathring{f}_i$越重要。

2) 优先层次法

优先层次法是指根据决策者对各目标函数$f_i(x)$偏爱程度的不同，将其分别归属到若干个不同的优先层次中进行求解的方法。即凡要求第一位达到的目标赋予优先因子P_1，次位的目标赋予优先因子P_2，……，并规定$P_k \gg P_{k+1}(k=1, 2, \cdots, K)$，表示$P_k$比$P_{k+1}$有更大的优先权。也即首先保证$P_1$级目标的实现，这时可不考虑次级目标；而$P_2$级目标是在实现$P_1$级目标的基础上考虑的；依此类推。

将权系数法与优先层次法结合起来，即可得到下面的一般形式的目标规划模型：

$$\min f = \left[P_s \sum_{i=1}^{r_s}(w_{si}^+ d_{si}^+ + w_{si}^- d_{si}^-) \right]_{s=1}^{L}$$

$$\begin{cases} x \in X \\ f_i^s(x) - d_{si}^+ + d_{si}^- = \mathring{f}_i^s, \quad s=1, 2, \cdots, L \quad i=1, 2, \cdots, r_s \\ d_{si}^+ \geqslant 0, d_{si}^- \geqslant 0 \end{cases} \qquad (4-7)$$

其中，仅含偏差变量的各层目标$\sum\limits_{i=1}^{r_s}(w_{si}^+ d_{si}^+ + w_{si}^- d_{si}^-)(s=1, 2, \cdots, L)$称为偏差目标；各层带有目标函数及其对应目标值的约束条件$f_i^s(x) - d_{si}^+ + d_{si}^- = \mathring{f}_i^s(i=1, 2, \cdots, r_s)$称为目标约束条件；必须满足的等式约束和不等式约束（即$x \in X$）称为绝对约束条件。另外，由于目标规划的目标函数是按各目标约束的正、负偏差变量和赋予相应的优先因子而构造的。当每一个目标值确定后，决策者的要求是尽可能缩小偏离目标值。因此目标规划

的目标函数只能是 $\min f = f(d^+, d^-)$。其基本形式有三种：

（1）要求恰好达到目标值，即正、负偏差都要尽可能小，这时

$$\min f = f(d^+ + d^-)$$

（2）要求不超过目标值，即允许达不到目标值，正偏差变量要尽可能小，这时

$$\min f - f(d^+)$$

（3）要求超过目标值，即超过量不限，但必须是负偏差变量要尽可能小，这时

$$\min f = f(d^-)$$

对每一个具体的目标规划，可根据决策者的要求和赋予各目标的优先因子来构造目标函数。

综上所述，以多目标规划数学模型为基础建立目标规划的基本步骤如下：

（1）确定目标值 $f_1^\circ, f_2^\circ, \cdots, f_m^\circ$。

（2）引入偏差变量 $d_i^+ \geqslant 0$，$d_i^- \geqslant 0$，建立目标约束条件。

（3）建立目标规划模型式（4-7）。

4.1.3　以单目标规划模型建立目标规划模型

在解决实际问题的过程中，决策者开始时可能只提出了一个目标要求，并利用单目标规划模型对有关问题进行分析讨论。但随着时间的推移，不断出现新的问题和要求。在这种情况下，可以充分利用已有的信息来建立目标规划模型，以单目标规划模型为基础来建立目标规划的数学模型。其过程与多目标规划类似，具体步骤如下：

（1）提出目标要求。

（2）引入偏差变量 $d_i^+ \geqslant 0$，$d_i^- \geqslant 0$，建立目标约束条件。

（3）建立目标规划模型式（4-7）。

下面，通过一个例子来说明利用单目标规划模型建立目标规划模型的过程。

【例 4-3】　某厂生产 Ⅰ、Ⅱ 两种产品，已知计划期有关数据如表 4-1 所示，求获利最大的生产方案。

表 4-1　生产有关数据表

	Ⅰ	Ⅱ	拥有量
原材料/kg	2	1	11
设备台时/h	1	2	10
利润/(元/件)	8	10	—

解　这是一个单一目标规划问题，用线性规划方法求解。

设 Ⅰ、Ⅱ 两种产品的产量分别为 x_1，x_2。线性规划模型表示为

$$\max f = 8x_1 + 10x_2$$
$$\begin{cases} 2x_1 + x_2 \leqslant 11 \\ x_1 + 2x_2 \leqslant 10 \\ x_1, x_2 \geqslant 0 \end{cases}$$

可得：$\qquad f = 62$ 元，$X = (4，3)^{\mathrm{T}}$

但实际决策时，有可能考虑市场等其他方面因素，例如在原材料供应受严格限制的基础上，按重要性排列下列目标：

① 据市场信息，产品 I 销售量下降，要求产品 I 产量低于产品 II 产量。

② 尽可能充分利用现有设备，但不希望加班。

③ 达到并超过计划利润指标 56 元。

按照这些要求，分别赋予三个目标不同的优先级 P_1、P_2、P_3。

对要求①，可引入偏差变量 d_1^+、d_1^-，建立目标约束方程 $x_1 - x_2 + d_1^- - d_1^+ = 0$，并要求 $P_1(d_1^+) \to \min$；

对要求②，可引入偏差变量 d_2^+、d_2^-，建立目标约束方程 $x_1 + 2x_2 + d_2^- - d_2^+ = 10$，并要求 $P_2(d_2^- + d_2^+) \to \min$；

对要求③，可引入偏差变量 d_3^+、d_3^-，建立目标约束方程 $8x_1 + 10x_2 + d_3^- - d_3^+ = 56$，并要求 $P_3(d_3^-) \to \min$。

建立目标规划模型如下：

$$\min f = P_1(d_1^+) + P_2(d_2^- + d_2^+) + P_3(d_3^-)$$

$$\begin{cases} 2x_1 + x_2 \leqslant 11 \\ x_1 - x_2 + d_1^- - d_1^+ = 0 \\ x_1 + 2x_2 + d_2^- - d_2^+ = 10 \\ 8x_1 + 10x_2 + d_3^- - d_3^+ = 56 \\ x_1，x_2，d_i^-，d_i^+ \geqslant 0 \quad (i = 1，2，3) \end{cases}$$

建立目标规划数学模型时，需要确定目标值、优先级、权系数等，它们都具有一定的主观性和模糊性，通常采用专家评定法给予量化。

4.2 目标规划的图解法

对于只有两个决策变量的目标规划数学模型，可采用图解法分析求解，这对于了解目标规划一般问题的解题思路也很有帮助。下面举例说明。

类似于线性规划，先在平面直角坐标系第一象限绘出各约束条件。绝对约束的作图与线性规划相同，对于目标约束，先绘出 d_i^+，$d_i^- = 0$ 对应的直线，然后在直线旁相应侧标注 d_i^+、d_i^-，如图 4 - 1 所示。根据目标函数中的优先级对图 4 - 1 进行分析，即可找到满意解（由于目标规划问题常出现非可行解，因此称目标规划问题的最优解为满意解）。

由图 4 - 1 可见，首先考虑绝对约束：$2x_1 + x_2 \leqslant 11$，解的可行域为三角形 OAB；然后按优先级 P_1，目标函数中要求 $\min d_1^+$，解域缩减至 OBC 内；再按优先级 P_2，目标函数中要求 $\min(d_2^+ + d_2^-)$，解域缩减至线段 ED 上；最后按优先级 P_3，目标函数中要求 $\min d_3^-$，因此最终满意解域为线段 GD。可求得相应坐标为：$G(2，4)$，$D(10/3，10/3)$。GD 的凸线性组合都是该目标规划的解。

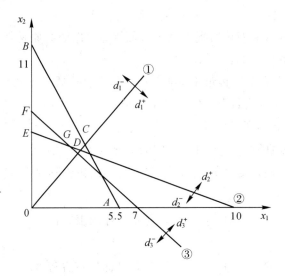

图 4-1　例 4-3 的解图

目标规划问题求解时，把绝对约束作为最高优先级（但不必赋 P_1），例 4-3 中能依次满足 $d_1^+=0$，$d_2^++d_2^-=0$，$d_3^-=0$，因此最优函数值 $f^*=0$。但大多数情况下并非如此，还可能出现矛盾，这可以通过下面的例子加以说明。

【例 4-4】　某电子设备厂装配 A、B 两种型号的同类产品，每装配一台需占用装配线 1 h。每周装配线开动 40 h，预计每周销售：A 产品 24 台，每台可获利 80 元；B 产品 30 台，每台可获利 40 元。该厂确定目标为：

第一目标：充分利用装配线，每周开动 40 h；

第二目标：允许装配线加班，但加班时间每周不超过 10 h；

第三目标：装配数量尽量满足市场需求。

要求建立上述问题的数学模型并求解。

解　设 x_1、x_2 分别为产品 A、B 的计划产量。对于第三目标，由于每台 A 产品利润是 B 产品的 2 倍，因此取其权系数分别为 2、1。建立目标规划模型为

$$\min f = P_1 d_1^- + P_2 d_2^+ + P_3 (2d_3^- + d_4^-)$$

$$\begin{cases} x_1 + x_2 + d_1^- - d_1^+ = 40 \\ x_1 + x_2 + d_2^- - d_2^+ = 50 \\ x_1 + d_3^- - d_3^+ = 24 \\ x_2 + d_4^- - d_4^+ = 30 \\ x_1, x_2, d_i^+, d_i^- \geqslant 0 \quad (i=1,2,3,4) \end{cases}$$

由图 4-2 可见，在考虑了第一目标和第二目标之后，x_1 和 x_2 的取值范围为 $ABCD$。考虑 P_3 的目标要求时，由于 d_3^- 的权系数大于 d_4^-，应先满足 $d_3^-=0$，因此这时 x_1 和 x_2 的取值范围是 $ACEH$，而其中只有 H 点使 d_4^- 取值最小，故取 H 点为满意解。其坐标为 $(24, 26)$，即该厂每周应装配 A 产品 24 台、B 产品 26 台（可与 G 端点的结果比较一下利润上的差别）。

对于多于两个变量的情况，类似于线性规划，可用单纯形法求解。

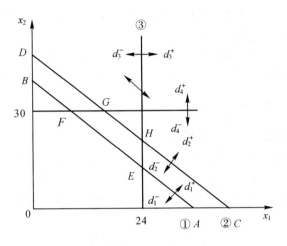

图 4-2　例 4-4 解图

4.3　解目标规划的单纯形法

单纯形法(Simplex Method)是美国学者丹茨格于 1974 年提出的。它的基本思路是：根据问题的标准形式，从可行域中一个基本可行解(一个顶点)开始，转换到另一个基本可行解(顶点)，并使目标函数的值逐步增大，当目标函数达到最大值时，就得到了问题的最优解。本节主要研究"目标规划"的分层单纯形算法。这一方法从根本上解决了线性规划的求解问题。

1965 年，伊杰尼(Y. Ijiri)在目标的优先等级和优先权因子概念的基础上，给出了改进的"目标规划"的分层单纯形算法。

目标规划模型的数学模型结构与线性规划的数学模型结构没有本质区别，所以其计算方法与单纯形法类似。但考虑目标规划数学模型的一些特点，作以下规定：

(1) 因为目标规划问题的目标函数都是求极小值，所以以 $\lambda_j \geqslant 0$，$j=1, 2, \cdots, n$ 为最优准则。

(2) 非基变量的检验数中含有不同等级的优先因子，即

$$\lambda_j = \sum_{k=1}^{K} \alpha_{kj} P_k, \ j=1, 2, \cdots, n$$

因 $P_1 \gg P_2 \gg \cdots \gg P_K$；从每个检验数的整体来看：检验数的正负首先决定于 P_1 的系数 α_{1j} 的正负；若 $\alpha_{1j}=0$，则检验数的正负就决定于 P_2 的系数 α_{2j} 的正负，可依此类推。

解目标规划问题的分层单纯形法的计算步骤为：

(1) 建立初始单纯形表，在表中将检验数行按优先因子个数分别列成 k 行，令 $k=1$。

(2) 检查该行中是否存在负数，且对应的前 $k-1$ 行的系数是零。若有，取其中最小者对应的变量为换入变量，转入第(3)步。若无负数，则转入第(5)步。

(3) 按最小比值规则确定换出变量，当存在两个或两个以上相同的最小比值时，选取具有较高优先层次的变量为换出变量。

(4) 按单纯形法进行基变换运算，建立新的计算表，返回第(2)步。

(5) 当 $k=K$ 时，计算结束。表中的解即为有效解。否则令 $k=k+1$，返回第(2)步。

【例 4-5】 试用分层单纯形法求解例 4-4。

解 ① 取 d_1^-、d_2^-、d_3^-、d_4^- 为初始变量，列初始单纯形表，见表 4-2。

② 取 $k=1$，检查检验数的 P_1 行，有 -1，取变量 x_1 为换入变量，转入第③步。

③ 在表 4-2 中计算 $\min\left\{\dfrac{b_i}{a_{i1}}\left|a_{i1}>0\right.\right\}=\min\left\{\dfrac{40}{1},\dfrac{50}{1},\dfrac{24}{1}\right\}-\dfrac{24}{1}-24$，将该最小比值对应的变量 d_3^- 作为换出变量，转入第④步。

④ 进行分层单纯形迭代运算，得到表 4-3，返回第②步。依此类推，直至得到最终单纯形迭代表为止(见表 4-4)。

表 4-5 所示的解 $x_1^*=24$，$x_2^*=26$ 为例 4-4 的有效解(满意解)，此解相当于图 4-2 中的 E 点。

表 4-2　分层单纯形表

C_B	X_B	b	x_1	x_2	d_1^-	d_1^+	d_2^-	d_2^+	d_3^-	d_3^+	d_4^-	d_4^+
		P_1	0	0	1	0	0	0	0	0	0	0
c_j		P_2	0	0	0	0	0	1	0	0	0	0
		P_3	0	0	0	0	0	0	2	0	1	0
P_1	d_1^-	40	1	1	1	-1	0	0	0	0	0	0
	d_2^-	50	1	1	0	0	1	-1	0	0	0	0
P_2	d_3^-	24	$\boxed{1}$	0	0	0	0	0	1	-1	0	0
P_3	d_4^-	30	0	1	0	0	0	0	0	0	1	-1
		P_1	-1	-1	0	1	0	0	0	0	0	0
λ_j		P_2	0	0	0	0	0	0	1	0	0	0
		P_3	-2	-1	0	0	0	0	0	2	0	1

表 4-3　分层单纯形迭代表(一)

C_B	X_B	b	x_1	x_2	d_1^-	d_1^+	d_2^-	d_2^+	d_3^-	d_3^+	d_4^-	d_4^+
P_1	d_1^-	16	0	$\boxed{1}$	1	-1	0	0	0	-1	1	0
	d_2^-	26	0	1	0	0	1	-1	-1	1	0	0
	x_1	24	1	0	0	0	0	0	1	-1	0	0
P_3	d_4^-	30	0	1	0	0	0	0	0	0	1	-1
		P_1	0	-1	0	1	0	0	1	-1	0	0
λ_j		P_2	0	0	0	0	0	1	0	0	0	0
		P_3	0	-1	0	0	0	0	2	0	0	1

表 4‑4　分层单纯形迭代表(二)

C_B	X_B	b	x_1	x_2	d_1^-	d_1^+	d_2^-	d_2^+	d_3^-	d_3^+	d_4^-	d_4^+
	x_2	16	0	1	1	−1	0	0	−1	1	0	0
	d_2^-	10	0	0	−1	1	1	−1	0	0	0	0
	x_1	24	1	0	0	0	0	0	1	−1	0	0
P_3	d_4^-	14	0	0	−1	1	0	0	1	−1	1	−1
	P_1	0	0	1	0	0	0	0	0	0	0
λ_j	P_2	0	0	0	0	0	1	0	0	0	0
	P_3	0	0	1	−1	0	0	1	1	0	1

表 4‑5　分层单纯形迭代表(三)

C_B	X_B	b	x_1	x_2	d_1^-	d_1^+	d_2^-	d_2^+	d_3^-	d_3^+	d_4^-	d_4^+
	x_2	26	0	1	0	0	1	−1	−1	1	0	0
	d_1^+	10	0	0	−1	1	1	−1	0	0	0	0
	x_1	24	1	0	0	0	0	0	1	−1	0	0
P_3	d_4^-	4	0	0	0	0	−1	1	1	−1	1	−1
	P_1	0	0	1	0	0	0	0	0	0	0
λ_j	P_2	0	0	0	0	0	1	0	0	0	0
	P_3	0	0	0	0	1	−1	1	1	0	1

4.4　灵 敏 度 分 析

　　最优化一词经常被误解,实际上即使求得最优解,它也只是相对于该数学规划模型的最优解,只要模型不能完全表达实际问题,它就不是针对实际问题的最优解。模型的不完全性在实际问题中是不可避免的,因此与其追求模型的完全性,不如选择具有某种程度的不完全性但却能满足决策支持要求的模型。而且在某种程度上,即使很精确地确定了目标函数和约束函数,也很少有约束的右边值必须为某个确定值的情况,往往是少一点、多一点都可以。多多少或少少多少是由目标函数的最优值的变化来决定的。

　　摄动函数 $\omega(z)$ 揭示了目标函数的最优值是怎样随约束右边的值而改变的,因此在实际的决策支持问题中,如能求得 $\omega(z)$,那么分析将十分方便。很多情况下拉格朗日乘子给出了 $\omega(z)$ 的一次近似信息,即拉格朗日乘子给出了约束式右边值的变化对目标函数最优解的影响的信息。分析该值就可以大体了解约束式右边值稍稍改变时目标函数的变化情况，因此称为灵敏度分析，如图4-3所示。在实际的决策支持中，有效地进行灵敏度分析十分重要。

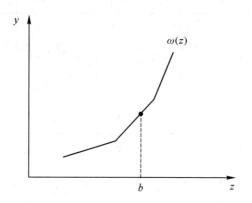

图4-3　灵敏度分析的几何解释

【例4-6】 设约束 $g_j(x) \leqslant b_j (j=1, 2, \cdots, p)$ 是第 j 个项目给出的预算约束，右边值 b_j 是按去年增加10%确定下来的值。考虑在上述预算约束下，使预估利益 $f(x)$ 最大的问题化为数学规划问题的形式，然后求解。

解 由灵敏度（拉格朗日乘子或单纯形乘子）$v_j (j=1, 2, \cdots, p)$ 可知，与第1个约束对应的灵敏度 v_1 最大，这说明第1个项目的预算只要增加一点，整个利益就会增加很多。因此除考虑增加去年10%的预算方案外，还可给贡献大的项目增加更多的预算。

反之，设第 p 个项目的灵敏度 v_p 最小。这时即使削减一点点第 p 个项目的预算，整体利益也不会减少，所以需要把第 p 个项目的预算削减到比预算方案的还要小。在更极端的情况，即设 $v_p=0$，那么给予第 p 个项目的预算对整体利益毫无贡献，这时可以考虑削减其全部预算。

值得注意的是，灵敏度信息是局部的，只在最优解附近才有效。当 $v_p=0$ 时，如果全部削减或大幅削减第 p 个项目的预算，那么有时会出现数学规划模型远远偏离最初设计的情况，最优解与设想解偏差很大。由于线性规划中当前的灵敏度有效，所以它可以研究约束式的右边值能改变到何种程度（范围分析）。这样，在线性规划中把灵敏度分析和范围分析结合使用可以更有效地进行决策支持。

在线性规划中，目标函数—约束函数空间上摄动函数的图形是分段线性的。特别需要注意的是，若使右边值像 tb 那样包含参数 t，那么可以通过改变 t 研究目标函数最优解的变化，摄动函数的图形就是分段的折线图。这样，研究目标函数最优解随 t 的变化情况就称为参数分析。

4.5　应 用 举 例

由于目标规划模型比较符合现代化管理决策的实际，有能力处理各种没有统一度量单位和互相矛盾的多目标，而且便于利用电子计算机技术，所以已经成为解决现代化管理中多目标决策问题的有效工具。近年来，世界各国科学家都非常重视目标规划，如在工程系统(金属切削加工、轴承系统、储水系统、高速公路、太阳能系统等)的优化设计中，引入目标规划，在外贸、保险、金融、服务业等行业，目标规划也得到了广泛的应用。

【例 4-7】　某单位负责人在考虑本单位职工的升级调资方案时，依次遵循以下规定：

(1) 不超过年工资总额 600 000 元；

(2) 每级的人数不超过定编规定的人数；

(3) Ⅱ、Ⅲ级的升级面尽可能达到现有人数的 20%；

(4) Ⅲ级不足编制的人数可录用新职工，且Ⅰ级的职工中有 10%要退休。

有关资料汇总于表 4-6 中。

表 4-6　单位职工资料表

等　级	工资额/(元/年)	现有人数	编制人数
Ⅰ	20 000	10	12
Ⅱ	15 000	12	15
Ⅲ	10 000	15	15
合　计	—	37	42

问单位负责人应该如何拟定一个满意的方案？

解　设 x_1、x_2、x_3 分别表示提升到Ⅰ、Ⅱ级和录用到Ⅲ级的新职工人数。对各目标确定的优先因子为

P_1：不超过年工资总额 600 000 元；

P_2：每级的人数不超过定编规定的人数；

P_3：Ⅱ、Ⅲ级的升级面尽可能达到现有人数的 20%。

先分别建立各目标约束。

① 年工资总额不超过 600 000 元，则

$$20000 \times (10-10 \times 0.1+x_1)+15000 \times (12-x_1+x_2)$$
$$+10000 \times (15-x_2+x_3)-d_1^+ +d_1^-$$
$$=600\,000$$

② 每级的人数不超过定编规定的人数：

$$对Ⅰ级有：10(1-0.1)+x_1-d_2^+ +d_2^- =12$$
$$对Ⅱ级有：12-x_1+x_2-d_3^+ +d_3^- =15$$
$$对Ⅲ级有：15-x_2+x_3-d_4^+ +d_4^- =15$$

③ Ⅱ、Ⅲ级的升级面尽可能达到现有人数的 20%：

$$对Ⅱ级有：x_1-d_5^+ +d_5^- =12 \times 0.2$$
$$对Ⅲ级有：x_2-d_6^+ +d_6^- =15 \times 0.2$$

目标函数为

$$\min f = P_1 d_1^+ + P_2(d_2^+ +d_3^+ +d_4^+)+P_3(d_5^- +d_6^-)$$

以上目标规划模型可用分层单纯形法求解，得到多重解。现将这些解汇总于表 4-7。单位负责人可按具体情况，从表 4-7 中选出一个执行方案。

表 4-7　最优解汇总表

变量	含　义	解 1	解 2	解 3	解 4
x_1	晋升到 Ⅰ 级的人数	2.4	2.4	3	3
x_2	晋升到 Ⅱ 级的人数	3	3	3	5
x_3	新招收 Ⅲ 级的人数	0	3	3	5
d_1^-	工资总额的结余额	63 000	33 000	30 000	0
d_2^-	Ⅰ 级缺编人数	0.6	0.6	0	0
d_3^-	Ⅱ 级缺编人数	2.4	2.4	3	1
d_4^-	Ⅲ 级缺编人数	3	0	0.6	0
d_5^+	Ⅱ 级超编人数	0	0	0	0.6
d_6^+	Ⅲ 级超编人数	0	0	0	2

【例 4-8】 某电子厂生产录音机和电视机两种产品，分别经由甲、乙两个车间生产。已知除外购件外，生产一台录音机需甲车间加工 2 h，乙车间装配 1 h；生产一台电视机需甲车间加工 1 h，乙车间装配 3 h。这两种产品生产出来后均需经检验、销售等环节。已知每台录音机检验销售费用需 50 元，每台电视机检验销售费用需 30 元。又知甲车间每月可用的生产工时为 120 h，车间管理费用为 80 元/h；乙车间每月可用的生产工时为 150 h，车间管理费用为 20 元/h。估计每台录音机的利润为 100 元，每台电视机的利润为 75 元，又估计下一年度内平均每月可销售录音机 50 台、电视机 80 台。工厂制订月度计划的目标如下：

第一优先级：检验和销售费每月不超过 4600 元；

第二优先级：每月售出录音机不少于 50 台；

第三优先级：甲、乙两车间的生产工时得到充分利用（重要性权系数按两个车间每小时费用的比例确定）；

第四优先级：甲车间加班不超过 20 h；

第五优先级：每月销售电视机不少于 80 台。

试确定该厂为达到以上目标的最优月度计划生产数字。

解　设 x_1 为每月生产录音机的台数，x_2 为每月生产电视机的台数，根据题中给出的条件，约束情况如下：

（1）检验和销售费用约束，每月不超过 4600 元。

$$50x_1 + 30x_2 + d_1^- - d_1^+ = 4600 \quad （其中要求 d_1^+ \to 0）$$

（2）出售录音机数量约束，每月售出录音机不少于 50 台，即要求最好大于 50 台。

$$x_1 + d_2^- - d_2^+ = 50 \quad （其中要求 d_2^- \to 0）$$

（3）甲、乙车间可用工时的约束，充分利用即要求最好不要有剩余工时。

$$2x_1 + x_2 + d_3^- - d_3^+ = 120 \quad （甲车间）（其中要求 d_3^- \to 0）$$

$$x_1 + 3x_2 + d_4^- - d_4^+ = 150 \quad （乙车间）（其中要求 d_4^- \to 0）$$

（4）对甲车间加班限制，20 h 以内。

$$2x_1 + x_2 + d_5^- - d_5^+ = 140 \qquad （其中要求 \ d_5^+ \to 0）$$

（5）销售电视机数量约束，不少于 80 台。

$$x_2 + d_6^- - d_6^+ = 80 \qquad （其中要求 \ d_6^- \to 0）$$

因甲、乙车间管理费用分别为 80 元/h 和 20 元/h，其权重比为 4∶1，故得目标规划模型为

$$\min f = P_1 d_1^+ + P_2 d_2^- + P_3 (4d_3^- + d_4^-) + P_4 d_5^+ + P_5 d_6^+$$

本 章 小 结

（1）多目标规划的数学模型：建立多目标规划的目的，就是为了通过求解这一规划模型来解决现实中的问题。要求出多目标规划的最优解，首先应知道到底符合什么条件的可行解才是最优解。在建立多目标规划模型时，应注意决策变量、目标函数、约束条件各自的含义及关系方程。

（2）单目标规划的数学模型：最优解可以通过求目标函数的极小值来获得。

（3）对于目标函数来说，由于决策者偏爱程度的不同，导致对不同目标函数逼近于其目标值的要求程度也不同。若要在模型中将决策者这一偏爱关系体现出来，有两种方法可以利用，即权系数法和优先层次法。

（4）建立目标规划数学模型时，需要确定目标值、优先级、权系数等，它们都具有一定的主观性和模糊性，通常采用专家评定法给予量化。

（5）目标规划的图解法：对于只有两个决策变量的目标规划数学模型，可采用图解法分析求解。

（6）目标规划的单纯形法：这一方法是在提出目标的优先等级和优先权因子概念的基础上，给出了改进的"目标规划"的一种方法；并给出了单纯形法求解目标函数的步骤。

（7）灵敏度分析：引入摄动函数 $\omega(z)$，揭示目标函数的最优值是怎样随约束右边的值而改变的，但通常无法显式地求出该函数，很多情况下拉格朗日乘子给出了 $\omega(z)$ 的一次近似信息，即拉格朗日乘子给出了约束式右边值的变化对目标函数最优解影响的信息。

习　　题

4-1　用图解法求解下述目标规划问题。

（1）$\min f = P_1 (d_1^+ + d_2^+) + P_2 d_3^-$

$$\begin{cases} -x_1 + x_2 + d_1^- - d_1^+ = 1 \\ -0.5x_1 + x_2 + d_2^- - d_2^+ = 2 \\ 3x_1 + 3x_2 + d_3^- - d_3^+ = 50 \\ x_1,\ x_2 \geqslant 0,\ d_i^+,\ d_i^- \geqslant 0, \quad i = 1,\ 2,\ 3 \end{cases}$$

(2) $\min f = P_1(2d_1^+ + 3d_2^+) + P_2 d_3^- + P_3 d_4^+$

$$\begin{cases} x_1 + x_2 + d_1^- - d_1^+ = 10 \\ x_1 + d_2^- - d_2^+ = 4 \\ 5x_1 + 3x_2 + d_3^- - d_3^+ = 56 \\ x_1 + x_2 + d_4^- - d_4^+ = 12 \\ x_1, x_2 \geqslant 0, d_i^+, d_i^- \geqslant 0, \quad i = 1, 2, 3, 4 \end{cases}$$

4-2 用分层单纯形法求解下述目标规划问题。

(1) $\min f = P_1(d_1^- + d_1^+) + P_2 d_2^- + P_3 d_3^+$

$$\begin{cases} x_1 + x_2 + d_1^- - d_1^+ = 10 \\ 3x_1 + 4x_2 + d_2^- - d_2^+ = 50 \\ 8x_1 + 10x_2 + d_3^- - d_3^+ = 300 \\ x_1, x_2 \geqslant 0, d_i^+, d_i^- \geqslant 0, \quad i = 1, 2, 3 \end{cases}$$

(2) $\min f = P_1 d_1^- + P_2 d_2^+ + P_3(5d_3^- + 3d_4^-) + P_4 d_1^+$

$$\begin{cases} x_1 + x_2 + d_1^- - d_1^+ = 80 \\ x_1 + x_2 + d_2^- - d_2^+ = 90 \\ x_1 + d_3^- - d_3^+ = 70 \\ x_2 + d_4^- - d_4^+ = 45 \\ x_1, x_2 \geqslant 0, d_i^+, d_i^- \geqslant 0, \quad i = 1, 2, 3, 4 \end{cases}$$

4-3 某工厂生产 A、B 两种产品,每件产品 A 可获利 400 元,每件产品 B 可获利 900 元。每生产一件产品 A 和产品 B 分别需要消耗原材料各 4 kg 和 10 kg,消耗工人劳动各 7 人工时和 6 人工时,消耗设备各 16 台时和 6 台时。已知现有原料数量为 400 kg,工人劳动量为 420 人工时,设备现有 800 台时。如果原料不可以补充,而且产品 A、B 的产量计划指标分别为 40 台、50 台,要求确定恰当的生产方案,使其满足:

P_1:产品数量尽量不超过计划指标;

P_2:加班时间要尽量达到最小;

P_3:利润尽量达到 510 千元;

P_4:尽量充分利用生产设备台时。

试建立其目标规划模型。

4-4 一个小型的无线电广播台考虑如何最好地安排音乐、新闻和商业节目时间。依据法律,该台每天允许广播 12 h,其中商业节目用以赢利,每小时可收入 250 美元,新闻节目每小时需支出 40 美元,音乐节目每播一小时费用为 17.50 美元。法律规定,正常情况下商业节目只能占广播时间的 20%,每小时至少安排 5 min 新闻节目。问每天的广播节目该如何安排? 使其满足:

P_1:法律规定的要求;

P_2:每天的纯收入最大。

试建立该问题的目标规划模型。

4-5 某商标的酒是用 3 种等级的酒兑制而成。若这 3 种等级的酒每天供应量和单位成本见表 4-8。设该种牌号酒有 3 种商标(红、黄、蓝),各种商标的酒对原料酒的混合比及售价见表 4－9。决策者规定：首先必须严格规定比例兑制各商标的酒；其次是获利最大；再次是红商标的酒每天至少生产 2000 kg。试列出数学模型。

表 4－8 供应量及成本表

等　级	日供应量/kg	成本/(元·kg)
Ⅰ	1500	6
Ⅱ	2000	4.5
Ⅲ	1000	3

表 4－9 混合比及售价表

商　标	兑制要求	售价/(元·kg)
红	Ⅲ少于 10； Ⅰ多于 50	5.5
黄	Ⅲ少于 70； Ⅰ多于 20	5.0
蓝	Ⅲ少于 50； Ⅰ多于 10	4.8

第5章 动态规划

【知识点聚焦】

本章主要介绍动态规划的状态转移方程、指标函数、最优值函数、最优策略、最优轨线等基本知识。重点要求学生掌握动态规划的顺序解法、逆序解法；最后，介绍最短路线、资源分配、生产计划、货物存储、可靠性问题、背包问题、推销商问题及其解法等。并且介绍了多维动态规划降维方法、减少离散状态点数方法及随机性问题的动态规划求解方法。

5.1 多阶段决策过程及实例

在工程技术、企业管理、工农业生产及军事等应用领域，常常会遇到将决策的全过程依据时间或空间划分为若干个互相联系的阶段；而在各阶段中，都需要进行方案的选择，称为决策。并且当一个阶段的决策制定之后，常常会影响到下一个阶段的决策，从而影响整个过程的活动。这样各个阶段所确定的决策就构成一个决策序列，常称为策略。由于各个阶段可供选择的决策往往不止一个，因而就可能有许多策略可供选择，这些可供选择的策略构成一个集合，称为允许策略集合（简称策略集合）。每一个策略都相应地确定一种活动的效果，假定这个效果可以用数量指标来衡量，由于不同的策略常常会导致不同的效果，因此，如何在允许策略集合中，选择一个策略，使其在预定的目标达到最好的效果，常常是人们所关心的问题。通常称这样的策略为最优策略。这类问题就称为多阶段决策问题。

在多阶段决策问题中，各个阶段采取的决策一般来说是与时间有关的，故有"动态"的含义，因此把处理这类问题的方法称为动态规划方法。但有一些与时间因素没有关系的问题称为"静态问题"。只要人为地引进"时间"因素，也可以把它视为多阶段决策问题，而用动态规划方法去处理。

【例5-1】 （最短路径问题）图5-1所示为一个城市分布地图，图中每个顶点代表一个城市，两个城市间的连线代表道路，连线上的数值代表道路的长度。现在，想从城市 A 到达城市 E，怎样走路程最短，最短路程的长度是多少？

【分析】 把从 A 到 E 的全过程分成四个阶段，用 k 表示阶段变量，第1阶段有一个初始状态 A，两条可供选择的支路 AB_1、AB_2；第2阶段有两个初始状态 B_1、B_2，B_1 有三条可供选择的支路，B_2 有两条可供选择的支路……。用 $d_k(x_k, x_{k+1})$ 表示在第 k 阶段由初始状态 x_k 到下阶段的初始状态 x_{k+1} 的路径距离，$F_k(x_k)$ 表示从第 k 阶段的 x_k 到终点 E 的最短距离，利用倒推方法求解 A 到 E 的最短距离。具体计算过程如下：

S_1：$k=4$，有

$$F_4(D_1)=3, \ F_4(D_2)=4, \ F_4(D_3)=3$$

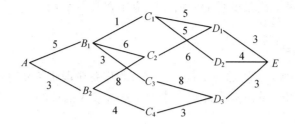

图 5-1 城市分布地图

$S_2: k = 3$，有

$$F_3(C_1) = \min\{d_3(C_1, D_1) + F_4(D_1), d_3(C_1, D_2) + F_4(d_2)\} = \min\{8, 10\} = 8$$

$$F_3(C_2) = d_3(C_2, D_1) + f_4(D_1) = 5 + 3 = 8$$

$$F_3(C_3) = d_3(C_3, D_3) + f_4(D_3) = 8 + 3 = 11$$

$$F_3(C_4) = d_3(C_4, D_3) + f_4(D_3) = 3 + 3 = 6$$

$S_2: k = 2$，有

$$F_2(B_1) = \min\{d_2(B_1, C_1) + F_3(C_1), d_2(B_1, C_2) + f_3(C_2), d_2(B_1, C_3) + F_3(C_3)\}$$
$$= \min\{9, 12, 14\} = 9$$

$$F_2(m) = \min\{d_2(B_2, C_2) + f_3(C_2), d_2(B_2, C_4) + F_3(C_4)\} = \min\{16, 10\} = 10$$

$S_4: k = 1$，有

$$F_1(A) = \min\{d_1(A, B_1) + F_2(B_1), d_1(A, B_2) + F_2(B_2)\} = \min\{13, 13\} = 13$$

因此由 A 点到 E 点的全过程的最短路径为 $A \to B_2 \to C_4 \to D_3 \to E$。最短路程长度为 13。

5.2 动态规划的基本概念和基本方程

5.2.1 动态规划的基本概念

1. 阶段和阶段变量

用动态规划求解一个问题时，需要将问题的全过程恰当地划分成若干个相互联系的阶段，以便按一定的次序去求解。描述阶段的变量称为阶段变量，通常用 k 表示。

阶段的划分一般是根据时间和空间的自然特征来确定的，一般要便于把问题转化成多阶段决策的过程。

2. 状态和状态变量

某一阶段的出发位置称为状态，通常一个阶段包含若干状态。状态通过一个变量来描述，这个变量称为状态变量。状态表示的是事物的性质。

3. 决策和决策变量

在问题的处理中做出某种选择性的行动就是决策。一个实际问题可能要有多次决策和多个决策点，在每一个阶段中都需要有一次决策。决策也可以用一个变量来描述，称为决策变量。在实际问题中，决策变量的取值往往限制在某一个范围之内，此范围称为允许决策集合。

4. 策略和最优策略

所有阶段依次排列构成问题的全过程。全过程中各阶段决策变量所组成的有序总体称为策略。在实际问题中，从决策允许集合中找出最优效果的策略称为最优策略。

5. 状态转移方程

前一阶段的终点就是后一阶段的起点，前一阶段的决策变量就是后一阶段的状态变量，这种关系描述了由 k 阶段到 $k+1$ 阶段状态的演变规律，是关于两个相邻阶段状态的方程，称为状态转移方程，是动态规划的核心。

6. 指标函数和最优化概念

用来衡量多阶段决策过程优劣的一种数量指标，称为指标函数。它应该在全过程和所有子过程中有定义，并且可度量。指标函数的最优值称为最优值函数。

5.2.2　动态规划的基本思想和基本方程

1. 动态规划的基本思想

动态规划是一类解决多阶段决策问题的数学方法。在工程技术、科学管理、工农业生产及军事等领域都有广泛的应用。在理论上，动态规划是求解这类问题全局最优解的一种有效方法，特别是对于实际中的某些非线性规划问题，可能是最优解的唯一方法。然而，动态规划仅仅是解决多阶段决策问题的一种方法或者说是考察问题的一种途径，而不是一种具体的算法。就目前而言，动态规划没有统一的标准模型，其解法也没有标准算法，在实际应用中，需要具体问题具体分析。动态规划模型的求解是影响动态规划理论和方法应用的关键问题所在，而子问题的求解和大量结果的存储、调用更是一个难点。然而，随着计算技术的快速发展，特别是内存容量和计算速度的增加，使求解较小规模的动态规划问题成为可能，从而使得动态规划的理论和方法在实际中的应用更加广泛。

在解决动态规划的问题时，经常会遇到复杂问题不能简单地分解成几个子问题，而会分解出一系列的子问题。简单地采用把大问题分解成子问题，并综合子问题的解导出大问题的解的方法，问题求解耗时会按问题规模呈幂级数增加。为了节约重复求相同子问题的时间，引入一个数组，不管它们是否对最终解有用，把所有子问题的解存于该数组中，这就是动态规划法所采用的基本方法。

动态规划的实质是分治思想和解决冗余，因此，动态规划是一种将问题实例分解为更小的、相似的子问题，并存储子问题的解而避免计算重复的子问题，以解决最优化问题的算法策略。

动态规划法与分治法和贪心法类似，它们都是将问题实例归纳为更小的、相似的子问题，并通过求解子问题产生一个全局最优解。其中贪心法的当前选择可能要依赖已经做出的所有选择，但不依赖有待做出的选择和子问题。因此贪心法自顶向下、一步一步地做出贪心选择；而分治法中的各个子问题是独立的（即不包含公共子问题），因此一旦递归地求出各个子问题的解后，便可自下而上地将子问题的解合并成问题的解。但不足的是，如果当前选择可能要依赖子问题的解时，则难以通过局部的贪心策略达到全局最优解；如果各子问题不独立，则分治法要做许多不必要的工作，重复地分解公共的子问题。

解决上述问题的办法是利用动态规划。该方法主要应用于最优化问题，这类问题会有很多种可能的解，每个解都有一个值，而动态规划可找出其中最优（最大或最小）值的解。若存在若干个最优值，它只取其中的一个。在求解过程中，该方法也是通过求解局部问题子问题的解达到全局最优解，但与分治法和贪心法不同的是，动态规划允许这些子问题不独立，也允许其通过自身子问题的解做出选择，该方法对每一个子问题只解一次，并将结果保存起来，避免每次碰到时要重复计算。

因此，动态规划法所针对的问题有一个显著的特征，即它所对应的子问题树中的子问题呈现大量的重复。动态规划法的关键就在于，对于重复出现的子问题，只在第一次遇到时加以求解，并把答案保存起来，以便以后再遇到时直接引用，不必重新求解。

2. 动态规划的适用条件

任何思想方法都有一定的局限性，超出了特定条件，它就失去了作用。同样，动态规划也并不是万能的，适用动态规划的问题必须满足最优化原理和无后向性。

1）最优化原理（最优子结构性质）

一个最优化策略具有这样的性质，不论过去状态和决策如何，对前面的决策所形成的状态而言，余下的诸决策必须构成最优策略，简而言之，一个最优化策略的子策略总是最优的。一个问题满足最优化原理又称其具有最优子结构性质。

2）无后向性

将各阶段按照一定的次序排列好之后，对于某个给定的阶段状态，它以前各阶段的状态无法直接影响它未来的决策，而只能通过当前的这个状态。换句话说，每个状态都是过去历史的一个完整总结，这就是无后向性，又称为无后效性。

3）子问题的重叠性

动态规划算法的关键在于解决冗余，这是动态规划算法的根本目的。动态规划实质上是一种以空间换时间的技术，它在实现的过程中，不得不存储产生过程中的各种状态，所以它的空间复杂度要大于其他的算法。选择动态规划算法是因为动态规划算法在空间上可以承受，而搜索算法在时间上却无法承受，所以我们舍空间而取时间。

3. 动态规划的步骤

动态规划算法的关键在于正确地写出基本的递推关系式和恰当的边界条件（简称基本方程）。要做到这一点，就必须将问题的过程分成几个相互联系的阶段，恰当地选取状态变量和决策变量及定义最优值函数，从而把一个大问题转化成一组同类型的子问题，然后逐个求解。即从边界条件开始，逐步递推寻优，在每一个子问题的求解中，均利用了它前面的子问题的最优化结果，依次进行，最后一个子问题所得的最优解就是整个问题的最优解。

在多阶段决策的过程中，动态规划方法是既把当前一段和未来一段分开，又把当前效益和未来效益结合起来考虑的一种最优化方法。因此，每段决策的选取是从全局来考虑的，与该段（局部）的最优选择答案一般是不同的。

在求整个问题的最优策略时，由于初始状态是已知的，而每段的决策都是该段状态的函数，故最优策略所经过的各段状态便可逐段变换得到，从而确定了最优路线。

动态规划是运筹学的一个分支，是求解决策过程最优化的数学方法。20 世纪 50 年代初，美学家贝尔曼等人在研究多阶段决策过程的优化问题时，提出了著名的最优化原理，把多阶段过程转化为一系列单阶段问题，利用各阶段之间的关系逐个求解，创立了解决这类过程优化问题的新方法——动态规划。动态规划的基本原理是将一个问题的最优解转化为求子问题的最优解，研究的对象是决策过程的最优化，其变量是流动的时间或变动的状态，最后得到整个系统的最优解。

4. 动态规划的基本方程

【例 5-2】 给定一个线路网络，如图 5-2 所示，两点之间连线上的数字表示两点间的距离（或费用），试求一条由 A 到 G 的铺管路线，使总距离为最短（或总费用为最小）。

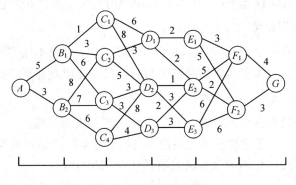

图 5-2 铺管线路图

解 最短路线有一个重要特征：如果由起点 A 经过 P 点和 H 点而到达终点 G 是一条最短路线，则由点 P 出发经过 H 点到达终点 G 的这条子路线，对于从点 P 出发到达终点的所有可能选择的不同路线来说，必定也是最短路线。例如，在最短路线问题中，若找到了 $A \rightarrow B_1 \rightarrow C_2 \rightarrow D_1 \rightarrow E_2 \rightarrow F_2 \rightarrow G$ 是由 A 到 G 的最短路线，则 $D_1 \rightarrow E_2 \rightarrow F_2 \rightarrow G$ 应该是由 D 出发到 G 点的所有可能选择的不同路线中的最短路线。

证明 （反证法）

如果不是这样，则从点 P 到 G 点有另一条距离更短的路线存在，把它和原来最短路线由 A 点到达 P 点的那部分连接起来，就会得到一条由 A 点到 G 点的新路线，它比原来那条最短路线的距离还要短些。这与假设矛盾，是不可能的。

根据最短路线这一特性，寻找最短路线的方法就是从最后一段开始，用由后向前逐步递推的方法，求出各点到 G 点的最短路线，最后求得由 A 点到 G 点的最短路线。所以，动态规划的方法是从终点逐段向始点方向寻找最短路线。将本例从最后一段开始计算，由后向前逐步推移至 A 点，如图 5-3 所示。

图 5-3 动态规划寻优途径

当 $k=6$ 时，由 F_1 到终点 G 只有一条路线，故 $f_6(F_1)=4$。同理，$f_6(F_2)=3$；

当 $k=5$ 时，出发点有 E_1、E_2、E_3 三个。若从 E_1 出发，则有两个选择：① 至 F_1，② 至 F_2，则

$$f_5(E_1)=\min\left\{\begin{array}{l}d_5(E_1,F_1)+f_6(F_1)\\d_5(E_1,F_2)+f_6(F_2)\end{array}\right\}=\min\left\{\begin{array}{l}3+4\\5+3\end{array}\right\}=7$$

其相应的决策为 $U_s(E_1)=F_1$；这说明，由 E_1 至终点 G 的最短距离为 7，其最短路线是 E_1 →F_1→G。

同理，从 E_1 和 E_3 出发，则有

$$f_5(E_2)=\min\left\{\begin{array}{l}d_5(E_2,F_1)+f_6(F_1)\\d_5(E_2,F_2)+f_6(F_2)\end{array}\right\}=\min\left\{\begin{array}{l}5+4\\2+3\end{array}\right\}=5$$

且 $U_s(E_3)=F_2$，当 $k=4$ 时，有

$$f_4(D_1)=7 \qquad U_4(D_1)=E_2$$
$$f_4(D_2)=6 \qquad U_4(D_2)=E_2$$
$$f_4(D_3)=8 \qquad U_4(D_3)=E_2$$

当 $k=3$ 时，有

$$f_3(C_1)=13 \qquad U_3(C_1)=D_1$$
$$f_3(C_2)=10 \qquad U_3(C_2)=D_1$$
$$f_3(C_3)=9 \qquad U_3(C_3)=D_2$$
$$f_3(C_4)=12 \qquad U_3(C_4)=D_3$$

当 $k=2$ 时，有

$$f_2(B_1)=13 \qquad U_2(B_1)=C_2$$
$$f_2(B_2)=16 \qquad U_2(B_2)=C_3$$

当 $k=1$ 时，出发点有一个 A 点，则

$$f_1(A)=\min\left\{\begin{array}{l}d(A,B_1)+f_2(B_1)\\d(A,B_2)+f_2(B_2)\end{array}\right\}=\min\left\{\begin{array}{l}5+13\\3+16\end{array}\right\}=18$$

且 $U_1(A)=B_1$，于是得到从起点 A 到终点 G 的最短距离为 18。

为了找出最短路线，再按计算的顺序反推之，可求出最优决策函数序列 $\{U_k\}$，即由逆序的方法得到了问题的答案。

从上面的计算过程中可以看出，在求解的各个阶段，利用了 k 阶段与 $k+1$ 阶段之间的递推关系：

$$\left\{\begin{array}{l}f_k(s_k)=\min\{d(s_k,u_k)+f_{k+1}(s_{k+1})\} \quad k=6,\cdots,1\\f_7(s_7)=0(或写成 f_6(s_6)=d_6(s_6,G))\end{array}\right.$$

一般情况下，k 阶段与 $k+1$ 阶段的递推关系式可写为

$$f_k(s_k)=\mathrm{opt}\{v_k(s_k,u_k(s_k))+f_{k+1}(u_k(s_k))\}$$
$$k=n,n-1,\cdots,1 \tag{5-1}$$

边界条件为 $f_n+1(s_n+1)=0$。

递推关系式(5-1)称为动态规划的基本方程。

下面考虑动态规划的基本方程：

设指标函数是取各阶段指标的和的形式，即

$$V_{k,n} = \sum_{j=k}^{n} V_j (s_j, u_j) \tag{5-2}$$

其中，$V_j (s_j, u_j)$ 表示第 j 段的指标。它显然满足指标函数的三个性质。所以式(5-2)可写成

$$V_{k,n} = v_k (s_k, u_k) + V_{k+1,n} [s_{k+1}, \cdots, s_{n+1}]$$

当初始状态给定时，过程的策略就被确定，则指标函数也就确定了，因此，指标函数是初始状态和策略的函数，可记为

$$V_{k,n} [s_k, p_{k,n} (s_k)] \tag{5-3}$$

式(5-3)又可写成

$$V_{k,n} [s_k, p_{k,n}] = v_k (s_k, u_k) + V_{k+1,n} [s_{k+1}, p_{k+1}, n]$$

其子策略 $p_{k,n}(s_k)$ 可看成是由决策 $u_k (s_k)$ 和 $p_{k+1,n}(s_{k+1})$ 组合而成的，即

$$P_{k,n} = \{u_k (s_k), p_{k+1,n} (s_{k+1})\}$$

如果用表示初始状态为 s_k 的后部子过程所有子策略中的最优子策略，则最优值函数为

$$f(s_k) = V_{k,n} [s_k, p_{k,n}^* (s_k)] = \mathrm{opt}_{p_{k,n}} V_{k,n} [s_k, p_{k,n} (s_k)]$$

而

$$\mathrm{opt}_{p_{k,n}} V_{k,n} (s_k, p_{k,n}) = \mathrm{opt}_{\{u_k, p_{k+1,n}\}} \{v_k (s_k, u_k) + V_{k+1,n} (s_{k+1}, p_{k+1,n})\}$$
$$= \mathrm{opt}_{u_k} \{u_k (s_k, u_k) + \mathrm{opt}_{p_{k+1,n}} V_{k+1,n}\}$$

但是

$$f_k (s_k) = \mathrm{opt}_{u_k \in D_k(s_k)} [v_k (s_k \cdot u_k) + f_{k+1}(s_{k+1})], \quad k = n, n-1, \cdots, 1$$

所以，得到动态规划逆序解法的基本方程为

$$f_{k+1} (s_{k+1}) = \mathrm{opt}_{p_{k+1,n}} V_{k+1,n} (s_{k+1}, p_{k+1,n}) \tag{5-4}$$

边界条件为 $f_{n+1}(s_{n+1}) = 0$，$s_{k+1} = T_k (s_k, u_k)$。

同理，动态规划顺序解法的基本方程为

$$f_k (s_{k+1}) = \mathrm{opt}_{u_k \in D_{rk}(s_{k+1})} \{v_k (s_{k+1}, u_k) + f_{k-1}(s_k)\} \tag{5-5}$$
$$k = 1, 2, \cdots, n$$

边界条件为 $f_0 (s_1) = 0$，$s_k = T_k^r (s_{k+1}, u_k)$。

5.3　动态规划的最优性原理和最优性定理

5.3.1　最优性原理

20世纪50年代，贝尔曼等人在研究具有无后向性的多阶段决策问题的基础上，提出了最优性原理："作为整个过程的最优策略具有这样的性质：不管该最优策略上某状态以前的状态和决策如何，对该状态而言，余下的诸决策必构成最优子策略。"即最优策略的任一后部子策略都是最优的。

当初始状态为 x_1 时，若允许策略 $p_{1,n}^*$ 是最优策略，则对任意阶段 $k(1<k<n)$，它的子策略 $p_{k,n}^*$ 对于以 $x_k^*=T_{k-1}(x_{k-1}^*,u_{k-1}^*)$ 为始点的后部子过程而言，必也是最优的（注意：x_k^* 是由 x_1 及 $p_{1,k-1}^*$ 确定的）。

对于很多多阶段决策问题，在最优策略存在的前提下，根据最优性原理及具体问题可导出基本方程，再由这个方程求解最优策略，从而得到了该多阶段决策问题的圆满结果。但是后来在动态规划的某些应用过程中发现，最优性原理不是对任何决策过程普遍成立的，它与基本方程不是无条件等价的，而最优性原理只是最优性定理的必要条件。

5.3.2　最优性定理

【定理 5‑1】　设多阶段决策过程的阶段变量 $k=1,2,\cdots,n$，则允许策略 $p_{1,n}^*=(u_1^*,u_2^*,\cdots,u_n^*)$ 是最优策略的充分必要条件为：对任一个 $k(1<k<n)$，当初始状态为 x_1 时，有

$$V_{1,n}(x_1;p_{1,n}^*)=\min_{p_{1,k-1}(x_1)}\{V_{1,k-1}(x_1;p_{1,k-1})+\min_{P_{k,n}(x_k)}V_{k,n}(\bar{x}_k;p_{k,n})\}\quad(5-6)$$

其中：$p_{1,n}=(p_{1,k-1},p_{k,n})$，$\bar{x}_k=T_{k-1}(x_{k-1},u_{k-1})$，$\bar{x}_k$ 是由给定的初始状态 x_1 和子策略 $p_{1,k-1}$ 所确定的第 k 阶段的状态。

证明　必要性：若 $p_{1,n}^*$ 是最优策略，则有

$$V_{1,n}(x_1;p_{1,n}^*)=\min_{p_{1,n}}V_{1,n}(x_1;p_{1,n})$$

$$=\min_{p_{1,n}}[V_{1,k-1}(x_1;p_{1,k-1})+V_{k,n}(\bar{x}_k;p_{k,n})]\quad(5-7)$$

对于从 k 到 n 阶段的后部子过程而言，指标函数 $V_{k,n}(\bar{x}_k;p_{k,n})$ 的值取决于该子过程的初始状态 $\bar{x}_k$ 及子策略 $p_{k,n}$，而 $\bar{x}_k$ 是由 x_1 及子策略 $p_{1,k-1}$ 所确定的。

因此，在策略集合 $p_{1,n}$ 上求最优解，就等价于先在子策略集合 $P_{k,n}(\bar{x}_k)$ 上求子最优解，然后再求这些子最优解在子策略集合 $P_{1,k-1}(x_1)$ 上的最优解，故式（5‑7）可写为

$$V_{1,n}(x_1;p_{1,n}^*)=\min_{P_{1,k-1}(x_1)}\{\min_{P_{k,n}(\bar{x}_k)}[V_{1,k-1}x_1;(p_{1,k-1})+V_{k,n}(\bar{x}_k;p_{k,n})]\}\quad(5-8)$$

式（5‑8）方括号内第一项与子策略 $p_{k,n}$ 无关，故可写为

$$V_{1,n}(x_1;p_{1,n}^*)=\min_{P_{1,k-1}(x_1)}\{V_{1,k-1}(x_1;p_{1,K-1})+\min_{P_{k,n}(\bar{x}_k)}V_{k,n}(\bar{x}_k;p_{k,n})\}$$

必要性成立，再证充分性。

设允许策略 $p_{1,n}^*$ 使式（5‑6）成立，又设 $p_{1,n}=(p_{1,k-1},p_{k,n})\in P_{1,n}(x_1)$ 为任一策略，$\bar{x}_k$ 为 x_1 及 $p_{1,k-1}$ 所确定的第 k 阶段的初始状态，则有

$$V_{k,n}(\bar{x}_k;p_{k,n})\geqslant\min_{p_{k,n}(\bar{x}_k)}V_{k,n}(\bar{x}_k;p_{k.n})$$

又因

$$V_{1,n}(x_1;p_{1,n})=V_{1,k-1}(x_1;p_{1,k-1})+V_{k,n}(\bar{x}_k;p_{k,n})$$

$$\geqslant V_{1,k-1}(x_1;p_{1,k-1})+\min_{P_{k,n}(\bar{x}_k)}V_{k,n}(\bar{x}_k;p_{k,n})$$

$$\geqslant\min_{P_{1,k-1}(x_1)}\{V_{1,k-1}(x_1;p_{1,k-1})+\min_{P_{k,n}(\bar{x}_k)}V_{k,n}(\bar{x}_k;p_{k,n})\}$$

$$=V_{1,n}(x_1;p_{1,n})\quad(5-9)$$

式(5-9)表明，对任一策略 $p_{1,n}$ 都有

$$V_{1,n}(x_1; p_{1,n}) \geqslant V_{1,n}(x_1; p_{1,n}^*)$$

因此 $p_{1,n}^*$ 是最优策略。

若问题是求 max，只要把上述各 $\geqslant$ 改为 $\leqslant$ 不等号即可。

由上述分析可知，最优性原理只是最优性定理的必要性部分，而用动态规划求解最优策略时，更需要的是其充分条件。

5.4　动态规划和静态规划的关系

与静态规划相比，动态规划的优越性在于：

（1）能够得到全局最优解。由于约束条件确定的约束集合往往很复杂，即使指标函数较简单，用非线性规划方法也很难求出全局最优解。而动态规划方法把全过程化为一系列结构相似的子问题，每个子问题的变量个数大大减少，约束集合也简单得多，易于得到全局最优解。特别是对于约束集合、状态转移和指标函数不能用分析形式给出的优化问题，可以对每个子过程用枚举法求解，而约束条件越多，决策的搜索范围越小，求解也越容易。对于这类问题，动态规划通常是求全局最优解的唯一方法。

（2）可以得到一族最优解。与非线性规划只能得到全过程的一个最优解不同，动态规划得到的是全过程及所有后部子过程的各个状态的一族最优解。有些实际问题需要这样的解族，即使不需要，它们在分析最优策略和最优值对于状态的稳定性时也是很有用的。当最优策略由于某些原因不能实现时，这样的解族可以用来寻找次优策略。

（3）能够利用经验提高求解效率。如果实际问题本身就是动态的，由于动态规划方法反映了过程逐段演变的前后联系和动态特征，在计算中可以利用实际知识和经验提高求解效率。如在策略迭代法中，实际经验能够帮助选择较好的初始策略，提高收敛速度。

动态规划的主要缺点是：

（1）没有统一的标准模型，也没有构造模型的通用方法，甚至还没有判断一个问题能否构造动态规划模型的准则。这样就只能对每类问题进行具体分析，构造具体的模型。对于较复杂的问题在选择状态、决策、确定状态转移规律等方面需要丰富的想象力和灵活的技巧性，这就带来了应用上的局限性。

（2）用数值方法求解时存在维数灾难。若一维状态变量有 m 个取值，那么对于 n 维问题，状态 x_k 就有 m^n 个值，对于每个状态值都要计算、存储函数 $f_k(x_k)$，对于 n 稍大的实际问题的计算往往是不现实的。目前还没有克服维数灾难的有效方法。

5.4.1　逆推解法

设已知初始状态为 s_1，第 k 阶段的初始状态为 s_k，并假定最优值函数 $f_k(s_k)$ 表示从 k 阶段到 n 阶段所得到的最大效益。

从第 n 阶段开始，则有

$$f_n(s_n) = \max_{x_n \in D_n(s_n)} v_n(s_n, x_n)$$

其中，$D_n(s_n)$ 是由状态 s_n 所确定的第 n 阶段的允许决策集合。解此一维极值问题，就得

到最优解 $x_n(s_n)$ 和最优值 $f_n(s_n)$（注意：若 $D_n(s_n)$ 只有一个决策，则 $x_n \in D_n(s_n)$ 就应写成 $x_n = x_n(s_n)$）。

在第 $n-1$ 阶段，有

$$f_{n-1}(s_{n-1}) = \max_{x_{n-1} \in D_n(s_{n-1})} [v_{n-1}(s_{n-1}, x_{n-1}) * f_n(s_n)]$$

其中，$s_n = T_{n-1}(s_{n-1}, x_{n-1})$，解此一维极值问题，得到最优解 $x_{n-1} = x_{n-1}(s_{n-1})$ 和最优值 $f_{n-1}(s_{n-1})$。

在第 k 阶段，有

$$f_k(s_k) = \max_{x_k \in D_k(s_k)} [v_k(s_k, x_k) * f_{k+1}(s_{k+1})]$$

其中，$s_{k+1} = T_k(s_k, x_k)$，解得最优解 $x_k = x_k(s_k)$ 和最优值 $f_k(s_k)$。

以此类推，直到第 1 阶段有

$$f_1(s_1) = \max_{x_1 \in D_1(s_1)} [v_1(s_1, x_1) * f_2(s_2)]$$

其中，$s_2 = T_1(s_1, x_1)$，解得最优解 $x_1 = x_1(s_1)$ 和最优值 $f_1(s_1)$。

由于初始状态 s_1 可知，故 $x_1 = x_1(s_1)$ 和 $f_1(s_1)$ 是确定的，从而 $s_2 = T_1(s_1, x_1)$ 也就可以确定，于是 $x_2 = x_2(s_2)$ 和 $f_2(s_2)$ 也就可以确定。这样，按照上述递推过程相反的顺序推算下去，就可逐步确定出每阶段的决策及效益。

【例 5-3】 用逆推解法求解下列问题：

$$\max z = x_1 \cdot x_2^2 \cdot x_3$$
$$\begin{cases} x_1 + x_2 + x_3 = c \quad (c > 0) \\ x_i \geqslant 0, \quad i = 1, 2, 3 \end{cases}$$

解 按问题的变量个数划分阶段，把它看作一个 3 阶段决策问题。设状态变量为 s_1、s_2、s_3、s_4，并记 $s_1 = c$，取问题中的变量 x_1、x_2、x_3 为决策变量；各阶段指标函数按乘积方式结合。令最优值函数 $f_k(s_k)$ 表示第 k 阶段的初始状态为 s_k，从 k 阶段到 3 阶段所得到的最大值。

设

$$s_3 = x_3 \qquad s_3 + x_2 = s_2 \qquad s_2 + x_1 = s_1 = c$$

则有

$$x_3 = s_3 \qquad 0 \leqslant x_1 \leqslant s_2 \qquad 0 \leqslant x_1 \leqslant s_1 = c$$

用逆推解法，从后向前依次有

$$f_3(s_3) = \max_{x_2 = s_2} (x_3) = s_3 \text{ 及最优解 } x_3^* = s_3$$

$$f_2(s_2) = \max_{0 \leqslant x_2 \leqslant s_2} [x_2^2 \cdot f_3(x_3)] = \max_{0 \leqslant x_2 \leqslant s_2} [x_2^2(s_2 - x_2)] = \max_{0 \leqslant x_2 \leqslant s_2} h_2(x_2, x_2)$$

$$\frac{dh_2}{dx_2} = 2x_2 s_2 - 3x_2^2 = 0 \text{ 得 } x_2 = \frac{2}{3}s_2 \text{ 和 } x_2 = 0 (\text{舍去})$$

又有

$$\frac{d^2 h_2}{dx_2^2} = 2s_2 - 6x_2$$

而

$$\left. \frac{d^2 h_2}{dx_2^2} \right|_{x_2 = \frac{2}{3}s_2} = -2s_2 < 0$$

故 $x_2 = \dfrac{2}{3} s_2$ 为极大值。

所以 $f_2(s_2) = \dfrac{4}{27} s_2^3$，最优解 $x_2^* = \dfrac{2}{3} s_2$。

$$f_1(s_1) = \max_{0 \leqslant x_1 \leqslant s_1} \left[x_1 \cdot f_2(s_2) \right] = \max_{0 \leqslant x_1 \leqslant s_1} \left[x_1 \cdot \frac{4}{27}(s_1 - x_1)^3 \right] = \max_{0 \leqslant x_1 \leqslant s_1} h_1(s_1, x_1)$$

利用微分法易知：

$$x_1^* = \frac{1}{4} s_1$$

故

$$f_1(s_1) = \frac{1}{64} s_1^4$$

由于已知 $s_1 = c$，而按计算的顺序反推算，可以得到各阶段的最优决策和最优值，即

$$x_1^* = \frac{1}{4} c, \ f_1(s_1) = \frac{1}{64} c^4$$

由

$$s_2 = s_1 - x_1^* = c - \frac{1}{4} c = \frac{3}{4} c$$

可得

$$x_2^* = \frac{2}{3} s_2 = \frac{1}{2} c, \ f_2(s_2) = \frac{1}{16} c^3$$

由

$$s_3 = s_2 - x_2^* = \frac{3}{4} c - \frac{1}{2} c = \frac{1}{4} c$$

可得

$$x_3^* = \frac{1}{4} c, \ f_3(s_3) = \frac{1}{4} c$$

因此得到的最优解为

$$x_1^* = \frac{1}{4} c \quad x_2^* = \frac{1}{2} c \quad x_3^* = \frac{1}{4} c$$

最大值为

$$\max z = f_1(c) = \frac{1}{64} c^4$$

5.4.2 顺推解法

设已知终止状态为 s_{n+1}，并假定最优值函数 $f_k(s)$ 是以 s 为 k 阶段的结束状态，从 1 阶段到 k 阶段所获得的最大效益。

已知终止状态用顺推方法与已知初始状态用逆推方法本质上是没有区别的。假定状态变换 $s_{k+1} = T_k(s_k, x_k)$ 的逆推变换为 $s_k = T^*(s_{k+1}, x_k)$

首先，第 1 阶段开始，求出

$$f_1(s_1) = \max_{x_1 \in D_1(s_1)} V_1(s_1, x_1)$$

其中，$s_1 = T_1^*(s_2, x_1)$ 及其相应的最优解 $x_1 = x_1(s_2)$。

然后进入第 2 阶段，求出

$$f_2(s_3) = \max_{x_3 \in D_2(s_2)} [V_2(s_2, x_1) * f_1(s_2)]$$

其中，$s_2 = T_2^*(s_3, x_2)$ 及相应的最优解 $x_2 = x_2(s_3)$。

以此类推，直到求出第 n 阶段最优值为

$$f_n(s_{n+1}) = \max_{x_n \in D_n(s_n)} [V_n(s_n, x_n) * f_{n-1}(s_n)]$$

其中，$s_n = T_n^*(s_{n+1}, x_n)$ 及其相应的最优解 $x_n = x_n(s_{n+1})$。

由于终止状态 s_{n+1} 是已知的，所以回代过程从 s_{n+1} 开始，按上述过程相反的顺序，就可以逐步确定每阶段的决策和效益，从而得到整个问题的最优策略。

【例 5 - 4】 将例 5 - 2 用顺推法解之。

解 这里将变量划分为 3 个阶段，其决策变量分别为 x_1、x_2、x_3，并假定初始状态 $s_1 = c$，但状态转移函数应为 $s_{k+1} = s_k - x_k$ 的逆变换：

$$s_k = s_{k+1} + x_k \quad (k = 1, 2, 3)$$

为保证决策变量非负，必须使 $s_{k+1} \leqslant s_k \leqslant c$。

在第 1 阶段，因 $s_1 = s_2 + x_1 = c$，故有

$$x_1 = c - s_2, \quad f_1(s_2) = x_1 = c - s_2$$

在第 2 阶段，因 $s_2 = s_3 + x_2$ 和 $s_2 \leqslant c$，故可以求出

$$f_2(s_3) = \max_{0 \leqslant s_2 \leqslant c - x_3} [x_2 f_1(s_2)]$$

$$= \max_{0 \leqslant s_2 \leqslant c - x_3} [s_2(c - x_2 - s_3)] = \left(\frac{c - s_3}{2}\right)^2$$

相应的最优解为

$$x_2 = \left(\frac{c - s_3}{2}\right)^2$$

在第 3 阶段，因 $s_3 = s_4 + x_3$ 和 $s_3 \leqslant c$，故可以求出

$$f_3(s_4) = \max_{0 \leqslant s_2 \leqslant c - x_3} [x_3 f_2(s_3)]$$

$$= \max_{0 \leqslant s_2 \leqslant c - x_3} \left[x_3 \left(\frac{c - s_4 - x_3}{2}\right)^2\right] = \left(\frac{c - s_4}{3}\right)^3$$

相应的最优解为 $s_3 = \left(\frac{c - s_4}{3}\right)^3$。终止状态 s_4 由下面的极值问题确定，即

$$\max_{0 \leqslant s_4 \leqslant c} f_3(s_4) = \max \left(\frac{c - s_4}{3}\right)^3$$

显然当 $s_4 = 0$ 时，$f_3(s_4)$ 才能达到最大值，然后再进行回代，得到

$$s_4 = 0, \quad x_3 = \frac{c}{3}, \quad f_3(s_4) = \left(\frac{c}{3}\right)^3$$

$$s_3 = \frac{c}{3}, \quad x_2 = \frac{c}{3}, \quad f_2(s_3) = \left(\frac{c}{3}\right)^2$$

$$s_2 = \frac{c}{3}, \quad x_1 = \frac{c}{3}, \quad f_1(s_2) = \frac{c}{3}$$

通过上面的讨论，希望读者对如何恰当地运用动态规划中的逆推和顺推方法有比较明

确的了解。至于当初始状态和终止状态都已知时，顺推和逆推都可以，应视具体情况而定。

本 章 小 结

本章主要介绍动态规划的状态转移方程、指标函数、最优值函数、最优策略等基本知识。重点要求学生掌握动态规划的顺序解法、逆序解法；最后，介绍最短路线问题及其解法等。并且简介多维动态规划降维方法、减少离散状态点数方法及随机性问题的动态规划求解方法。

习 题

5-1 设某工厂自国外进口一部精密机器，由机器制造厂至出口港有三个港口可供选择，而进口港又有三个可供选择，进口后可经由两个城市到达目的地，其间的运输成本如图 5-4 所示，试求运费最低的路线。

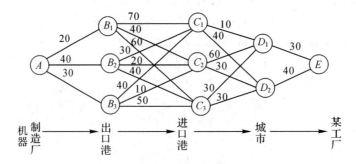

图 5-4 运输成本示意图

5-2 计算从 A 到 B、C 和 D 的最短路线。已知各段路线的长度如图 5-5 所示。

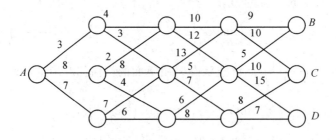

图 5-5 运输成本示意图

5-3 写出下列问题的动态规划的基本方程。

(1) $\max z = \sum_{i=1}^{n} i(x_i)$

$$\begin{cases} \sum_{i=1}^{n} x_i = b & (b > 0) \\ x_i \geqslant 0 & (i = 1, 2, \cdots, n) \end{cases}$$

(2) $\min z = \sum\limits_{i=1}^{n} c_i x_i^2$

$$\begin{cases} \sum\limits_{i=1}^{n} a_i x_i = b & (a_i > 0) \\ x_i \geqslant 0 & (i = 1, 2, \cdots, n) \end{cases}$$

5-4 设某人有 400 万元金额，计划在四年内全部用于投资。已知在一年内若投资用去 x 万元就能获得 $\sqrt{x}$ 万元的效用。每年没有用掉的金额，连同利息(年利息 10％) 可再用于下一年的投资。而每年已打算用于投资的金额不计利息。试制定金额的使用计划，使四年内获得的总效用最大。

(1) 用动态规划方法求解；

(2) 用拉格朗日乘数法求解；

(3) 比较两种解法，并说明动态规划方法有哪些优点。

第6章 系统预测

【知识点聚焦】

在系统工程方法论的逻辑程序中,系统预测占有重要的地位,无论是环境变化的分析,还是各种方案对环境变化的适应情况的分析,都要进行系统预测。本章从两个例子的分析入手,说明系统预测是经常碰到的,又是非常重要的。系统预测虽然没有固定的方法,但是掌握一些常用的方法也是必要的。

【例6-1】 (海潮预测)地处山东半岛北部、渤海南岸的某边防排驻地,1968年底,迎来了由一批应届大学毕业生组成的某炮兵连队,连队的营房就建在一条流向渤海的小河旁,用沙土堆积成为一座山丘,作为营区,开荒种地,练兵习武。王斌是这个连队的成员,负责喂猪、放鸭子。

1969年4月20日,突然刮起东南风,大风连续刮了三天,接着又连续刮了三天东北风。王斌向连长报告说,海潮可能要来了,请求把猪转移到高坡上的备用猪圈里。连长问:"为什么说海潮要来了?"王斌请连长看了这张渤海湾的地形图,如图6-1所示。

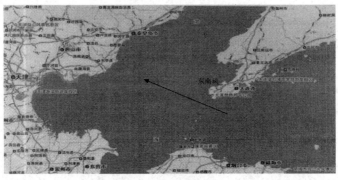

(a) 三天东南风

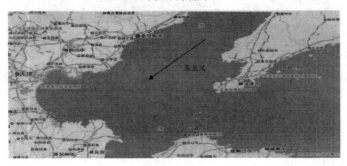

(b) 三天东北风

图6-1 渤海湾的地形图

渤海的东南方向是由山东半岛与辽东半岛所形成的海峡,三天东南风把黄海里的海水吹到了渤海里，接着三天东北风又把渤海里的海水吹到渤海南海岸莱州湾。渤海南海岸的莱州湾是一大片沼泽地和一望无际的耐盐碱的野草，地势平坦低洼，人烟稀少，这样一来，海水就借着东北风势向山东半岛的北部地区袭来，由于地势平坦、落差不大，海水可以长驱直入，可能会一直冲到海岸线以南 15 公里远的昌邑县城。连长觉得有道理，不仅转移了猪圈，而且加固了营房的堤坝。果然不出所料，海潮来了，暴风雨来了，1969 年 4 月 23 日～24 日达到高峰，气温骤降，电线先是变成棒槌粗的冰玻璃，接着电线杆子一个接着一个地垮塌，海水冲进了淡水池，冲垮了通往外面的道路，整个连队驻地成为一个孤岛。值得庆幸的是，虽然营区是一个孤岛，但由于加高加固了营区堤坝，海水没有进入营区，也没有人员伤亡，连队饲养的猪也安然无恙。

王斌对连长说："再换成三天的西南风就好了，海潮退得会更快些。但是，那样的话，海城、营口就可能会发生地震了。"为什么呢？因为大量的海水涌向东北方向，由于辽东半岛的阻挡，海水集中压迫在没有沼泽地缓冲的辽东半岛西侧，地壳应力发生变化，地震就可能发生，如图 6-2 所示。

1969 年 7 月 18 日 13:24 分，渤海湾发生 7.4 级地震，震中在山东省老黄河口以东海域，地震造成 102 人死亡，353 人受伤。

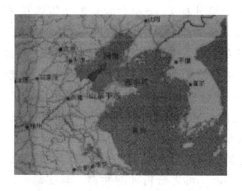

图 6-2　渤海湾的海潮（三天西南风）

大家知道，海岛上的火山或地震造成的巨大能量把海水推向四面八方，可能引起海啸；海啸以后，大量的海水在长途跋涉过程中，又将动能转化为势能，然后又裹携着更多的海水从四面八方反流回来，就可能在火山地震发生地附近产生第二次灾害。

2004 年 12 月 26 日上午 8 时，印度尼西亚苏门答腊岛北部海域发生 8.7 级地震，引起的浪高达 40 m 的海啸，经过两个多小时，抵达马尔代夫、斯里兰卡、印度等国的沿海岸，当日中午 12 时 26 分，尼科巴群岛又发生了 7.5 级地震。

2010 年 2 月 27 日，智利发生 8 级以上地震，曾有人在互联网上将世界上近期发生的三次大地震的日期排列成表格，见表 6-1。

表 6-1　神奇的矩阵表

地点	月份	日期	
汶川	$a_{11}=5$	$a_{12}=1$	$a_{13}=2$
海地	$a_{21}=1$	$a_{22}=2$	$a_{23}=2$
智利	$a_{31}=2$	$a_{32}=2$	$a_{33}=7$

这张表中的月份、日期是个关于主对角线的对称矩阵，横看与竖看都是 512、122 和 227。看起来很神奇。

其实没有什么神奇的，关键的是三阶矩阵中 $a_{12}=a_{21}$，从而具备了对称的基础。只要是 2 月份 20 日以后发生的地震都具有对称性，从 2 月 20 日、2 月 21 日、2 月 22 日、2 月 23 日、2 月 24 日、2 月 25 日、2 月 26 日、2 月 27 日到 2 月 28 日都是对称的。智利是强烈地震高发边带，从这方面来讲，日期的对称性就不奇怪了。其实智利的地震破坏性并不严重，开始智利总统甚至表示不请求国外的救援，也可以说，智利大地震在宣扬方面有人为炒作的痕迹。

火山、地震、海啸给人们的生活造成的影响是灾难性的，海岸线曲折、地形复杂、气候多变的地方，往往是灾难频发地，因为灾难频发，生活在这里的人们也就总结出了一些规律。

【例 6-2】 （对日常生活中现象的预测）在日常的工作学习中，可以在不经意的情况下开展预测活动，有一次某人在大型超市的门口停留了几分钟，发现每 100 个成年人顾客中，有 70 个女人、30 个男人。其中这 30 个男人大多数是陪女人来逛街的，极少数是单身男人，而且都是匆匆来商店购物后就走的人。这 70 个女人中，接近 30 个与成年男人一起逛街，有 30 多个是独自一人，另外有 10 个左右的女人是带着孩子来的。男人如厕一次平均 30 s，女人如厕一次平均 5 min，商店里的女厕所是不是应该大一些呢？

1997 年夏天的一个下午，有人乘公交车到达北京市东二环东直门附近，站在过街天桥上，不经意地观察记录着过街天桥下从东向西行驶的汽车，发现平均每 5 辆汽车中就有 1 辆出租汽车。他随后拦住一辆出租汽车，上车后询问司机，北京共有多少个出租汽车公司，答曰："1000 多家。"又问："每个公司出租汽车的拥有量是多少？"答曰："60 辆到 70 辆。"他立即猜测北京市汽车的拥有量是 30 多万辆。

预测的方法不是固定的，预测对象是随机的，如有位同事说，曾经看过一份材料，有人依据一个人头发是否"谢顶"，可以分析他的性格。其实每一次预测都是一次创造性的活动，观察一件事物的发展趋势，是常用的预测方法。预测中，记忆和联想是重要的，记忆力好，能记住很多事物，但这还不够，还必须善于将不同事物的发展变化联系起来。预测必须具有两种能力，记忆加联想。

在谈到人类的发展历程时，一位同事说，自然界是不是已经提供给我们一把钥匙呢，或者是一个密码。月亮绕地球一圈所用的时间是一个月，我们将这个时间长度记作 $1t$；假设 $1T$ 与之对应。

从一个受精卵到婴儿出生所需要的时间是 $10t$，实际上蕴涵着一个密码，即地球上出现单细胞的生物体到出现动物所需要的时间是 $10T$。

从婴儿出生到学会爬行所需要的时间是 $8t$，实际上蕴涵着一个密码，即地球上从出现动物到出现爬行动物所需要的时间是 $8T$。

从婴儿出生到直立行走所需要的时间是 $12t$，实际蕴涵着一个密码，即地球上从出现动物到直立行走的人类所需要的时间是 $12T$。

直立行走与学会说话几乎是同时的，蕴涵着人类在出现同时就产生了语言。

只要知道了 T，其他时间就可以类推出来了。

6.1 系统预测概述

无论是对系统做出规划和进行分析,还是对系统进行设计和决策,首先要对系统的各有关因素进行预测。通过预测,可以获得系统的必要信息,为科学的逻辑推断与决策提供可靠、正确的依据。因此,系统预测是系统工程中非常重要、必不可少的一项工作。

6.1.1 系统预测的概念

在介绍系统预测的概念之前,首先通过"海因里希法则"来了解系统预测的重要性。"海因里希法则"又称"海因里希安全法则"或"海因里希事故法则",是美国著名安全工程师海因里希提出的 300∶29∶1 法则。这个法则的意思是说,若一个企业有 300 个隐患或者违章,必然要发生 29 起轻伤或故障,在这 29 起轻伤事故或故障中,必然包含有 1 起重伤、死亡或重大事故,如图 6-3 所示。

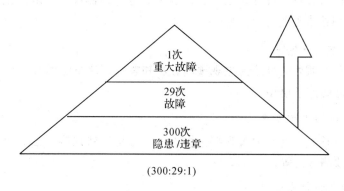

(300:29:1)

图 6-3 海因里希法则

海因里希法则可以逆序表述用于企业的安全管理上,即在一件重大的事故背后必有 29 件轻度的事故,还有 300 件潜在的隐患,1000 件不安全行为。可怕的是对潜在性事故毫无察觉,或是麻木不仁,结果导致无法挽回的损失。了解海因里希法则的目的,是通过对系统进行预测,让人们少走弯路,把事故消灭在萌芽状态。

由海因里希法则可以看出,系统预测是系统最优化的前提和基础,因此只有做好系统预测工作才能防患于未然,及时发现问题,分析未来的发展趋势,找到正确的途径,才能使系统整体效能达到最优。

预测(forecasting)是预计未来事件的一门艺术、一门科学。它可以是包含采集历史数据并用某种数学模型来外推的一系列过程,它也可以是对未来的主观或直觉的预期,还可以是上述的综合。与求神问卦不同,科学预测是建立在客观事物发展规律基础之上的科学推断。

在设计一个新系统或改造一个旧系统时,人们都需要对系统的未来进行分析估计,以便做出相应的决策,即使是对正在正常运转的系统,也要经常分析其将来的前途和未来发展的设想。对系统的未来进行分析估计,称为系统预测。系统预测是以系统为研究对象,根据以往旧系统或类似系统的历史统计资料,运用某些科学的方法和逻辑推理,对系统中某些不稳定因素或系统今后的发展趋势进行推测和预计，并对此做出评价，以便采取相应的措施，扬长避短，使系统沿着有利的方向发展。

科学预测的方法和手段称为预测技术。预测技术在近几十年日益受到重视，并逐渐发展成为一门独立的、比较成熟的、应用性很强的科学。它对于长远规划的制定、重大战略问题的决策以及提高系统的有效性等，都具有极其重要的意义。

6.1.2 预测技术的分类

由于预测的对象、目标、内容和期限不同，形成了多种多样的预测方法。据不完全统计，目前世界上共有近千种预测方法，其中较为成熟的有 150 多种，常用的有 30 多种，用得最为普遍的有 10 多种。

1. 预测方法的分类体系

1）按预测技术的差异性分类

按预测技术的差异性，可分为定性预测技术、定量预测技术、定时预测技术、定比预测技术和评价预测技术五类。

2）按预测方法的客观性分类

按预测方法的客观性，可分为主观预测方法和客观预测方法两类。前者主要依靠经验判断，后者主要借助数学模型。

3）按预测分析的途径分类

按预测分析的途径，可分为直观型预测方法、时间序列预测方法、计量经济模型预测方法、因果分析预测方法等。

4）按采用模型的特点分类

按采用模型的特点，可分为经验预测模型和正规的预测模型。后者包括时间关系模型、因果关系模型、结构关系模型等。

2. 常用的预测方法

1）定性分析预测法

定性分析预测法是指预测者根据历史与现实的观察资料，依据个人或集体的经验与智慧，对未来的发展状态和变化趋势做出判断的预测方法。

定性预测的优点在于：注重于事物发展在性质方面的预测，具有较大的灵活性，易于充分发挥人的主观能动作用，且简单迅速，省时、省费用。

定性预测的缺点是：易受主观因素的影响，比较注重于人的经验和主观判断能力，从而易受人的知识、经验和能力的多少、大小的束缚和限制，尤其是缺乏对事物发展作数量上的精确描述。

2）定量分析预测法

定量分析预测法是依据调查研究所得的数据资料，运用统计方法和数学模型，近似地揭示预测对象及其影响因素的数量变动关系，建立对应的预测模型，据此对预测目标作出定量测算的预测方法。通常有时间序列分析预测法和因果分析预测法。

（1）时间序列分析预测法是以连续性预测原理作指导，利用历史观察值形成的时间数列，对预测目标未来状态和发展趋势做出定量判断的预测方法。

（2）因果分析预测法是以因果性预测原理作指导，以分析预测目标同其他相关事件及现象之间的因果联系，对市场未来状态与发展趋势做出预测的定量分析方法。

定量预测的优点在于：注重于事物发展在数量方面的分析，重视对事物发展变化的程度做数量上的描述，更多地依据历史统计资料，较少受主观因素的影响。

定量预测的缺点在于：比较机械，不易处理有较大波动的资料，更难于预测事物的变化。

3. 预测方法的选择

选择合适的预测方法，对于提高预测精度，保证预测质量，有十分重要的意义。影响预测方法选择的因素很多，在选择预测方法时应综合考虑。

1）预测的目标特性

用于战略性决策，要求采用适于中长期预测的方法，但对其精度要求较低。

用于战术性决策，要求适于中期和近期预测的方法，对其精度要求较高。

用于业务性决策，要求采用适于近期和短期预测的方法，且要求预测精度高。

战略决策是解决全局性、长远性、战略性的重大决策问题的决策。一般多由高层次决策者做出。战略决策是企业经营成败的关键，它关系到企业生存和发展。

战术决策是为了实现战略决策、解决某一问题做出的决策，以战略决策规定的目标为决策标准。

业务决策是企业内部在执行计划过程中，为提高生产效率和日常工作效率的决策。其中包括作业计划的制定，生产、质量、成本，以及日常性控制等方面的决策。

2）预测的时间期限

适用于近期与短期的预测方法：有移动平均法、指数平滑法、季节指数预测法、直观判断法等。

适用于一年以上的短期与中期的预测方法有：趋势外推法、回归分析法、经济计量模型预测法。

适用于五年以上长期预测的方法有：经验判断预测法、趋势分析预测法。

3）预测的精度要求

精度要求较高的预测方法有：回归分析预测法、经济计量模型预测法等。

精度要求较低的预测方法有：经验判断预测法、移动平均预测法、趋势外推预测法等。

4）预测的费用预算

预测方法的选择，既要达到精度的要求，满足预测的目标需要，还要尽可能节省费用。即：既要有高的经济效率，也要实现高的经济效益。用于预测的费用包括调研费用、数据处理费用、程序编制费用、专家咨询费用等。

费用预算较低的方法有：经验判断预测法、时间序列分析预测法以及其他较简单的预测模型法。

费用预算较高的方法有：经济计量模型预测法及大型的复杂的预测模型方法。

5）资料的完备程度与模型的难易程度

在诸多预测方法中，凡是需要建立数学模型的方法，对资料的完备程度要求较高，当资料不够完备时，可采用专家调查法等经验判断类预测方法。

在预测方法中，因果分析方法都需建立模型，其中有些方法的建模要求预测者有较扎实的预测基础理论和娴熟的数学应用技巧。因此，预测人员的水平难以胜任复杂模型的预测方法时，应选择较为简易的方法。

6）历史数据的变动趋势

在定量预测方法的选择中，必须以历史数据的变动趋势为依据。在实际的应用中，通常使用的曲线预测模型有指数曲线（修正指数曲线）、线性模型、抛物曲线、龚珀兹曲线等。

6.1.3 预测的程序

预测的步骤随预测目的和使用方法的不同而不同。一般来说，预测的程序有以下几个步骤，如图 6-4 所示。

（1）确定预测目的。进行预测时，首先必须确定预测的具体目的。只有目的明确，才能根据预测目的去收集必要的资料，决定适当的工作步骤，选用合适的方法。

（2）收集、分析资料。资料的收集工作是由预测的具体目的所决定的。一般来说，资料的收集要求完整、准确、适用。数据的收集和分析是发现系统发展规律和系统各要素之间关系的关键，是科学预测方法的基础。

（3）选定预测方法。选择预测方法时，主要考虑预测对象的种类和性质、对预测结果精度的要求、现已掌握资料的可靠性和完整性，以及现实条件（人力、物力、财力和时间期限）等，经过分析，合理选择预测效果好、经济又方便的预测方法。在可能的情况

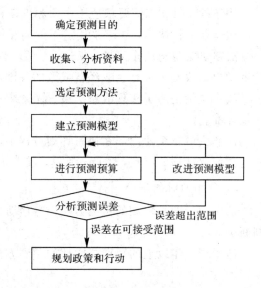

图 6-4　预测程序

下，最好能对同一预测对象采用不同的预测方法进行预测，以便比较分析。

（4）建立预测模型。预测的核心是建立符合客观规律的数学模型，即通过对资料的分析、推理和判断，揭示所要预测对象的结果和变化，根据实际情况和需要做出必要的假设，建立反映预测对象内部结构、发展规律的模型，并对模型进行检验，确定模型的适应性。

（5）进行预测预算。根据新建立的模型或公式进行预测计算。在进行预测计算的前后，都应认真分析模型内外因素变化情况。如果这些变化使预测对象的未来显著地不同于过去和现在，就需要根据分析判断，对预测模型或结果进行必要的修正。

（6）分析预测误差。由于实际情况受多方面因素的影响，而预测又不可能将所有因素均考虑在内，故预测结果往往与实际值有一定的差距，即产生预测误差。虽然，预测允许有一定的误差，但如果误差太大，预测就失去了实际意义，所以需要认真分析产生误差的

程度以及原因，并进行必要的修正。

（7）改进预测模型。如果预测结果与实际值出现较大的误差，这往往是由于所建立的预测模型未能准确地描述预测对象的实际情况。出现这种情况时，就需要对原有的预测模型进行修改或重新设计。同时，如果实际情况发生了较大的变化，原有的方法也必须重新选择。

（8）规划政策和行动。预测的目的一般不只是为了设想未来的情况将会怎样，更重要的在于根据对未来情况的设想和推断，制定当前的行动和相应的政策，以便影响、控制以至改变未来的情况。

6.2　定性预测方法

定性预测是一种直观性预测。它主要根据预测人员的经验和判断能力，不用或仅用少量的计算，即可从对被预测对象过去和现在的有关资料及相关因素的分析中，揭示出事物发展规律，求得预测结果。定性预测也称为意向预测，是依靠经验、知识、技能、判断和直觉对事物性质和规定性进行预测的。定性预测的特点如图 6-5 所示。

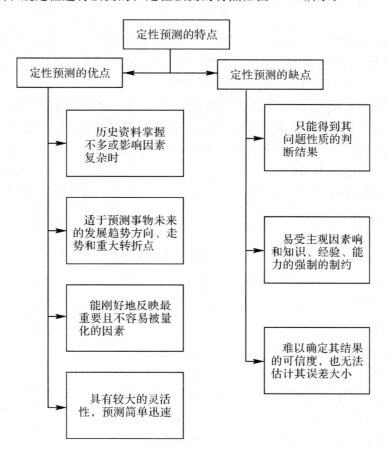

图 6-5　定性预测的特点

定性预测是应用最早的一种预测技术，它的作用十分重要。即使是在定量预测技术得到很大发展，出现了诸如时间序列分析、因果关系分析、概率统计及计量经济模型等大量的定量预测方法，电子计算机技术进入预测领域的今天，定性预测技术仍有其不可忽视的重要作用，不失为实用而又科学的预测方法。

定性预测的方法很多，本节将重点介绍市场调查预测法、德尔菲法、交叉影响法、领先指标分析法等较常用的方法。

6.2.1 市场调查预测法

市场调查预测的方法有很多，一般复杂的方法涉及许多专门的技术。对于公司管理人员来说，应该了解和掌握的市场调查预测方法主要是定性市场调查预测法。

定性市场调查预测法也称为直观判断法，是市场调查预测中经常使用的方法。定性市场调查预测主要是依靠预测人员所掌握的信息、经验和综合判断能力，来预测市场未来的状况和发展趋势。这类预测方法简单易行，特别适用于那些难以获取全面的资料进行统计分析的问题。因此，定性市场调查预测法在市场调查预测中得到广泛的应用。

定性市场调查预测法包括：个人经验判断法、集体经验判断法、专家市场调查法（又称德尔菲法）。

（1）个人经验判断法，是指预测者根据个人的经验和知识，通过对影响市场变化的各种因素进行分析、判断和推理来预测市场的发展趋势。在预测者经验丰富、已有资料详尽和准确的前提下，采用这种方法往往能做出准确的预测。

（2）集体经验判断法，是指预测人员邀请生产、财务、市场销售等各部门负责人进行集体讨论，广泛交换意见，再做出预测的方法。由于预测参加者分属于各个不同的部门和环节，做出的预测往往较为准确和全面。这种市场调查预测方法也较为简单可行，常用于产品市场需求和销售额的预测。

（3）专家市场调查法（见 6.2.2 节）。

6.2.2 德尔菲法

德尔菲的名称起源于古希腊有关太阳神阿波罗的神话。1946 年，兰德公司首次用这种方法来进行预测，后来该方法被迅速广泛采用。

1.德尔菲法的步骤

德尔菲法依据系统的程序，采用匿名发表意见的方式，即专家之间不得互相讨论，不发生横向联系，只能与调查人员发生关系，通过多轮次调查专家对问卷所提问题的看法，经过反复征询、归纳、修改，最后汇总成专家基本一致的看法，作为预测的结果。这种方法具有广泛的代表性，较为可靠。德尔菲法的步骤如图 6 - 6 所示。

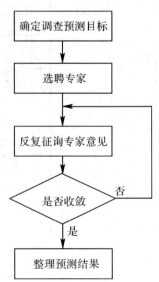

图 6 - 6 德尔菲法的步骤

（1）确定调查预测目标。调查的组织者要明确调查目标，设计调查问卷或调查提纲，并收集整理有关调查问题的背景材料，做好调查前的准备工作。

（2）选聘专家。根据调查主题的需要，事先挑选一些专家，并征得他们同意，然后正式确定聘请专家名单，人数一般为 10～50 人。如果是重大预测项目，可以超过此数。有的多达数百人，不过人数过多，会使调查工作难以组织，最后意见也不易集中。专家名单确定后，即可将调查问卷或调查提纲及背景材料提交给每个选定的专家，请专家用书面方式，在规定的时间内（一般定在收到调查问卷后的两个星期内）各自作答，并寄回调查的组织者，组织者与专家建立直接函询联系关系。

（3）反复征询专家意见。在第一轮调查意见回收后，调查组织者以匿名的方式将各种不同意见进行综合、分类和整理，然后分发给各位专家，再次征询意见。各位专家在第二轮征询过程中，可以坚持自己第一次征询的意见，也可以参考其他专家的不同意见，修改、补充自己原来的意见，再次寄回给调查的组织者。如此几经反馈，一般在 3～5 轮后，各位专家的意见即渐趋一致，结束了问卷调查。

（4）整理预测结果。在征询结束后，必须对最后一轮征询意见进行整理和评价，将取得一致意见的事件写成一份公认的预测报告（包括未来事件的名称、实现时间、数量及概率等）。对预测结果进行处理时，常用中位数法和主观概率法。德尔菲法的优缺点见表 6 - 2。

表 6 - 2　德尔菲法的优缺点

优点	① 能充分发挥各位专家的作用，集思广益，准确性高； ② 能把各位专家意见的分歧点表达出来，取各家之所长，避各家之短
缺点	① 权威人士的意见影响他人的意见； ② 由于缺乏调查主题的背景，或背景材料不充分，有的专家难以给出正确答案； ③ 由于被调查专家之间是"背靠背"的，缺乏直接交流，有的专家在获得调查组织者所汇总的反馈资料后，不了解别的专家所提供的预测资料； ④ 过程比较复杂，花费时间较长

2. 预测结果的处理

预测结果的处理通常采用中位数法。中位数法是将专家预测结果从小到大依次排列，然后把数列二等分，则中分点值称为中位数，表示预测结果的分布中心，即预测的较可能值。为了反映专家意见的离散程度，可以在中位数法前后二等分中各自再进行二等分，先于中位数的中分点值称为下四分位数，后于中位数的中分点值称为上四分位数。用上下四分位数之间的区间来表示专家意见的离散程度，也可称为预测区间。

求中位数的方法如下：

首先将几位专家所提供的答案（包括重复的）从小到大排序：$x_1 \leqslant x_2 \leqslant x_3 \leqslant \cdots \leqslant x_n$。

中位数的计算公式为

$$\overline{x} = \begin{cases} x_{k+1}, & n = 2k+1(奇数) \\ \dfrac{x_k + x_{k+1}}{2}, & n = 2k(偶数) \end{cases} \tag{6-1}$$

其中：$\overline{x}$ 为中位数；x_k 为第 k 个数据；k 为正整数。

上四分位的计算公式为

$$x_{上四} = \begin{cases} x_{\frac{3k+3}{2}}, & n = 2k+1, k \text{ 为奇数} \\[2mm] \dfrac{x_{\frac{3k+2}{2}} + x_{\frac{3k+4}{2}}}{2}, & n = 2k+1, k \text{ 为偶数} \\[2mm] x_{\frac{3k+1}{2}}, & n = 2k+1, k \text{ 为奇数} \\[2mm] \dfrac{x_{\frac{3k+2}{2}} + x_{\frac{3k+4}{2}}}{2}, & n = 2k, k \text{ 为偶数} \end{cases} \tag{6-2}$$

下四分位的计算公式为

$$x_{下四} = \begin{cases} x_{\frac{k+1}{2}}, & n = 2k+1, k \text{ 为奇数} \\[2mm] \dfrac{x_{\frac{k}{2}} + x_{\frac{k+4}{2}}}{2}, & n = 2k+1, k \text{ 为偶数} \\[2mm] x_{\frac{k+1}{2}}, & n = 2k+1, k \text{ 为奇数} \\[2mm] \dfrac{x_{\frac{k}{2}} + x_{\frac{k+2}{2}}}{2}, & n = 2k, k \text{ 为偶数} \end{cases} \tag{6-3}$$

【例 6-3】 11 位专家对某武器装备需求数量进行估计，其估计数量（单位为件）按顺序排列如下：

$$90, 91, 91, 92, 93, 93, 93, 94, 94, 95, 96$$

计算中位数和上、下四分位点。

解 其中位数为

$$\overline{x} = x_6 = 93 \text{（件）}$$

上四分位点为

$$x_{上四} = x_9 = 94 \text{（件）}$$

下四分位点为

$$x_{下四} = x_3 = 91 \text{（件）}$$

6.2.3 交叉影响法

交叉影响法，又称为交叉概率法，是美国于 20 世纪 60 年代，在德尔菲法和主观概率法的基础上发展起来的一种新的预测方法。这种方法是主观估计每种新事物在未来出现的概率，以及新事物之间相互影响的概率，对事物发展前景进行预测的方法。

交叉概率法用于确定一系列事件 $E_i(i=1, 2, 3, \cdots, n)$ 之间的相互关系。若其中的一个事件 $E_m(1 \leqslant m \leqslant n)$ 发生，即发生概率为 1 时，这一事件对其余事件的影响，也就是其他事件发生概率的变化，其中包括有无影响、正影响还是负影响以及影响的程度。

交叉影响法就是研究一系列事件 $E_i(i=1, 2, 3, \cdots, n)$ 及其概率 $P_j(j=1, 2, 3, \cdots, n)$

之间相互关系的方法，其方法步骤下：

（1）确定各事件的影响关系；

（2）专家调查，评定影响程度；

（3）计算某事件发生时对其他事件发生概率的影响；

（4）确定修正后的概率。

【例 6-4】　现以美国能源评价预测分析来说明交叉影响法的使用。经简化，影响美国能源政策的因素有：

E_1：用煤炭代替石油，其概率 $P_1 = 0.3$；

E_2：为降低国内石油价格，其概率 $P_2 = 0.4$；

E_3：为控制空气、水源的质量标准，其概率 $P_3 = 0.4$。

表 6-3 所示为事件与概率之间相互影响的矩阵表。

表 6-3　相互影响矩阵表

事件	事件发生的概率	影响结果		
		E_1	E_2	E_3
E_1	0.3	→	↑	↑
E_2	0.4	↓	→	→
E_3	0.5	↓	↓	→

表 6-4 中，"↑"表示正方向的交叉影响，说明该事件的发生将增大另一事件发生的概率；"↓"表示负影响，说明该事件发生将抑制或消除另一事件发生的概率；"→"表示两事件无明显关系或相互间没有影响。

根据表 6-4 列出的矩阵，可求出其中各因素相互影响程度，用以修正发生概率，做出预测。

E_i 事件发生后，其余事件 E_j 发生的概率可按式（6-4）调整：

$$p'_j = P_j + ks(1 - P_j) \tag{6-4}$$

其中：P_j 为 E_i 事件发生前 t 时间，事件 E_j 发生的概率；p'_j 为事件 E_i 发生后 t 时间，事件 E_j 发生的概率；k 为 E_i 事件发生对 E_j 影响方向的参数，若 E_i 发生对 E_j 的影响为正，则取 $k = 1$；若 E_i 发生对 E_j 的影响为负，则取 $k = -1$；若无影响，则取 $k = 0$；s 为 E_i 事件发生对 E_j 的影响程度，$0 < s < 1$，随着影响程度由小到大，s 取值 0 到 1 逐渐增加。

E_i 事件发生后，事件 E_j 发生的概率的调整如图 6-7 所示。

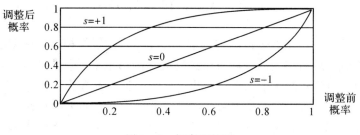

图 6-7　概率调整图

事件 E_i 发生后对其余事件的影响程度一般可用专家会议或专家调查法加以确定。

6.2.4 领先指标分析法

领先指标又称超前指标、先兆指标。相对于领先指标的是同步指标(或称为一致指标)。相对于同步指标的是滞后指标(或称为后滞指标)。将指标归类为领先指标、同步指标和滞后指标,是以某一指标的时间序列为标准的,该时间序列称为原始指标时间序列。运用时间序列的分解方法,在原始时间序列中剔除长期趋势、季节变动、偶然变动后,显示出原始时间序列的周期性循环变动。同理,也可以找出与原始指标密切关联的其他指标的周期性循环变动。容易发现有些指标的时间序列循环变动周期提前于原始指标时间序列;有些同于原始指标时间序列;有些落后于原始指标时间序列。只要变动周期基本相同,那么上述指标就可分别定义为原始指标的领先指标、同步指标和滞后指标。

利用领先指标分析法进行预测的步骤如下:

(1) 分析预测目标与其他指标的关系,找出领先指标、同步指标、滞后指标。如可以把钢材、燃料价格变动变为机械产品价格变动的领先指标。

(2) 画出领先指标、同步指标以及滞后指标的时间序列数据图形(见图 6-8)。

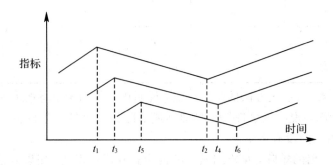

图 6-8 时间序列数据图形

其中:t_1 为领先指标出现最高点的时间;t_2 为领先指标出现最低点的时间;t_3 为同步指标出现最高点的时间;t_4 为同步指标出现最低点的时间;t_5 为滞后指标出现最高点的时间;t_6 为滞后指标出现最低点的时间。

$$T = t_1 - t_3$$

(3) 进行预测。找到领先时间 T 以后,若要求时刻 t 的预测值,只要求出 $t-T$ 时刻领先指标的实际值,即可得到要求的预测值。

6.3 定量预测方法

定量预测是使用一历史数据或因素变量来预测需求的数学模型。根据已掌握的比较完备的历史统计数据,运用一定的数学方法进行科学的加工整理,借以揭示有关变量之间的规律性联系,用于预测和推测未来发展变化情况的一类预测方法。

进行定量预测时,通常需要积累和掌握历史统计数据。如果把某种统计指标的数值按时间先后顺序排列起来,以便于研究其发展变化的水平和速度。这种预测就是对时间序列进行加工整理和分析,利用数列所反映出来的客观变动过程、发展趋势和发展速度,进行外推和延伸，借以预测今后可能达到的水平。

定量预测基本上分为两类：一类是对序列预测。它是以一个指标本身的历史数据的变化趋势，去寻找演变规律，作为预测的依据，即把未来作为过去历史的延伸。时序预测法包括算术平均法、平滑预测法、季节变动预测法和马尔可夫时序预测法。

另一类是因果分析法，它包括一元回归法、多元回归法和投入产出法。回归预测法是因果分析法中很重要的一种，它从一个指标与其他指标的历史和现实的相互关系中，探索它们之间的规律性联系，作为预测未来的依据。

6.3.1 简单算术平均法

算术平均法是求出一定观察期内预测目标的时间数列的算术平均数作为下期预测值的一种最简单的时序预测法。算术平均法是简易平均法中的一种。常用的有简单算术平均法和加权算术平均法。

设：X_1，X_2，X_3，$\cdots$，X_n 为观察期的 n 个资料，求得 n 个资料的算术平均数的公式为

$$X = \frac{X_1 + X_2 + X_3 + \cdots + X_n}{n} \tag{6-5}$$

或简写为

$$X(\text{平均数}) = \frac{\sum x}{n}$$

其中，n 为资料期数（数据个数）。

运用算术平均法求平均数，进行市场预测时有两种形式：

(1) 以最后一年的每月平均值或数年的每月平均值作为次年的每月预测值。

(2) 以观察期的每月平均值作为预测期对应月份的预测值。

6.3.2 平滑预测法

平滑预测法也称为趋势外推法，是一种简单而使用面很广的确定型时间序列预测技术，是研究预测对象自身时间过程演变规律及其未来趋势的一种方法。它根据过去的演变特征来预测未来，不考虑随机性。如果未来的演变规律能维持下去，平滑法就是一种简单有效的预测手段，应用效果也不错。由于未来不可能是过去和现在的简单重复，故平滑法应用时有一定的局限性，主要用于短期预测时较准，但在遇到趋势变化较大、出现转折时，就不能简单地用平滑法进行预测。平滑法可分为两类：移动平均预测法和指数法。这里只介绍移动平均预测法。

采用移动平均预测法的目的在于寻求统计数据的规律性及变量随时间变化的趋势。历史统计数据虽然真实地反映了数据的历史演变情况，但可能波动起伏较大，特别当点数很多时，往往很难从自然分布直接看出其规律性。常用的算术平均法反映不出最大值和最小值，也看不出发展过程和演变趋势。

1. 一次移动平均法

一次移动平均法是指收集一组观察值，计算这组观察值的均值，利用这一均值作为下一期的预测值。

其计算公式为

$$\hat{y}_{t+1} = M_t = \frac{y_t + y_{t-1} + \cdots + y_{t-N+1}}{N} \tag{6-6}$$

其中：M_t 为第 t 期移动的平均值；$\hat{y}_{t+1}$ 为第 $t+1$ 个周期的预测值；y_t 为第 t 个周期的原始数据；N 为每分段数据的个数。

当 $N=1$ 时，没有取平均值，这就是原始数据本身，当 $N=t$ 时，全部数据取算术平均数。如何合理地选取 N 呢？通常应遵循的原则有如下两点：

（1）要根据原始数据的多少，既要分段，又要取平均数。如果数据点多，则选取的 N 大些；如果数据点少，选取的 N 小一些。

（2）要考虑预测对新数据适应的灵敏度要求。若灵敏度要求高，N 就选取得小一些；若平稳性要求高，N 就选取得大一些。但 N 过大，容易把偶然因素误认为趋势，导致判断失误；N 过小，容易对变化缺乏适应性。因此，在 N 值的选择上经验很重要，也可取几个 N 值，进行多方案比较分析，以做出正确选择。

2. 加权移动平均法

加权移动平均法克服了简单移动平均法中的不足之处：每期数据在预测中的重要程度都是等同的。实际上，每期数据包含的信息量并不一样，通常可以考虑各期数据的重要性，对近期数据给予更大的权重，然后求每个数据与对应权数之积，再求平均值，以加权平均值作为预测期的预测值。其计算公式为

$$\hat{y}_{t+1} = M_t = \frac{w_1 y_1 + w_2 y_{t-1} + \cdots + w_n y_{t-N+1}}{w_1 + w_2 + \cdots + w_n} \tag{6-7}$$

其中：$w_1, w_2, \cdots, w_n$ 为 $y_t, y_{t-1}, \cdots, y_{t-N+1}$ 的权重；$\hat{y}_{t+1}$ 为第 $t+1$ 个周期的预测值。

该方法较之一次移动平均值法灵活，更能反映实际情况和发展趋势。

【例 6-5】 以某部队每月装备维修费用为例（见表 6-4），用一次移动平均法和加权平均法分别预测下一个月的装备维修费用。

表 6-4 某部队每月装备维修费用

时间/月	1	2	3	4	5	6	7	8	9	10
维修费用/万元	10	12	13	45	17	16	20	24	22	23
注：加权移动平均法中 $N=4$，$a_0=1.5$，$a_1=1$，$a_2=0.5$，$a_3=0.5$										

解 预测结果见表 6-5。

表 6-5 一次移动平均法和加权平均法预测

时间/月	1	2	3	4	5	6	7	8	9	10	11
维修费用/万元	10	12	13	45	17	16	20	24	22	23	—
一次移动平均法（$N=3$）	—	—	—	11.7	13.3	15	16	17.7	20	22	23
一次移动平均法（$N=4$）					12.5	14.3	15.3	17	19.3	20.5	22.3
加权平均法	—	—	—	—	11.7	13.4	14.6	16.4	18.1	19.1	21.9
注：加权移动平均法中 $N=4$，$a_0=1.5$，$a_1=1$，$a_2=0.5$，$a_3=0.5$											

6.3.3　回归分析预测法

回归分析预测法是在分析自变量和因变量之间相互关系的基础上，建立变量之间的回归方程，并将回归方程作为预测模型，根据自变量在预测期的数量变化来预测因变量。

回归分析预测法的步骤如下：

（1）根据预测目标，确定自变量和因变量。明确预测的具体目标，也就确定了因变量。如预测具体目标是下一年度的销售量，那么销售量 Y 就是因变量。通过市场调查和查阅资料，寻找与预测目标的相关影响因素，即自变量，并从中选出主要的影响因素。

（2）建立回归预测模型。依据自变量和因变量的历史统计资料进行计算，在此基础上建立回归分析方程，即回归分析预测模型。

（3）进行相关分析。回归分析是对具有因果关系的影响因素（自变量）和预测对象（因变量）所进行的数理统计分析处理。只有当自变量与因变量确实存在某种关系时，建立的回归方程才有意义。因此，作为自变量的因素与作为因变量的预测对象是否有关，相关程度如何，以及判断这种相关程度的把握性多大，就成为进行回归分析时必须要解决的问题。进行相关分析，一般要求出相关系数，以相关系数的大小来判断自变量与因变量的相关程度。

（4）检验回归预测模型，计算预测误差。回归预测模型是否可用于实际预测，取决于对回归预测模型的检验和对预测误差的计算。回归方程只有通过各种检验，且预测误差较小，才能将回归方程作为预测模型进行预测。

（5）计算并确定预测值。利用回归预测模型计算预测值，并对预测值进行综合分析，确定最后的预测值。

下面以一元回归分析为例，说明回归分析方法。

设预测对象为因变量 y，相关因素为自变量 x，已知收集到预测对象的 n 对历史数据为

$$(x_1, y_1), (x_2, y_2), \cdots, (x_n, y_n)$$

建立回归方程，一元线性回归方程的基本形式为

$$\hat{y} = a + bx_i \tag{6-8}$$

$$e_i = y_i - \hat{y}_i \tag{6-9}$$

其中，e_i 为实际值与预测值的误差。

【例 6-6】　为了预测部队装备维修经费与装备数量之间的关系，随机抽取了 10 个部队的样本，得到的数据见表 6-6。对数据进行回归分析并预测拥有 1.5 万件装备的部队一年的装备维修经费。

解　首先，录入数据。然后，在直方图上（直角坐标系下）绘制散点图，如图 6-9 所示。

其次，观察散点图，判断点列分布是否具有线性趋势。只有当数据具有线性分布特征时，才能采用线性回归分析方法。从图中可以看出，本例数据具有线性分布趋势，可以进行线性回归。

最后得到自变量与因变量的线性关系式为

$$\hat{y} = 3.18 + 7.92x_i \qquad (6-10)$$

表 6-6 部队维修经费与装备数量

编号	装备数量/万件	维修费用/万元
1	0.2	5.5
2	0.6	6.5
3	0.8	12.0
4	1.0	10.0
5	1.2	13.0
6	1.6	15.0
7	2	20.0
8	2.2	18.0
9	2.4	21.0
10	2.8	28.0

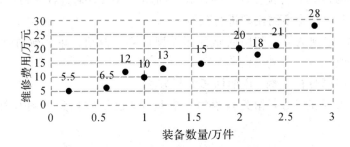

图 6-9 原始数据的散点图

考虑某部队拥有 1.5 万件装备时，令 $x_0 = 1.5$，一年的装备维修经费预计为

$$\hat{y} = 3.18 + 7.92 \times 1.5 = 15.06 (万元)$$

本 章 小 结

本章主要讲解了系统预测的相关知识，重点对其预测方法进行了介绍。诸如定性预测方法的市场调查预测法、德尔菲法、交叉概率法、领先指标分析法和类推法；定量预测方法的简单算术平均法、平滑预测法和回归分析预测法等。

习 题

6-1 什么是系统预测？系统预测的程序是什么？

6-2 定性预测方法都有哪些?各自有什么特点?

6-3 定量预测方法都有哪些?各自有什么特点?

6-4 某地区居民的收入与社会商品零售总额近 10 年的统计资料如表 6-7 所示。

表 6-7 社会商品零售总额与居民收入统计资料　　　　　　　亿元

序号	居民收入	商品零售总额	序号	居民收入	商品零售总额
1	64	56	6	107	88
2	70	60	7	125	102
3	77	66	8	143	118
4	82	70	9	165	136
5	92	78	10	189	155

讨论社会商品零售总额与居民收入的关系,并以此预测下一年居民收入达到 213 亿元时的社会商品零售总额。

第7章 存储论

【知识点聚焦】

本章主要介绍存储论的基本概念和基本模型。重点要求学生掌握库存 ABC 管理，及经济性订购批量、经济生产批量、允许缺货的经济订货批量、价格有折扣的经济订购批量等确定型存储模型；同时讨论单周期单品种连续分布、多周期单品种等随机性存储模型。

7.1 基 本 概 念

存储论也称库存论，是研究物资最优存储策略及存储控制的理论。

物资的存储是工业生产和经济运转的必然现象。例如，军事部门将武器弹药存储起来，以备战时急用；在生产过程中，工厂为了保证正常生产，不可避免地要存储一些原材料和半成品，暂时不能销售时就会出现产品存储。又如商店存储的商品、人们存储的食品和日常用品等，都是物资存储现象。

任何工商企业，如果物资存储过多，不但积压流动资金，而且还占用仓储空间，增加保管费用。如果存储的物资是过时的或陈旧的，还会给企业带来经济损失；反之，若物资存储过少，企业就会失去销售机会而减少利润，或由于缺少原材料而被迫停产，或由于缺货需要临时增加人力和费用。由此可见供应(生产)与需求(消费)之间往往会有不协调的情况发生，这种不协调性一般表现为供应量与需求量和供应时期与需求时期的不一致性，导致出现供不应求或供过于求。在供应与需求这两个环节之间加入储存这一环节，就能起到缓解供应与需求之间的不协调。图 7-1 所示为存储系统的基本模型。

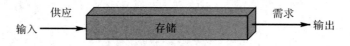

图 7-1　存储系统的基本模型

以企业为例，对照图 7-1，企业从外部订货或自己生产，使物资存储增加，就是物资的供应，或称为输入，企业销售产品使存储减少就是物资的需求，或称为输出。物资从输入进入存储再到输出整个系统称为存储控制系统。将物资保持在预期的一定水平，使生产过程或流通过程不间断并有效进行的技术，称为存储控制技术或存储策略。如果模型中期和量都是确定值，则称为确定型模型，如果期或量是随机变量，则称为随机型模型。

以存储系统的基本模型为研究对象，利用运筹学的方法去解决最合理、最经济的储存问题。

存储论中常用的基本术语有：

(1) 需求量：单位时间内的需要量。有时也称为需求速度或需求率。若需求量是随机的，如商店出售的商品，顾客什么时间需要以及需要多少事先都难以确定，则称为随机需求。

（2）批量：一批中所供应某种物资的数量，也称为订货批量。以某一批量输入到存储系统进行补充和增加。

（3）供货间隔期：两次供货之间的时间间隔。如第一次是 5 月 3 日进货，第二次是 5 月 20 日进货，则间隔期为 17 天。如果各间隔期相等，这时供货间隔期就为供货周期，如果各周期内的提前期相等，供货周期就等于订货周期。

（4）提前期（leadtime）：从提出订货到所订货物且进入存储系统之间的时间间隔，有时称为拖后时间。如 9 月 15 日订货，10 月 15 日收到货，则提前期为 30 天。提前期实际上是为了保证某一时刻能补充存储必须提前订货的时间期。如果需要马上可以得到补充，则提前期为零。

（5）订货费：为了获得存货所发生的有关费用，包括订货手续费和购置费两项，手续费包括发出订货单、电信往来、旅差、采购、收货、验收、调整设备、进仓等项目所发生的费用。手续费与订货次数有关，计量单位是每次订货所发生的固定费用。

（6）存储费：包括仓库保管费（如占用仓库的租金或仓库设施的运行费、维修费、管理人员工资等）、货物占用流动资金的利息、保险费、存储物资变坏、陈旧及降价等造成的损失费。

（7）缺货费：因缺货不能满足需要而产生的损失费用，如失去销售机会的损失费、原材料供不应求造成停工的损失、不能履行合同按期交货的罚款费用。

7.2　库存 ABC 分类管理

库存商品品种繁多、数量巨大，有的商品品种数量不多但市值很大，有的商品品种数量多但市值却不大；由于企业的各方面资源有限，不能对所有库存商品都同样重视，因此，好钢要用在刀刃上，要将企业有限的资源用在需要重点管理的库存上，即按库存商品重要程度的不同，进行不同的分类管理和控制。

库存的 ABC 分类管理是将库存物品按品种和占用资金的多少分为特别重要的库存（A 类）、一般重要的库存（B 类）、不重要的库存（C 类）三个等级，然后针对不同等级分别进行管理和控制，找到关键的少数和次要的多数。

7.2.1　ABC 分类标准

ABC 分类法又称为帕累托分析法或巴雷托分析法、柏拉图分析、主次因素分析法、ABC 分析法、ABC 法则、分类管理法、重点管理法、ABC 管理法、ABC 管理、巴雷特分析法，它是根据事物在技术或经济方面的主要特征，进行分类排队，分清重点和一般，从而有区别地确定管理方式的一种分析方法。由于它把被分析的对象分成 A、B、C 三类，所以又称为 ABC 分析法。

ABC 分析方法的核心思想是在决定一个事物的众多因素中分清主次，识别出少数的但对事物起决定作用的关键因素和多数的但对事物影响较少的次要因素。

库存 ABC 分类管理法又称为重点管理法。通常以某品种物资的年消耗量乘以单价作为分类的依据，值偏高的为 A 类，低的为 C 类，其余为 B 类，即依次分为 A、B、C 三类。

(1) A 类物品：品种比例在 5%~15% 之间，平均为 10%，品种比重非常小；年消耗的金额比例在 60%~80% 之间，平均为 70%，占用了大部分的年消耗金额，是关键的少数，是需要重点管理的库存。

(2) B 类物品：品种比例在 15%~25% 之间，平均为 20%；年消耗的金额比例在 15%~25% 之间，平均为 20%，可以发现其品种比例和金额比例大体上相近，是需要常规管理的库存。

(3) C 类物品：品种比例在 60%~80% 之间，平均为 70%，品种比重非常大；年消耗的金额比例在 5%~15% 之间，平均为 10%，虽然表面上只占用了非常小的年消耗金额，但是由于数量巨大，实际上占用了大量的管理成本，是需要精简的部分，是需要一般管理的库存。

将物品按 ABC 分类后，对消耗金额较多，而品种相对较少的 A 类实行重点管理，从而抓住主要矛盾，一般能取得较好的收益，且方法简单易行，容易为企业接受。根据许多企业多年的经验，一般可按各类物资在总消耗金额中所占的比重来划分，归纳如表 7-1 所示。对应分类曲线如图 7-2 所示。

表 7-1 ABC 分类表

类别	品种数百分比/%	年消耗金额百分比/%
A	10~20	60~80
B	20~30	15~25
C	50~70	5~15

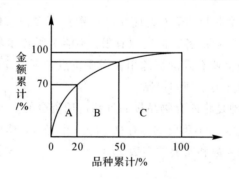

图 7-2 ABC 分类累计百分比曲线

由表 7-1 可见，A 类品种虽少，占年消耗金额比例却非常高；C 类恰恰相反。因此，只要管好少量的 A 类物资，就能较好地控制大部分占用的流动资金。如用累计百分比曲线表示，可清楚地看出 A、B、C 三类物资的品种数与消耗金额的一般关系，参见图 7-2。由图可见，C 类物资品种较多，但所占年消耗金额百分比极小，曲线十分平缓，最后有相当比例的品种几乎无消耗，曲线几近水平。

经分类，可使企业主管人员弄清所管物资消耗、库存基本情况，对 A 类物资可集中力量重点管理。

7.2.2　ABC 分类管理原则

1. A 类物资管理方法

A 类物资在品种数量上仅占 10％左右，管理好 A 类物资，就能管理好 70％左右的年消耗金额。对生产企业来说，应该千方百计地降低 A 类物资的消耗量；对商业企业来说，就要想方设法增加 A 类物资的销售额。

物资管理部门除配合企业千方百计降低消耗，开展价值工程研究，寻求合理替代品外，还应在保障供给的条件下，尽量降低库存，从而降低流动资金占用，提高资金周转率。然而，一般地说，A 类物资又常常是企业中的重要物资。因此，部分管理人员认为对 A 类物资不能降低库存量，这是违背 ABC 分类管理原则的，应从以下几方面加强对 A 类物资的管理。

（1）勤进货，原则上可尽量降低一次订货量。

（2）勤发料，尽量降低一次发料批量，降低下一级仓库的库存量，防止以领代耗。

（3）与用户加强联系，理解需求动向，预判集中需求用料的时间。

（4）合理确定订货点，关注库存变化，及时采取措施补充订货。

总之，重点管理 A 类物资的目的就是要通过科学的管理，在保证安全库存的前提下，小批量多批次按需储存，尽可能地降低库存总量，减少仓储管理成本，减少资金占用成本，提高资金周转率。同时还要保证供给，防止缺货，防止出现异常情况。

2. B 类物资管理方法

B 类物资采用定量订货方法，前置期时间较长；每周要进行盘点和检查；中量采购。总的来说，B 类物资管理介于 A、C 类之间，视具体情况而定，如 A 类品种较少，可适当关注，一般不采取特殊措施。

3. C 类物资管理方法

与 A 类物资的管理方法正相反，由于 C 类物资品种数量巨大，消耗金额比重十分小，不应投入过多的管理力量，宁可多储存些也不会增加多少占用金额。

对于多年未发生消耗者，原则上已不属于 C 类，应归类于积压（呆滞）品种，除其中某些具特殊作用必须保留外，应及时调剂处理。

4. 单价及物资重要性对分类的影响

对同属 A 类的物资，单价高的管理上应更严格，因为库存量稍微增加，占用金额就大幅上升。

ABC 分类与物资重要性不应混淆，它们具有不同的意义。某些物资一旦缺货，将造成企业停产，或严影响生产，危及安全，或市场短缺，不易补充。这类物资具有重要性。某些 B、C 类物资也可能是重要物资，对于重要物资应给予特别关注。

5. 按库存金额分类管理

单纯按照年消耗金额分类管理，往往不能全面体现常耗物资品种的库存金额占用情况，而对于一些单价较高的物资品种，有时还会由于消耗量极少或无消耗量而归于 C 类，因此，有必要对现行的库存分类方法进行补充，通过按库存金额分类以加强对消耗金额较少，而库存金额较多的物资品种的管理，这在应用微机管理的信息系统中是便于实现的。

【例7-1】 某大型企业对其物资分别按照年消耗金额和库存金额进行的 ABC 分类结果见表7-2和表7-3，大体上可看出它们之间具有相当大的区别；同时对 ABC 分类管理方法实现库存物资重点控制的有效性有一个定量化的认识。

表7-2 按年消耗金额划分 ABC 分类结果表

类别	品种数	品种数百分比/%	金额/万元	年消耗金额百分比/%
A	57	2.7	241.32	74.4
B	77	3.6	49.34	15.3
C	2008	93.7	32.42	10.0
合计	2142	100	323.07	100

表7-3 按库存金额划分 ABC 分类结果表

类别	品种数	品种数百分比/%	金额/万元	年消耗金额百分比/%
A	154	7.2	565.98	80.0
B	174	8.1	91.89	13.0
C	1814	84.7	49.80	7.0
合计	2142	100	707.67	100

6. ABC 分类管理方法小结

ABC 分类管理方法小结见表7-4。

表7-4 ABC 分类管理方法小结

管理类别	A 类	B 类	C 类
消耗定额的方法	技术计算	现场核定	经验估算
检查	每天检查	每周检查	季度年度检查
统计	详细统计	一般统计	按金额统计
控制	严格控制	一般控制	按金额总量控制
安全库存量	较低	较大	较高
是否允许缺货	不允许	允许偶尔	允许一定范围内

7.3 确定型存储模型

确定型存储模型是指在模型中的数据皆为确定数值，即模型中的需求量、提前期等数值已知，目标函数都是以总费用(总订货费＋总存储费＋总缺货费)最小准则建立的。依据不同的提前期和不同要求的存储量(允许缺货和不允许缺货)建立不同的存储模型，求出最优存储策略(最优解)。常用的确定型存储模型有经济订货量模型、经济生产批量存储模型、允许缺货的经济订货批量模型等。

7.3.1 经济订货批量模型

经济订货批量模型又称为整批间隔进货模型（EOQ 模型），是目前大多数企业最常采用的货物定购方式。该模型适用于整批间隔进货、不允许缺货的存储问题，即某种物资单位时间的需求量为常 D，存储量以单位时间消耗数量 D 的速度逐渐下降，经过时间 T 后。存储量下降到零，此时开始订货并随即到货，库存量由零上升为最高库存量 Q，然后开始下一个存储周期，形成多周期存储模型。

经济订购模型有以下前提假设：

（1）不允许缺货，认为缺货费为无穷大，即 $C_s = \infty$；

（2）当货物存储量降为零时，通过订购可以立即得到补充；

（3）货物的需求是连续均匀的；

（4）每次订货量不变，订货费不变，记为 C_D；

（5）单位存储不变，记为 C_p；

根据上述前提，存储量的变化情况如图 7-3 所示。

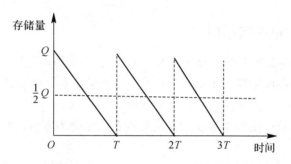

图 7-3 EOQ 模型的存储量曲线

在一个周期 T 内，最大存储量为 Q，最小存储量为 0，且需求是连续均匀的，因此在一个周期内，其中平均存储量为 $\frac{1}{2}Q$，存储费用为 $\frac{1}{2}C_p Q$。

由于一次订货费为 C_D，则在一个周期 T 内的平均订货费为 $\frac{C_D}{T}$。由于需求量是连续均匀的，因此订货周期 T、订货量 Q 与单位时间的需求量 D 之间满足 $Q = DT$。一个周期 T 内的平均总费用为

$$C(T) = \frac{1}{2}C_p Q + \frac{C_D}{T} = \frac{1}{2}C_p DT + \frac{C_D}{T} \tag{7-1}$$

求 T，使费用函数 $C(T)$ 最小，则由

$$\frac{dC(T)}{dT} = \frac{1}{2}C_p D - \frac{C_D}{T^2} = 0$$

解得 $T^* = \sqrt{\dfrac{2C_D}{C_p D}}$，即每隔 T^* 时间订货一次可使总费用最小，此时每次的订货量为

$$Q^* = DT^* = \sqrt{\frac{2C_D D}{C_p}} \tag{7-2}$$

将式(7-2)代入式(7-1)得最小费用为

$$C(T^*) = \sqrt{2C_D C_P D}$$

式(7-2)表明,订货费 C_D 越高,需求量 D 越大,订货量 Q 也就越大;存储费 C_P 越高,订货量 Q 也就越小,这些关系是与实际情况相吻合的。

说明:

(1)若总费用中包括货物本身的价格,不妨设货物单价为 k,则在一个周期的平均总费用中加入 $\dfrac{kQ}{T} = kD$,即在目标函数中加入了一个常数 kD,而这对确定最佳订货周期和最佳订货量没有影响。

(2)在费用的表达式(7-1)中还可以用订货量 Q 作为变量,即

$$C(Q) = \frac{1}{2}C_P Q + C_D \frac{D}{Q}$$

同样可以确定出与式(7-2)的最佳订货量。实际中,一般以年为单位,订货周期为 $T = \dfrac{Q}{D}$,每年的订货次数为 n(整数),此时 n 取 $\left[\dfrac{1}{T}\right]$ 或 $\left[\dfrac{1}{T}\right] + 1$,使其总费用最小。

7.3.2 经济生产批量存储模型

在实际中,当某些货物存储需要补充时,不是通过订货而是靠生产来补充,但生产需要一定的时间。即当存储量降到零后开始生产,生产的产品一部分满足需求,剩余的部分作为存储,相应地产生了经济生产批量存储模型。

基本经济生产批量存储模型描述的是当货物存储量降为零后,根据实际需要通过生产来进行补充的情形。

在经济订购批量模型的前提假设下,通过生产来补充缺货时,生产需要一定时间。如果已知需求率为 D,生产批量为 Q,生产率为 P,生产时间为 t,则 $P = \dfrac{Q}{t}$。此模型存储量的变化曲线如图 7-4 所示。

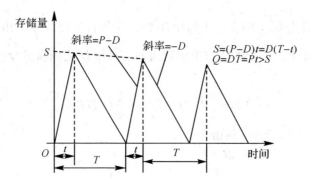

图 7-4 基本经济生产批量存储模型的存储量曲线

在 t 时间段内,存储量以 $P - D$ 的速度上升,并在段末达到最大存储量,在 $T - t$ 时间段内存储量以需求率 D 下降,并在段末降为零,然后进入下一个周期。

在一个时间周期 T 内，最大存储量为 $S=(P-D)t=D(T-t)$，由此得到生产时间为 $t=\dfrac{DT}{P}$，平均生产费用为 $\dfrac{C_D}{T}$，且满足生产批量 $Q=DT$，故一个周期的平均总费用为

$$C(T)=\frac{1}{2}C_p(P-D)\frac{DT}{p}+\frac{C_D}{T} \qquad (7-3)$$

或者

$$C(Q)=\frac{1}{2}C_p(P-D)\frac{Q}{P}+\frac{C_D D}{Q}=\frac{1}{2}C_p\left(1-\frac{D}{P}\right)Q+\frac{C_D D}{Q} \qquad (7-4)$$

同样用求极值的方法可求得最优生产批量、最优周期、最优生产时间、最大存储量及相应的最小存储费分别为

$$Q^*=\sqrt{\frac{2C_D DP}{C_p(P-D)}}=\sqrt{\frac{2C_D D}{C_p}}\sqrt{\frac{1}{1-D/P}},$$

$$T^*=\sqrt{\frac{2C_D P}{C_p D(P-D)}}=\sqrt{\frac{2C_D}{C_p D}}\sqrt{\frac{1}{1-D/P}},$$

$$t^*=\sqrt{\frac{2C_D D}{C_p P(P-D)}},\quad S^*=\sqrt{\frac{2C_D D}{C_p}}\sqrt{1-\frac{D}{P}},$$

$$C(Q^*)=C(T^*)=\sqrt{2\left(1-\frac{D}{P}\right)C_D C_p D}=\sqrt{2C_p C_D D}\sqrt{1-\frac{D}{P}}$$

令 $\eta=\sqrt{1-D/P}<1$，记经济生产批量模型和经济定购批量模型所得到的最优周期、最优生产批量、最小存储费用分别为 $T^{(2)}$、$T^{(1)}$、$Q^{(2)}$、$Q^{(1)}$、$C^{(2)}$、$C^{(1)}$，则对比后有

$$T^{(2)}=\frac{T^{(1)}}{\eta},\ Q^{(2)}=\frac{Q^{(1)}}{\eta},\ C^{(2)}=C^{(1)}\eta$$

显然 $T^{(2)}>T^{(1)}$，$Q^{(2)}>Q^{(1)}$，$C^{(2)}<C^{(1)}$。即生产需要一定时间，周期增大了；在产品生产过程中，其中一部分用于销售，另一部分用于存储，在达到最大存储量后停止生产，所以与经济定购批量模型相比，生产量比订货量增大了；同时一部分产品没有通过存储环节，而是直接销售了，所以总的存储费用比经济定购批量模型降低了。当生产率 $P\to\infty$ 时，有 $P\to1$，于是有 $T^{(2)}\to T^{(1)}$，$Q^{(2)}\to Q^{(1)}$。这个结果是合理的，因为当 $P\to\infty$ 时，也就是生产能力无限增大，即生产所需时间很短，相当于当出现缺货时可以立即得到补充的情形。

7.3.3 允许缺货的经济订货批量模型

所谓允许缺货，是指企业在存储量降为零后，还可以等待一段时间再订货。事实上，在这种情况下，对顾客而言不受损失或损失很小，而企业除了支付少量的缺货费外，也无其他损失，那么这时发生缺货现象可能对企业是有利的。在经济定购批量模型的假设条件下，假设允许缺货，这里仍用 T 表示时间周期，T_1 表示 T 中不缺货的时间，则缺货的时间为 $T-T_1$，B 表示最大的缺货量，C_s 表示缺货损失单价，Q 表示每次的最大进货量，则最大存储量为 $S=Q-B$。允许缺货模型的存储曲线如图 7-5 所示。

一个时间周期内的平均存储量为 $\dfrac{ST_1}{2T}$，平时缺货量为 $\dfrac{B(T-T_1)}{2T}$，其中 $S=T_1 D$，$Q=TD$，由此得到平均存储量为 $\dfrac{T_1^2 D}{2T}$，平均缺货量为 $\dfrac{D(T-T_1)^2}{2T}$。因此，平均总费用为

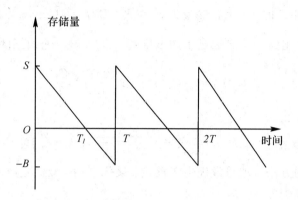

图 7-5 允许缺货模型的存储曲线

$$C(T,T_1)=\frac{C_p T_1^2 D}{2T}+\frac{C_D}{T}+\frac{C_s D(T-T_1)^2}{2T}$$

或

$$C(Q,S)=\frac{C_p S^2}{2Q}+\frac{C_D D}{Q}+\frac{C_s (Q-S)^2}{2Q}$$

利用多元函数求极值的方法，解得

$$\frac{\partial C(T,T_1)}{\partial T}=0,\ \frac{\partial C(T,T_1)}{\partial T_1}=0$$

相应的最大订货量为

$$Q^*=\sqrt{\frac{2C_D D(C_p+C_s)}{C_p C_s}}=\sqrt{\frac{2C_D D}{C_p}}\sqrt{1+\frac{C_p}{C_s}}$$

$$T_1^*=\sqrt{\frac{2C_D C_s}{DC_p(C_p+C_s)}},\ T^*=\sqrt{\frac{2C_D D(C_p+C_s)}{DC_p C_s}}$$

最大存储量为

$$S^*=T_1^* D=\sqrt{\frac{2C_D D}{C_p}}\sqrt{\frac{C_s}{C_s+C_p}}$$

最大缺货量为

$$B^*=Q^*-S^*=\sqrt{\frac{2C_D D C_p}{C_s(C_p+C_s)}}$$

最小费用为

$$C^*=\sqrt{\frac{2C_p C_D C_s D}{C_p+C_s}}=\sqrt{2C_p C_D D}\sqrt{\frac{C_s}{C_p+C_s}}$$

如果令 $\mu=\sqrt{1+\dfrac{C_p}{C_s}}>1$，允许缺货经济订货批量模型和经济定购批量模型所得到的最佳周期、最大订货量、最小费用分别为 $T^{(3)}$、$T^{(1)}$、$Q^{(3)}$、$Q^{(1)}$、$C^{(3)}$、$C^{(1)}$，最大存储量为 $S^{(3)}$，则与经济定购批量模型相比有

$$T^{(3)}=\mu T^{(1)},\ Q^{(3)}=\mu Q^{(1)},\ S^{(3)}=\frac{Q^{(1)}}{\mu},\ C^{(3)}=\frac{C^{(1)}}{\mu}$$

显然 $T^{(3)}>T^{(1)}$，$Q^{(3)}\geqslant Q^{(1)}$，$S^{(3)}<Q^{(1)}$，$C^{(3)}<C^{(1)}$。即允许缺货时，订单周期应增

大，一次订货量也应增大，其中一部分用于补充缺货，即不经过存储直接进入需求，另一部分进入存储，所以最大存储量应减小，相应的费用也降低了，在不允许缺货时最佳订货量和最大存储量是相同的。当存储费用 C_p 不变，缺货费用 C_s 越大时，μ 越小，$T^{(3)}$ 和 $Q^{(3)}$ 就越接近于 $T^{(1)}$ 和 $Q^{(1)}$。特别地，当 $C_s \to \infty$ 时，有 $\mu \to 1$，于是有 $T^{(3)} \to T^{(1)}$，$Q^{(3)} \to Q^{(1)}$，这个结果是合理的，因为 $C_s \to \infty$ 时，也就是缺货造成的损失无限增大，相当于不允许缺货的情形。

在允许缺货的条件下，所得到的最优存储策略是每隔 T^* 时间订货一次，订货量为 Q^*，用 Q^* 的一部分补足所缺货物，剩余部分进入存储。而且在相同的时间段里允许缺货的订货次数比不允许缺货时的订货次数减少了。

7.3.4　价格有折扣的经济订货批量模型

生产或销售部门为鼓励用户加大订货批量，常常规定一次订货量达到规定时，给予价格折扣优惠。例如规定订货量 $Q < Q_1$ 时，每件价格为 C_1，$Q_1 \leqslant Q < Q_2$ 时，每件价格为 C_2，$Q_2 \leqslant Q < Q_3$ 时，每件价格为 C_3 等，其中 $C_1 > C_2 > C_3$，这种情况下，计算最佳订货批量时，就需把订货费、储存费、短缺损失费同货物价格放在一起进行比较，实际计算时，先不考虑价格折扣优惠。以订货量提前期为零，不允许发生短缺的模型为例，可先计算出经济订货批量 K，$K < Q_1$，需比较订货量为 K、Q_1、Q_2 时上述各项费用的总和；若 $Q_1 \leqslant K < Q_2$ 时，只需考虑订货批量为 K、Q_2 时各项费用的总和，依此类推。

【例 7-2】　兴庆复印社每月约消耗 A_4 规格复印纸 80 箱，每进一次货发生固定费用 200 元。批发站规定，一次购买数量 $Q < 300$ 箱时，每箱 120 元，$300 \leqslant Q < 500$ 时，每箱 119 元，当 $Q \geqslant 500$ 箱时，每箱 118 元。已知存储费为 116 元/(年·箱)，求兴庆复印社每次进货的最佳批量，使全年的总费用为最少。

解　由题已知 $D = 12 \times 80 = 960$，$C_D = 200$，$C_p = 16$，则

$$K = \sqrt{\frac{2C_D D}{C_p}} = \sqrt{\frac{2 \times 200 \times 960}{16}} \approx 155$$

因 $K < Q_1 = 300$，故需将一次进货批量 $K = 155$ 同 $Q_1 = 300$、$Q_2 = 500$ 时的全年总费用进行比较。

当 $K = 155$ 时，全年总费用为

$$200 \times \frac{960}{155} + \frac{1}{2} \times 16 \times 155 + 960 \times 120 = 117\ 678.7 (元)$$

当一次进货为 $Q_1 = 300$ 时，全年总费用为

$$200 \times \frac{960}{155} + \frac{1}{2} \times 16 \times 300 + 960 \times 119 = 117\ 280 (元)$$

当一次进货为 $Q_2 = 500$ 时，全年总费用为

$$200 \times \frac{960}{155} + \frac{1}{2} \times 16 \times 500 + 960 \times 118 = 117\ 664 (元)$$

经比较，兴庆复印社应每次进货 300 箱，使全年总费用为最少，年进货 3.2 次，进货间隔期为 3.75 个月。

7.3.5 灵敏度分析

灵敏度分析是指对系统或事物因周围条件变化显示出来的敏感程度的分析，在前面所讲的线性规划问题中，都假定了各系数 c_j、a_{ij}、b_i 等始终保持不变，是已知常数。而实际当中，这些系数通常是一些估计或预测数字，如果外界条件发生了变化，这些系数也会发生相应的变化。这样一来，就会引出一些问题：

(1) 这些系数中，如果有一些发生变化，问题的最优解会发生怎样的变化？

(2) 如果发生变化，又将使用何种简便方法求出新的最优解？

这也就是灵敏度分析要研究的两类问题：

(1) 当 C、A、b 中某一部分数据发生变化时，讨论最优解与最优值怎么变？

(2) 研究 C、A、b 中数据在多大范围内波动时，可使原有最优解仍为最优解，同时讨论此时最优解如何变动？

本节主要讨论参数变化对最优解的影响。

设问题

$$\text{Max} f = \boldsymbol{CX}$$
$$x \geqslant 0$$

相应的最优单纯形表见表 7-5。

表 7-5　最优单纯形表

C_B	X_B	C_j	C_1	C_2	...	C_n
		b	x_j	x_2	...	x_n
C_{B1}	X_{B1}					
C_{B2}	X_{B2}	$B^{-1}b$	$B^{-1}A = B^{-1}(P_1, P_2, \cdots, P_n)$			
...	...					
C_{Bm}	X_{Bm}					
	$-f$	$-C_B B^{-1}b$	$C - C_B B^{-1}A$			

1）C 发生变化

不变项：① 可行域不变；② 原问题的最优解还是新问题的基本可行解。

要修改：① 目标函数系数行 C_j；② 检验数行 σ_j；③ 目标函数值。然后根据检验数是否满足 $\sigma_j \leqslant 0$ 的条件，决定是否迭代。

若是非基变量的系数，则只有其对应的 σ_j 发生改变。

若是基变量的系数，C_B 将发生变化，那么所有的 σ_j 也发生改变。

2）右端列向量 b 发生改变

这种情况下，b 变成 $b' = b + \Delta b$，此时需修改表中第三列，即基变量的取值由 $X_B = B^{-1}b$ 变为 $X'_B = B^{-1}(b + \Delta b)$，目标函数值由 $f = C_B B^{-1}b$ 变为 $f' = C_B B^{-1}(b + \Delta b)$。此时若 $b' \geqslant 0$，则因为 σ_j 没有改变，最优解仍是最优解；否则，单纯形表对应的是新问题的一个正则解，此时需用对偶单纯形法继续迭代。

3）约束条件的系数列向量 P_k 发生改变

（1）若相应的 x_k 为非基变量，此时最优基不变，最优解不变，只将 P_k 变为 P_k'，检验数 σ_k 变为 $\sigma_k' = \boldsymbol{C}_{\mathrm{K}} - \boldsymbol{C}_{\mathrm{B}} \boldsymbol{B}^{-1} P_k'$。

若 $\sigma_k' \leqslant 0$，则原问题的最优解也是新问题的最优解，否则用单纯形法继续迭代。

（2）若相应的 x_k 为基变量，则表中所有系数都要改变，采用单纯形法重新计算比较方便。

4）追加新约束条件

（1）因为新问题的可行域总属于原问题的可行域，因此若原问题的最优解 X^* 也满足新增约束条件，则原问题的最优解也是新问题的最优解，即新增约束对总的结果没有影响。

（2）若 X^* 不满足新增的约束条件，说明原问题的最优解在新问题的可行域之外，需重新求解。将新增约束直接反映到最终单纯形表中再进一步分析，用对偶单纯形法继续求解。

7.4 随机型存储模型

随机模型是指模型中含有的随机变量并非确定的数值，即需求是随机变化、订货策略复杂多变、概率分布已知的模型。常用的随机模型主要有单周期单品种连续分布模型和多周期单品种随机模型。

7.4.1 单周期单品种连续分布随机型存储模型

所谓单周期随机存储模型，是指在一个周期内只订货一次，周期末库存货物与下一个周期的订货量没有关系，在各周期之间的订货量和销售量是相互独立的，典型的单周期存储模型是"报童问题"，因为手中的报纸当天若卖不完，第二天就过时（没有用了），经营季节性商品和时髦物品的商店在进货时也可以运用此模型。

对于一般的单周期随机存储模型作如下的基本假设：

（1）在整个需求周期内只订购一次货物，订货量为 Q，订购费和初始库存量均为零；

（2）当货物出售时，每单货物的盈利为 k 元，需求期结束时，因没有正常卖出，每单位货物的损失为 h 元；

（3）当需求量 r 是一个离散的随机变量时，其概率为 $P(r)$，若货物的订货量为 Q，则

$$出售量 = \begin{cases} r, & r \leqslant Q \\ Q, & r > Q \end{cases}$$

因此产生的利率为

$$C(Q) = \begin{cases} kr - h(Q - r), & r \leqslant Q \\ kQ, & r > Q \end{cases}$$

此时一个周期内的总利润应该是 $C(Q)$ 的期望值，即

$$E[C(Q)] = \sum_{r=0}^{Q}[kr - h(Q-r)]P(r) + \sum_{r=Q+1}^{\infty}kQP(r) \qquad (7-5)$$

为了使订货量 Q 盈利的期望值最大，应满足下列条件：

$$E[C(Q+1)] \leqslant E[C(Q)] \qquad (7-6)$$

$$E[C(Q-1)] \leqslant E[C(Q)] \qquad (7-7)$$

由式(7-6)得

$$k\sum_{r=0}^{Q+1}rP(r) - h\sum_{r=0}^{Q+1}(Q+1-r)P(r) + k\sum_{r=Q+2}^{\infty}(Q+1)P(r)$$

$$\leqslant k\sum_{r=0}^{Q}rP(r) - h\sum_{r=0}^{Q}(Q-r)p(r) + k\sum_{r=Q+1}^{\infty}QP(r)$$

整理化简后得

$$kP(Q+1) - h\sum_{r=0}^{Q}P(r) + k\sum_{r=Q+2}^{\infty}P(r) \leqslant 0$$

利用概率的性质 $\sum\limits_{r=0}^{\infty}P(r) = 1$ 得

$$k\left[1 - \sum_{r=0}^{\infty}P(r)\right] - h\sum_{r=0}^{Q}P(r) \leqslant 0$$

于是有

$$\sum_{r=0}^{Q}P(r) \geqslant \frac{k}{k+h}$$

同理由式(7-7)可以推出

$$\sum_{r=0}^{Q-1}P(r) \leqslant \frac{k}{k+h}$$

综合起来，最佳订货量 Q 应由下列不等式确定：

$$\sum_{r=0}^{Q-1}P(r) \leqslant \frac{k}{k+h} \leqslant \sum_{r=0}^{Q}P(r) \qquad (7-8)$$

如果从损失最小来考虑订货量，此时因不能售出或因缺货而产生的损失为

$$\overline{C}(Q) = \begin{cases} h(Q-r), & r \leqslant Q \\ h(r-Q), & r > Q \end{cases}$$

则在一个周期内所受的损失应是 $C(Q)$ 的期望值，即

$$E[\overline{C}(Q)] = \sum_{r=0}^{Q}[h(Q-r)]P(r) + \sum_{r=Q+1}^{\infty}k(r-Q)P(r)$$

另一方面，为了使订货量 Q 损失的期望值最小，应满足下列关系式：

$$E[\overline{C}(Q)] \leqslant E[\overline{C}(Q+1)], \quad E[\overline{C}(Q)] \leqslant E[\overline{C}(Q-1)]$$

读者可以自行证明，最佳订货量 Q 仍满足式(7-8)，不管是以利润的期望最大还是以损失的期望最小为目标，确定最佳订货量 Q 值满足的条件都是一样的。

当需求量 r 是一个连续的随机变量，且其概率密度函数为 $f(r)$ 时，一个周期的预测利润为

$$E[C(Q)] = \int_{0}^{Q}[kr - h(Q-r)]f(r)\mathrm{d}r + \int_{Q}^{+\infty}kQf(r)\mathrm{d}r$$

$$=k\int_0^{+\infty}rf(r)\mathrm{d}r-h\int_0^Q(Q-r)f(r)\mathrm{d}r-k\int_Q^{+\infty}(r-Q)f(r)\mathrm{d}r \qquad (7-9)$$

在式(7-9)中用到了概率密度的性质 $\int_0^{+\infty}f(r)\mathrm{d}r=1$，为了求其最大值，在式(7-9)中对 Q 求导数可得

$$\frac{\mathrm{d}E[C(Q)]}{\mathrm{d}Q}=k\int_Q^{+\infty}f(r)\mathrm{d}r-h\int_0^Qf(r)\mathrm{d}r$$

且

$$\frac{\mathrm{d}^2E[C(Q)]}{\mathrm{d}Q^2}=-(k+h)f(Q)<0$$

由二阶导数小于零可知，满足方程

$$\int_0^Qf(r)\mathrm{d}r=\frac{k}{k+h}$$

的 Q 一定是使预期利润 $E[C(Q)]$ 达到最大值的订货量。

$D=\int_0^{+\infty}rf(r)\mathrm{d}r$ 表示平均需求量，则式(7-9)中第一项是平均销售利润，第二项是因未售完而造成损失的期望值，第三项是因为缺货失去销售机会造成损失的期望值，因此有

总利润的期望值＝总的销售利润的期望值－未售完的损失－缺货的损失

7.4.2 多周期单品种随机型存储模型

当考虑多个周期问题时，一个周期未售出的货物可以在下一个周期继续出售，那么该如何制定存储策略呢？

设货物单位成本为 K，单位存储费为 C_1，单位缺货费为 C_2，每次订货费为 C_3，需求 r 是连续的随机变量，密度函数为 $f(r)$，起初原有存储量为 I，订货量为 Q，此时期初存储达到 $S=I+Q$。问如何确定订货量 Q 使得损失的期望值达到最小，而盈利的期望值达到最大？

如果期初存储量 I 在该周期是常量，订货量为 Q，即这个时期的期初存储量为 $S=I+Q$，则该周期费用的期望值应该包括：订货费、存储费的期望值和缺货费的期望值三部分之和，即

$$\overline{C}(S)=C_3+KQ+\int_0^SC_1(S-r)f(r)\mathrm{d}r+\int_S^{+\infty}C_2(r-S)f(r)\mathrm{d}r$$

利用极值原理，求出使总费用 $\overline{C}(S)$ 最小的订货量 $Q(Q=S-I)$ 应满足如下关系：

$$\int_0^Sf(r)\mathrm{d}r=\frac{C_2-K}{C_1+C_2}$$

实际中，订货需付订货费，如果本周不订货，则可以省去订货费，试想是否存在这样一个数值 $s(s\leqslant S)$，使得下式成立：

$$C_3+K(S-s)+C_1\left[\int_0^S(S-r)f(r)\mathrm{d}r-\int_0^s(s-r)f(r)\mathrm{d}r\right]$$

$$+C_2\left[\int_S^{+\infty}(r-S)f(r)\mathrm{d}r-\int_s^{+\infty}(r-s)f(r)\mathrm{d}r\right]\geqslant 0 \qquad (7-10)$$

首先计算出 S，再确定最小的 s，然后在每个周期期初检查其库存，当存储量 $I<s$ 时，

就需要订货，且订货量为 $Q=S-I$；当存储量 $I \geqslant s$，该周期就不需要订货。这种存储策略就称为定期订货 (s,S) 策略。但订货量是不确定的，订货量 Q 的多少是由周期末存储量 I 的大小来决定的。

在实际操作时，人们也可以利用计算机随时对存储的货物进行清点，存储量一旦小于 s，期末即需订货，如果不小于 s，期末无需订货。

当需求是离散的随机变量时，方法与连续性的一样，只是表示方法不同而已。

设需求 r 的取值为 $r_0,r_1,\cdots,r_m$，其概率分别为 $P(r_0),P(r_1),\cdots,P(r_m)$，且 $\sum_{i=0}^{n}P(r_i)=1$。如果期初的原始存储量为 I，订货量为 Q，则此时的存储量就达到 $S=I+Q$。于是该周期各种费用的总和为

$$\overline{C}(S)=C_3+K(S-I)+\sum_{r \leqslant S}C_1(S-r)P(r)+\sum_{r>S}C_2(r-S)P(r)$$

由此可确定出存储量 S 的数值使得总费用 $\overline{C}(S)$ 达到最小。具体的计算步骤如下：

（1）将需求 r 的随机值按大小顺序排列为

$r_1,r_2,\cdots,r_i,r_{i+1},\cdots,r_m$，其中 $r_i<r_{i+1}-r_i=\Delta r_i \neq 0,(i=0,1,\cdots,m-1)$。

（2）S 只从 $r_0,r_1,\cdots,r_m$ 中取值。当 S 取值为 r_i 时，记为 $S_i(0 \leqslant i \leqslant m)$。

（3）为确定出 $\overline{C}(S)$ 的最小值，则 S_i 应满足 $\overline{C}(S_{s+i}) \geqslant \overline{C}(S_i)$ 和 $\overline{C}(S_{i-1}) \geqslant \overline{C}(S_i)$。由此可得 S_i 应满足如下的不等式：

$$\sum_{r \leqslant S_{i-1}}P(r)<\frac{C_2-K}{C_1+C_2} \leqslant \sum_{r \leqslant S_i}P(r) \quad (0 \leqslant i \leqslant m)$$

本 章 小 结

本章在介绍存储论基本概念的基础上，讨论了库存 ABC 管理、经济性订购批量、经济生产批量、允许缺货的经济订货批量、价格有折扣的经济订购批量等确定型存储模型；同时讨论单周期单品种连续分布、多周期单品种等随机型存储模型。并对每一模型的建模过程进行推导研究。

习 题

7-1 设某工厂每年需用某种原料 1800 吨，不需每日供应，但不得缺货。设每吨每月的保管费为 60 元，每次订购费为 200 元，试求最佳订购量。

7-2 某公司采用无安全存量的存储策略。每年使用某种零件 100 000 件，每件每年的保管费用为 30 元，每次订购费为 600 元，试求：

（1）经济订购批量；

（2）订购次数。

7-3 设某工厂生产某种零件，每年需要量为 18 000 个，该厂每月可生产 3000 个，每次生产的装配费为 500 元，每个零件的存储费为 0.15 元，求每次生产的最佳批量和最佳生产周期。

7-4 某产品每月用量为 4 件，装配费为 50 元，存储费每月每件为 8 元，求产品每次

最佳生产量及最小费用。若生产速度为每月生产 10 件,求每次生产量及最小费用。

7-5　某公司采用无安全存量的存储策略,每年需电感 5000 个,每次订购费为 500 元,保管费用每年每个 10 元,不允许缺货。若采购少量电感,则单价为 30 元;若一次采购 1500 个以上,则单价为 18 元,问该公司每次应采购多少个?

（提示:本题属于订货量多、价格有折扣的类型,即订货费 $C_3 + KQ$, K 为阶梯函数）

7-6　某工厂的采购情况如表 7-6 所示,假设年需要量为 10 000,每次订货费为 2000 元,存储费率为 20%,则每次应采购多少?

表 7-6　工厂的采购情况

采购数量/单位	单价/元
0~1999	100
2000 以上	80

第 8 章 图与网络分析

【知识点聚焦】

本章主要介绍有关图的概念、图的表示方法、图的应用，重点介绍最短路问题、最大流问题、最小费用问题、网络计划问题等。同时对图的另一种没有回路的形式——树及其最小树作了介绍。

8.1 引 言

图论是组合优化、运筹学、电子学、通信等学科的重要基础。它已广泛地应用在控制论、信息论、电子计算机、交通管理等各个领域。在实际生活、工作中，有很多问题可以用图的理论和方法来解决。例如，在组织生产中，为完成某项生产任务，各工序之间怎样衔接，才能使生产任务完成得既快又好；一个邮递员送信，要走完他负责投递的全部街道，完成任务后回到邮局，应该按照怎样的路线走，所走的路程最短。再例如，各种通信网络的合理架设、交通网络的合理分布等问题，应用图论的方法都能得到较好的解决。

图论是专门研究图的理论的一门数学分支，属于离散数学范畴，与运筹学有交叉，它有 200 多年的历史，大体可划分为三个阶段：

第一阶段：从 18 世纪中叶到 19 世纪中叶，处于萌芽阶段，多数问题由游戏而产生，最有代表性的工作就是所谓的欧拉(Euler)七桥问题，即一笔画问题，如图 8 - 1 所示。

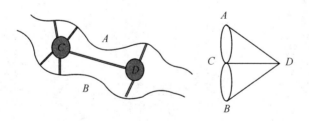

图 8 - 1 欧拉七桥问题示意图

第二阶段：从 19 世纪中叶到 20 世纪中叶，图的问题大量涌现，如汉密尔顿(Hamilton)问题、地图染色的四色问题以及可平面性问题等，同时也出现用图解决实际问题，如凯利(Cayley)把树应用于化学领域，基尔霍夫(Kirchhoff)用树去研究电网络，等等。

第三阶段：20 世纪中叶以后，由生产管理、军事、交通、运输、计算机网络等方面提出了许多实际问题，以及大型计算机使大规模问题的求解成为可能，特别是以福特(Ford)和富尔克森(Fulkerson)建立的网络流理论，与线性规划、动态规划等优化理论和方法相互渗透，促进了图论对实际问题的应用。

最后，数学家 Euler 在 1736 年巧妙地给出了七桥问题的答案，并因此奠定了图论的基础。Euler 把 A、B、C、D 四块陆地分别收缩成四个顶点，把桥表示成连接对应顶点之间的边，问题转化为从任意一点出发，能不能经过各边一次且仅一次，最后返回该点。这就是著名的 Euler 问题。类似的问题还有很多。

8.2　图和网络基市概念

图论中所说的图与一般所说的几何图形或代数函数的图形是完全不同的概念。图论中的图是指由一些点的集合 V 和连接其中某些点对的线构成的集合 E 所组成的图形。下面先通过几个直观的实例认识什么是图。

8.2.1　图的应用实例

在实际生活中，人们为了反映一些对象之间的关系，常常在纸上用点和线画出各种各样的示意图。

【例 8-1】　图 8-2 所示为我国北京、上海等 10 个城市间的铁路交通图，反映了这 10 个城市间的铁路分布情况。若用点代表城市，用点和点之间的连线代表两个城市之间的铁路线，如图 8-2 所示。诸如此类的还有电话线分布、天然气管道、高速公路、高等级铁路等图。

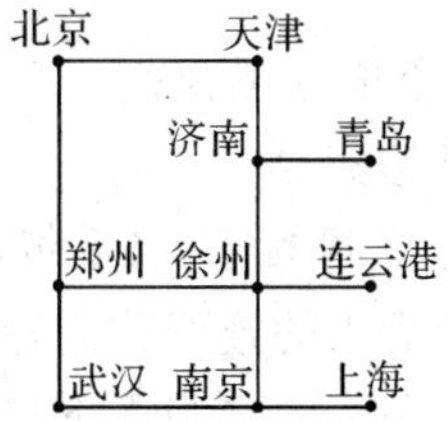

图 8-2　10 个城市交通图

【例 8-2】　有甲、乙、丙、丁、戊 5 个球队，它们之间的比赛就可以用图表示出来。已知甲队和其他各队都比赛过一次，乙队和甲队比赛过，丙队和乙、丁队比赛过，丁队和丙、戊队比赛过，戊队和甲、丁队比赛过。为反映比赛情况，可以用点 v_1，v_2，v_3，v_4，v_5 分别代表这 5 个队，若两个队之间已比赛过，就在这两个队所对应的点之间连一条线，这条线不过其他的点，如图 8-3 所示。

图是反映对象之间关系的一种工具。在一般情况下，图中点的相对位置如何，点与点之间连线的长短曲直，对于反映对象之间的关系，并不是重要的。对于本例，也可以用图 8-4 所示的方式去反映 5 个球队的比赛情况，这与图 8-3 没有本质的区别，图论中的图与几何图、工程图等是不同的。因为研究的思路方法不同，达到的目标也不同。

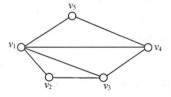

图 8-3　5 个球队比赛示意图（一）

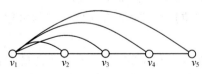

图 8-4　5 个球队比赛示意图（二）

例 8-1 和例 8-2 中涉及的对象之间的"关系"具有"对称性"，就是说，如果甲与乙有这种关系，那么同时乙也与甲有这种关系。在实际生活中，有许多关系不具有这种对称性。譬如人们之间的认识关系，甲认识乙并不意味着乙也认识甲。比赛中的胜负关系也是这样，甲胜乙和乙胜甲是不同的。只用一条连线是不能反映这种非对称关系的。如例8-2，如果人们关心的是5个球队比赛的胜负情况，那么从图8-3中就看不出来了。为了反映这一类关系，可以用一条带箭头的连线表示。例如球队 v_1 胜了球队 v_2，可以引一条带箭头的

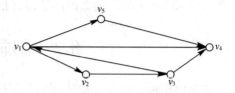

图8-5　5个球队比赛及胜负示意图

连线表示。图8-5反映了5个球队比赛的胜负情况，可见 v_1 三胜一负，v_4 打了三场球，全负，等等。类似胜负这种非对称性的关系，在生产生活中是常见的，如交通运输中的"单行线"、部门之间的领导与被领导的关系、一项工程中各工序之间的先后关系等。

8.2.2　图的基本概念

【定义8-1】

(1) 图：由点集 $V=(v_i)$ 和 V 中元素的无序对的集合 $E=(e_k)$ 所构成的二元组，称为图，记为 $G=(V, E)$。

其中：$V=(v_1, v_2, \cdots, v_m)$，是 m 个顶点集合；

　　　$E=(e_1, e_2, \cdots, e_n)$，是 n 条边集合。

或者说：一个图是由一些点及一些点之间的连线(不带箭头或带箭头)所组成的。

(2) 边(弧)：把两点之间的不带箭头的连线称为边，带箭头的连线称为弧。

(3) 无向图：由点和边所构成的图，称之为无向图(也简称为图)，记为 $G=(V, E)$，其中 V、E 分别是 G 的顶点集合和边集合。一条连接点 v_i，$v_j \in V$ 的边 e，记为 $e=[v_i, v_j]$，或 $e=[v_j, v_i]$。

(4) 有向图：由点和弧所构成的图称为有向图，记为 $D=(V, A)$，其中 V、A 分别表示 D 的顶点集合和弧集合。一条方向是从 v_i 指向 v_j 的弧 a 记为 $a=\langle v_i, v_j \rangle$。$v_i$ 称为 a 的始点，v_j 称为 a 的终点。

【定义8-2】

(1) 顶点数和边数：图 $G=(V, E)$ 中，V 中元素的个数称为图 G 的顶点数，记作 $p(G)$ 或简记为 p；E 中元素的个数称为图 G 的边数，记作 $q(G)$，或简记为 q。

(2) 端点和关联边：若 $e_i=[v_i, v_j] \in E$，则称顶点 v_i、v_j 为边 e_i 的端点，边 e_i 是顶点 v_i 和 v_j 的关联边。

(3) 相邻顶点和相邻边：同一条边的两个端点称为相邻顶点，简称邻点；有公共端点的两条边称为相邻边，简称邻边。

(4) 多重边与环：具有相同端点的边称为多重边或平行边；两个端点落在一个顶点的边称为环。

(5) 多重图和简单图：含有多重边的图称为多重图；无环也无多重边的图称为简单图。

(6) 度：以 v_i 为端点的边的条数称为顶点的度(有些书中也叫作次)，记作 $d(v_i)$。

(7) 悬挂点和悬挂边：度为1的点称为悬挂点；与悬挂点相连的边称为悬挂边。

(8) 孤立点：度为零的点称为孤立点。

(9) 奇点与偶点：度为奇数的顶点称为奇点；度为偶数的顶点称为偶点。

例如，图 8-6 中，$p(G)=6$，$q(G)=8$；$e_3=[v_4, v_3]$，v_3 与 v_4 是 e_3 的端点，e_3 是点 v_3 和 v_4 的关联边；v_2 与 v_5 是邻点，e_3 与 e_2 是邻边；e_7 与 e_8 是多重边，e_4 是一个环；图 8-6 是一个多重图；v_1 是悬挂点，e_1 是悬挂边；v_6 是孤立点；v_2 是奇点，v_3 是偶点。

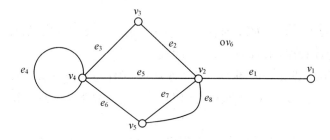

图 8-6　多重图

【**定理 8-1**】　图 $G=(V, E)$ 中，所有顶点的度之和是边数的 2 倍，即

$$\sum_{v_i \in V} d(v_i) = 2q \tag{8-1}$$

定理 8-1 很容易理解，因为在计算各顶点的度时，每条边都计算了两次，于是图 G 中全部顶点的度之和就是边数的 2 倍。

【**定理 8-2**】　任一图 G 中，奇点的个数为偶数。

证明　设 V_1、V_2 分别是 G 中奇点和偶点的集合，由定理 8-1 可知

$$\sum_{v_i \in V_1} d(v_i) + \sum_{v_i \in V_2} d(v_i) = \sum_{v_i \in V} d(v_i) = 2q \tag{8-2}$$

因为 $\sum_{v_i \in V} d(v_i)$ 是偶数，而 $\sum_{v_i \in V_2} d(v_i)$ 也是偶数，故 $\sum_{v_i \in V_1} d(v_i)$ 必定也是偶数，由于偶数个奇数才能导致偶数，所以奇点的个数一定为偶数。

【**定义 8-3**】

(1) 链与链的中间点：给定一个图 $G=(V, E)$，一个顶点、边的交错序列 $(v_{i1}, e_{i1}, v_{i2}, e_{i2}, \cdots, v_{ik-1}, e_{ik-1}, v_{i2}, v_{ik})$，如果满足 $e_{it}=[v_{it}, v_{it+1}](t=1, 2, \cdots, k-1)$，则称为一条连接 v_{i1}、v_{ik} 的链，记为 $\mu=(v_{i1}, v_{i2}, \cdots, v_{ik-1}, v_{ik})$，称点 $v_{i1}, v_{i2}, \cdots, v_{ik-1}$ 为链的中间点。

(2) 圈：若链 μ 中，$v_{i1}=v_{ik}$，即链的始点与终点重合，则称此链为圈。

(3) 简单链与初等链：若链 μ 中，所含的边互不相同，则称 μ 为简单链；若链 μ 中，顶点 $v_{i1}, v_{i2}, \cdots, v_{ik-1}, v_{ik}$ 都不相同，则称此链为初等链。除非特别说明，否则本书默认讨论的链均指初等链。

(4) 路与回路：给定一个有向图 $D=(V, A)$，如果 $(v_{i1}, a_{i1}, v_{i2}, a_{i2}, \cdots, v_{ik-1}, a_{ik-1}, v_{i2}, v_{ik})$ 是 D 中的一条链，并且对 $t=1, 2, \cdots, k-1$，均有行 $a_{it}=[v_{it}, v_{it+1}]$，称为从 v_{i1} 到 v_{ik} 的一条路。若一条路的始点和终点相同，则称为回路。

(5) 简单回路和初等回路：若回路中的弧都互不相同，则称为简单回路；若回路中的弧和除始点、终点外的顶点都互不相同，则称为初等回路。

【**定义 8-4**】

(1) 连通图和不连通图：一个图 G 的任意两个顶点，如果至少有一条通路将它们连接

起来，则这个图 G 就称为连通图，否则就称为不连通图。若 G 是不连通图，它的每个连通的部分称为 G 的一个连通分图（也简称分图）。

(2) 支撑子图：给定一个图 $G=(V, E)$，如果图 $G'=(V', E')$，使 $V'=V$，$E'\subseteq E$，则称 G' 是 G 的一个支撑子图。

【定义 8-5】

(1) 赋权图：设 $G=(V, E)$，对任意一条边。$e\subseteq E$，如果相应都有一个数值 $w(e)$ 与之对应，则称 G 为赋权图，$w(e)$ 称为边 e 的权。

(2) 赋权有向图：设在有向图 $D=(V, A)$ 中，对任意一条弧 $a\in A$，如果相应都有一个权值 $w(e)$ 与之对应，则称 G 为赋权有向图。$w(e)$ 称为弧 a_i 的权（权可以表示距离、费用和时间等）。

在实际工作中，有很多问题的可行方案都可通过一个赋权有向图表示，例如物资渠道的设计、物资运输路线的安排、装卸设备的更新、排水管道的铺设等。所以赋权图被广泛应用于解决工程技术及科学管理等领域的最优化问题。

通常称赋权图为网络，赋权有向图称为有向网络，赋权无向图称为无向网络。

8.2.3 图的矩阵表示

如何把图的有关信息输入和存储到计算机里去呢？由于图的最本质的内容是顶点与顶点的关系或者边与顶点间的关联关系，因此可用矩阵来表示这种关联关系。

1. 关联矩阵

给定无向图 $G=(V, E)$，其中 $V=\{v_1, v_2, \cdots, v_n\}$，$E=\{e_1, e_2, \cdots, e_n\}$。若用矩阵的行标号 i 对应图 G 的顶点下标，用列标号 j 对应图 G 的边的下标，可构造一个 $n\times m$ 矩阵 $\boldsymbol{B}(G)=(b_{ij})_{n\times m}$，与图 G 对应，其中

$$b_{ij}=\begin{cases}1, & v_i \text{ 与 } e_j \text{ 关联} \\ 0, & \text{否则}\end{cases} \tag{8-3}$$

称矩阵 $\boldsymbol{B}$ 为图 G 的关联矩阵，它描述了无向图 G 的顶点与边的关联关系。例如图 8-7 所示的无向图 G 的关联矩阵为 $B(G)$：

$$\boldsymbol{B}(G)=\begin{array}{c} \\ v_1 \\ v_2 \\ v_3 \\ v_4 \\ v_5 \end{array}\begin{array}{c} e_1\ e_2\ e_3\ e_4\ e_5\ e_6\ e_7 \\ \begin{bmatrix} 1 & 0 & 0 & 1 & 0 & 1 & 0 \\ 1 & 1 & 1 & 0 & 0 & 0 & 0 \\ 0 & 1 & 1 & 1 & 1 & 0 & 0 \\ 0 & 0 & 0 & 0 & 1 & 1 & 1 \\ 0 & 0 & 0 & 0 & 0 & 0 & 1 \end{bmatrix}\end{array}$$

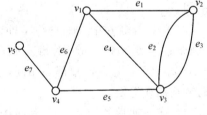

图 8-7　无向图 G

显而易见，无向图的关联矩阵 $\boldsymbol{B}$ 中第 i 行的各元素之和为与 v_i 关联的边数，即为 v_i 的度，而 $\boldsymbol{B}$ 的任一列元素之和恒为 2，这表明无向图的每一条边都只与它的两个端点相关联。

给定一个有向图 $D=(V, A)$，其中 $V=(v_1, v_2, \cdots, v_n)$，$A=(a_1, a_2, \cdots, a_m)$，可构造它的关联矩阵 $\boldsymbol{B}=(D)=(b_{ij})_{n\times m}$，其中

$$b_{ij} = \begin{cases} 1, & v_i \text{ 为 } a_j \text{ 起点} \\ -1, & v_i \text{ 为 } a_j \text{ 终点} \\ 0, & v_i \text{ 与 } a_j \text{ 不关联} \end{cases} \qquad (8-4)$$

例如，图 8-8 所示的有向图 D 的关联矩阵为 $\boldsymbol{B}(D)$：

$$\boldsymbol{B}(D) = \begin{array}{c} \\ v_1 \\ v_2 \\ v_3 \\ v_4 \end{array} \begin{array}{c} \begin{array}{ccccccc} a_1 & a_2 & a_3 & a_4 & a_5 & a_6 & a_7 \end{array} \\ \left[\begin{array}{ccccccc} 1 & 0 & 0 & -1 & -1 & 0 & 1 \\ -1 & 1 & 0 & 0 & 0 & 0 & 0 \\ 0 & -1 & 1 & 0 & 1 & -1 & 0 \\ 0 & 0 & -1 & 1 & 0 & 1 & -1 \end{array} \right] \end{array}$$

显而易见，对有向图 D，$\boldsymbol{B}(D)$ 的每列有且仅有一个 1 和一个 -1，这表明有向图的每一条弧都只与它的起点和终点相关联。

2. 邻接矩阵

邻接矩阵表示了图的顶点与顶点之间的关系。若矩阵的行标号 i 和列标号 j 都对应图 G 的顶点下标，则可构造一个矩阵 $\boldsymbol{A} = (a_{ij})_{n \times m}$，其中 a_{ij} 为连接顶点 v_i 与 v_j 的边的数目，称矩阵 $\boldsymbol{A}$ 为图 G 的邻接矩阵，它描写了图 G 的顶点间的邻接情况。例如图 8-7 所示的无向图 G 的邻接矩阵为 $\boldsymbol{A}(G)$：

$$\boldsymbol{A}(G) = \begin{array}{c} \\ v_1 \\ v_2 \\ v_3 \\ v_4 \\ v_5 \end{array} \begin{array}{c} \begin{array}{ccccc} v_1 & v_2 & v_3 & v_4 & v_5 \end{array} \\ \left[\begin{array}{ccccc} 0 & 1 & 1 & 1 & 0 \\ 1 & 0 & 2 & 0 & 0 \\ 1 & 2 & 0 & 1 & 0 \\ 1 & 0 & 1 & 0 & 1 \\ 0 & 0 & 0 & 1 & 0 \end{array} \right] \end{array}$$

邻接矩阵主对角线上的元素都为零，它是一个对称矩阵。显然，若图 G 为简单图，则 $\boldsymbol{A}(G)$ 的元素取值不是 0 就是 1。

有向图 D 的邻接矩阵为 $\boldsymbol{A}(D) = (a_{ij})_{n \times m}$，其中 a_{ij} 为以 v_i 为起点、v_j 为终点的弧的数目。

例如图 8-8 所示的有向图 D 的邻接矩阵为 $\boldsymbol{A}(D)$：

$$\boldsymbol{A}(D) = \begin{array}{c} \\ v_1 \\ v_2 \\ v_3 \\ v_4 \end{array} \begin{array}{c} \begin{array}{cccc} v_1 & v_2 & v_3 & v_4 \end{array} \\ \left[\begin{array}{cccc} 0 & 1 & 0 & 1 \\ 0 & 0 & 1 & 0 \\ 1 & 0 & 0 & 1 \\ 1 & 0 & 1 & 0 \end{array} \right] \end{array}$$

有向图的邻接矩阵 $\boldsymbol{A}(D)$ 的第 i 行元素之和为以 v_i 为起点的弧的数目，即为 v_i 的出度，第 j 列元素之和为以 v_j 为终点的弧的数目，即为 v_j 的入度。

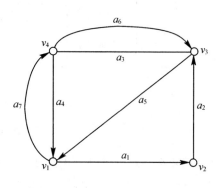

图 8-8　有向图 $\boldsymbol{D}$

当图的顶点集合 V 和边(弧)的集合 $E(A)$ 中元素的次序固定后,图与矩阵 A 或 B 是一一对应的,故关联矩阵或邻接矩阵是描述图的另一种方式。通常一个图的邻接矩阵比它的关联矩阵小得多,因而通常图是以其邻接矩阵的形式存储于计算机中。

8.3 树

8.3.1 树及其性质

在各种结构类型的图中,有一类没有回路交叉的图,但却很有用,这就是树。

【例 8-3】 已知有 5 个城市,要在它们之间架设电话线,要求任何两个城市都可以互相通话(允许通过其他城市),并且电话线的根数最少。

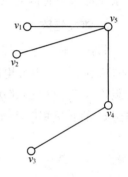

用 5 个点 v_1、v_2、v_3、v_4、v_5 代表 5 个城市,如果在某两个城市之间架设电话线,则在相应的两个点之间连一条边,一个电话线网就可以用一个图来表示。为了使任何两个城市都可以通话,这样的图必须是连通的。其次,若图中有圈的话,从圈上任意去掉一条边,余下的图仍是连通的,这就可以省去一根电话线。因而,满足要求的电话线网所对应的图必定是不含圈的连通图。图 8-9 代表了满足要求的一个电话线网。

图 8-9 5 个城市电话网

【例 8-4】 某工厂的组织机构如图 8-10 所示。如果用图表示,该工厂的组织机构图就是一棵树,如图 8-11 所示。

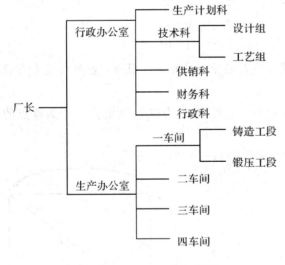

图 8-10 工厂组织图

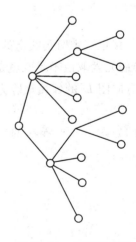

图 8-11 组织结构树

【定义 8-6】 一个无圈的连通图称为树,通常以 T 表示,用二元组表示为 $T=(V,E)$。

从树的定义可以推出以下几点性质:

(1) 具有 n 个顶点的树,其边数恰好为 $n-1$ 条。

(2) 树的任意两个顶点之间有且仅有一条链。

（3）在树 T 中去掉任一条边，则 T 成为不连通图。

（4）在树 T 中不相邻的两个顶点间添上一条边，则恰好得到一个圈。如果再从这个圈上任意去掉一条边，可以得到一棵树。

8.3.2　图的支撑树

【定义 8-7】　设图 $T=(V,E')$ 是图 $G=(V,E)$ 的支撑子图，如果图 $T=(V,E')$ 是一棵树，则称 T 是 G 的一棵支撑树。例如图 8-12(b)是图 8-12(a)的一棵支撑树。

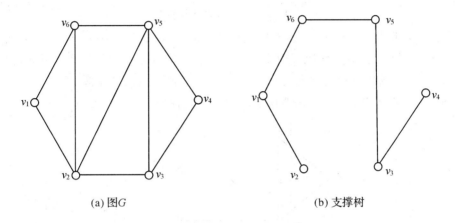

(a) 图 G　　　　　　　　　　　　　　(b) 支撑树

图 8-12　图 G 和支撑树

若 $T=(V,E)$ 是 $G=(V,E)$ 的一棵支撑树，则显然，树 T 中边的个数为 $p(G)-1$，G 中不属于树 T 的边数为 $q(G)-p(G)+1$。

【定理 8-3】　图 G 有支撑树的充分必要条件是图 G 是连通的。

证明　必要性是显然的。

充分性：设图 G 是连通图，如果 G 不含圈，那么 G 本身是一棵树，从而 G 是它自身的一棵支撑树。现设 G 含圈，从圈中任意地去掉一条边，得到图 G 的一个支撑子图 G_1。如果 G_1 不含圈，那么 G_1 是 G 的一棵支撑树（因为易见 G_1 是连通的）；如果 G_1 仍含圈，那么从 G_1 中任取一个圈，从圈中再任意去掉一条边，得到图 G 的一个支撑子图 G_2，如此重复，最终可以得到 G 的一个支撑子图 G_k，它不含圈，于是 G_k 是 G 的一棵支撑树。

定理中充分性的证明过程提供了一个寻求连通图的支撑树的方法。这就是在图 G 中任取一个圈，从圈中去掉一边，对余下的图重复这个步骤，直到不含圈时为止，即得到一棵支撑树。这种方法称为"破圈法"。

【例 8-5】　在图 8-13 中，用破圈法求出图的一棵支撑树。

解　取一个圈 (v_1,v_2,v_3,v_1)，从这个圈中去掉边 $e_3=[v_2,v_3]$；在余下的图中，再取一个圈 (v_1,v_2,v_4,v_3,v_1)，去掉边 $e_4=[v_2,v_4]$；在余下的图中，从圈 (v_3,v_4,v_5,v_3) 中去掉边 $e_6=[v_5,v_3]$；再从圈 $(v_1,v_2,v_5,v_4,v_3,v_1)$ 中去掉边 $e_8=[v_2,v_5]$。这时，剩余的图中不含圈，于是得到一个支撑树，如图 8-13 中粗线所示。

也可以用另一种方法来寻求连通图的支撑树。在图中任取一条边 e_1，找一条与 e_1 不

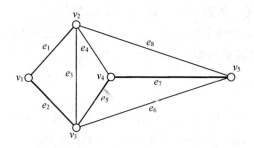

图 8-13 图 G 和支撑树

构成圈的边 e_2，再找一条与 $\{e_1, e_2\}$ 不构成圈的边 e_3，设已有 $\{e_1, e_2, \cdots, e_k\}$，找一条与 $\{e_1, e_2, \cdots, e_k\}$ 中的任何一些边不构成圈的边 e_{k+1}。重复这个过程，直到不能进行为止。这时，由所有取出的边所构成的图是一个支撑树。这种方法称为"避圈法"。

【例 8-6】 在图 8-14 中，用避圈法求出一个支撑树。

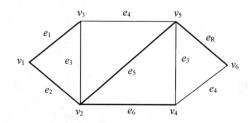

图 8-14 图 G 和支撑树

解 首先任取边 e_1，因 e_1 与 e_2 不构成圈，所以可以取 e_2，因为 e_5 与 $\{e_1, e_2\}$ 不构成圈，故可以取 e_5（因 e_3 与 $\{e_1, e_2\}$ 构成一个圈 (v_1, v_2, v_3, v_1)，所以不能取 e_3）；因 e_6 与 $\{e_1, e_2, e_5\}$ 不构成圈，故可取 e_6；因 e_8 与 $\{e_1, e_2, e_5, e_6\}$ 不构成圈，故可取 e_8（注意：因 e_7 与 $\{e_1, e_2, e_5, e_6\}$ 中的 e_5、e_6 能够成圈，故不能取 e_7）。这时由 $\{e_1, e_2, e_5, e_6, e_8\}$ 所构成的图就是一个支撑树，如图 8-14 中粗线所示。

8.3.3 最小支撑树问题

【定义 8-8】 给定图 $G = (V, E)$，对于 G 中的每一条边 $[v_i, v_j]$，相应地有一个数 w_{ij}，则称这样的图 G 为赋权图，w_{ij} 称为边 $[v_i, v_j]$ 上的权。

【定义 8-9】 设有一个连通图 $G = (V, E)$，每一边 $e = [v_i, v_j]$ 有一个非负权 $w(e) = w_{ij}(w_{ij} \geqslant 0)$。如果 $T = (V, E')$ 是 G 的一个支撑树，称 E' 中所有边的权之和为支撑树 T 的权，记为 $w(T)$。即

$$w(T) = \sum_{[v_i, v_j] \in T} w_{ij} \tag{8-5}$$

如果支撑树 T^* 的权 $w(T^*)$ 是 G 的所有支撑树的权中的最小者，则称 T^* 是 G 的最小支撑树（简称最小树），即

$$w(T^*) = \min_T w(T) \tag{8-6}$$

最小支撑树问题的实质是求出连通图 G 的最小支撑树。

假设给定一些城市，已知每对城市间交通线的建造费用，要求建造一个连接这些城市的交通网，使总的建造费用最小，这个问题就是赋权图上的最小支撑树问题。

下面介绍求最小支撑树的两个方法。

1. 避圈法 (kruskal)

在连通图 G 中，开始选一条最小权的边，以后每一步中，总是从未被选取的边中选一条权最小的边，并使之与已选取的边不构成圈（每一步中，如果有两条或两条以上的边都是权最小的边，则从中任选一条）。重复下去，直到不存在与已选边不构成圈的边为止。已选边与顶点构成的图 G 就是所求的最小支撑树 T。

【**例 8-7**】 某工厂内连接 6 个车间的道路网如图 8-15(a)所示。已知每条道路的长，要求沿道路架设连接 6 个车间的电话线网，使电话线的总长最小。

解 这个问题就是要求图 8-15(a)所示的赋权图上的最小支撑树。

用避圈法求解。从 E 中选最小权边 $[v_2, v_3]$，$E_1 = \{[v_2, v_3]\}$；从 $E \backslash E_1$ 中选最小权边 $[v_2, v_4]$，$E_2 = \{[v_2, v_3][v_2, v_4]\}$；从 $E \backslash E_2$ 中选 $[v_4, v_5]$，令 $E_3 = \{[v_2, v_3], [v_2, v_4], [v_4, v_5]\}$；从 $E \backslash E_3$ 中选 $[v_5, v_6]$（或选 $[v_4, v_6]$），令 $E_4 = \{[v_2, v_3], [v_2, v_4], [v_4, v_5], [v_5, v_6]\}$；从 $E \backslash E_4$ 中选 $[v_1, v_2]$，令 $E_5 = \{[v_2, v_3], [v_2, v_4], [v_4, v_5], [v_5, v_6], [v_1, v_2]\}$。

这时，任一条未选的边都与已选的边构成圈，故停止。(V, E_5) 就是所要求的最小支撑树，电话总长最小的电话线网方案如图 8-15(b)所示，电话线总长为 15 单位。

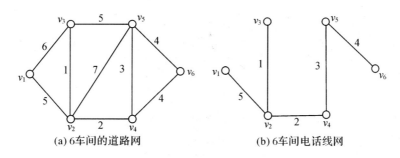

(a) 6 车间的道路网　　　　　　　(b) 6 车间电话线网

图 8-15　某工厂的道路网和电话线网

2. 破圈法

在连通图 G 中，任取一个圈，从圈中去掉一条权最大的边（如果有两条或两条以上的边都是权最大的边，则任意去掉其中一条）。在余下的图中，重复这个步骤，一直得到一个不含圈的图为止，这时的图便是最小支撑树。

【**例 8-8**】 用破圈法求图 8-15(a)所示赋权图的最小支撑树。

解 任取一个圈，譬如 (v_1, v_2, v_3, v_1)，边 $[v_1, v_3]$ 是这个圈中权最大的边，于是去掉边 $[v_1, v_3]$；再取圈 (v_3, v_5, v_2, v_3)，去掉边 $[v_2, v_5]$；取圈 $(v_3, v_5, v_4, v_2, v_3)$，去掉边 $[v_3, v_5]$；取圈 (v_5, v_6, v_4, v_5)，这个圈中，$[v_5, v_6]$ 及 $[v_4, v_6]$ 都是权最大的边，去掉其中的一条，比如说 $[v_4, v_6]$。这时得到一个不含圈的图，如图 8-15(b)所示，即为最小支撑树。

8.4 最短路问题

8.4.1 引例

在企业的经营活动和日常生活中，经常会遇到最短路问题。当你早晨从家中出发上班时，面临着走怎样的路线才能在最短时间内到达单位；当你假日外出旅游时，怎样选择旅游路线使花费最省；在企业的经营中，譬如需要运送一批物资到达某地，应沿着怎样的路线运输，才能使其运输费用最省，还有诸如各种管道铺设、线路安排、厂区布局、设备更新等，也属于最短路问题。

【例 8-9】 从油田铺设管道，把原油运到原油加工厂。要求管道必须沿图 8-16 所示的路线铺设。图中 v_i 点为油田，v_9 点为原油加工厂，弧权为该条道路的长度，制定使管道总长最短的铺设方案。

显而易见，可能的铺设方案有很多，如沿路线 $v_1 \to v_2 \to v_4 \to v_7 \to v_9$，或沿路线 $v_1 \to v_3 \to v_5 \to v_8 \to v_9$，等等。不同方案的管道总长是不同的，如按第一种方案铺设，管道总长为 16；按第二种方案铺设，管道总长为 12；等等。

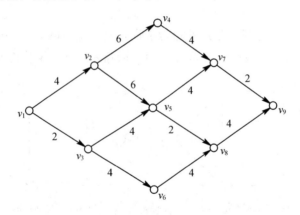

图 8-16 油田管道路线

用图论的语言来描述，一个方案对应着一条从 v_1 到 v_9 的路，管道总长为这条路线的总权，则上述问题就是求一条从 v_1 到 v_9 的路线，使路线的权最小，这样的路称为最短路径。因此在赋权有向图 G 中，设 v_1、v_n 是其中的两点，最短路径问题就是要求从始点 v_1 到终点 v_9 的一条有向路线，使其在所有从 v_1 到 v_n 的有向路线中，它是总权最小的一条。

8.4.2 最短路算法(标号法)

最短路径问题可以转化成线性规划问题求解，也可以处理成动态规划问题求解，这里着重介绍目前常用的一种算法——迪杰斯特拉(Dijkstra)算法，这种算法要求每条弧的权 $w_{ij} \geqslant 0$。在实际的管理工作中，一般都能满足这个要求。利用该算法，能求出从 v_1 到任一点 v_n 的最短路径(对于含负权弧，即有 $w_{ij} < 0$ 的最短路问题，目前也有其他算法来解决，此处不作介绍)。

进行计算时先对每一个顶点给定一个标号，标号分临时标号和固定标号(分别称 T 类

标号和 P 类标号）。顶点 i 的临时标号记为 $T(i)$，它表示发点 s 到顶点 i 的最短距离的上界；顶点 i 的固定标号记为 $P(i)$，它表示发点 s 到顶点 i 的实际最短距离。已得到 P 类标号的顶点不再改变其标号，而没有标上 P 类标号的顶点必须标上 T 类标号，算法的每一步要把某一顶点的 T 类标号改为 P 类标号。当终点获得 P 类标号时，就求得了从发点到终点的最短路线。

算法开始时给发点 s 标上固定标号 $P(s)=0$，这表示从 s 到 s 的最短距离为零。其余顶点标上临时标号 $T(j)=\infty$。

（1）设顶点 i 是刚得到 P 类标号的顶点，把与顶点 i 有弧直接相连而又属 T 类标号的各顶点 j 的标号，改为下列 T 类标号：

$$T(j)=\min\{T(j),\ P(i)+w_{ij}\} \tag{8-7}$$

（2）在 T 类标号中选标号最小的顶点 j_0 并把它的临时标号 $T(j_0)$ 改为固定标号 $P(j_0)$。若终点获得 P 类标号，则算法终止，最短路已经找到；否则转回第（1）步。

要找出从发点 s 到点 T 的最短路中顶点的顺序，在算法进行时要做好标记，以表明每一固定标号的顶点是从哪个顶点得到标号的，然后从终点反向追踪到发点，这样就可找出一条最短路径。另一个办法是从终点反向逆算，看哪个顶点的固定标号与终点标号的差数刚好等于与终点直接相连的相应弧长，譬如是顶点 j，则顶点 j 在终点 T 之前，对顶点 j 之前的 i 又可这样逆推，如此逐点逆算，就可找到最短路径。

下面举例说明迪杰斯特拉算法。

【例 8-10】　用迪杰斯特拉算法求无向图 8-17 中顶点 1 到顶点 6 的最短距离及其路线。

解　用迪杰斯特拉标号算法求解时，首先给顶点 1 标上 P 类标号 0，即 $P(1)=0$，其余顶点标上 T 类标号，即 $T(j)=\infty\ (j=2,3,\cdots,6)$。

第 1 步：

（1）与顶点 1 直接相连又为临时标号的顶点是 2 和 3，这两个顶点的临时标号改为

$$T(2)=\min[T(2),\ P(1)+w_{12}]=\min[\infty,\ 0+4]=4$$
$$T(3)=\min[T(3),\ P(1)+w_{13}]=\min[\infty,\ 0+3]=3$$

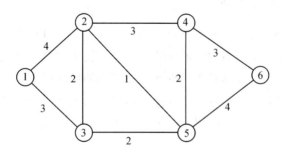

图 8-17　无向图 G 的最短路径

（2）在所有 T 类标号中，最小的为 $T(3)=3$，于是令 $P(3)=3$，即顶点 3 获得固定标号 $P(3)$。

第 2 步：

（1）与顶点 3 直接相连又为临时标号的顶点是 2 和 5，它们的 T 类标号改为

$$T(2) = \min[T(2), P(3) + w_{32}] = \min[4, 3+2] = 4$$
$$T(5) = \min[T(5), P(3) + w_{35}] = \min[\infty, 3+2] = 5$$

(2) 在所有 T 类标号中，$T(2) = 4$ 最小，于是有 $P(2) = 4$。

第 3 步：

(1) 对顶点 2，有

$$T(4) = \min[T(4), P(2) + w_{24}] = \min[\infty, 4+3] = 7$$
$$T(5) = \min[T(5), P(2) + w_{25}] = \min[\infty, 4+1] = 5$$

(2) 在所有 T 类标号中，$T(5) = 5$ 最小，于是令 $P(5) = 5$。

第 4 步：

(1) 对顶点 5，有

$$T(4) = \min[T(4), P(5) + w_{24}] = \min[7, 5+2] = 7$$
$$T(6) = \min[T(6), P(5) + w_{56}] = \min[\infty, 5+4] = 9$$

(2) 在所有 T 类标号中，$T(4) = 7$ 最小，令 $P(4) = 7$。

第 5 步：

(1) 对顶点 4 有

$$T(6) = \min[T(6), P(4) + w_{46}] = \min[9, 7+3] = 9$$

(2) 显然应令 $P(6) = 9$，终点(顶点 6)获得固定标号，算法到此结束。顶点 1 到顶点 6 的最短距离为 9。

要找出从顶点 1 到顶点 6 的最短路径各顶点的顺序，可从顶点 6 反向逆算。与顶点 6 直接相连的是顶点 4 和顶点 5，而顶点 6 与顶点 4 或顶点 5 固定标号之差为 2 和 4，与顶点 6 相连的弧长中只有弧 (5, 6) 的距离为 4，因此顶点 5 在顶点 6 之前。类似地可得出，顶点 3 在顶点 5 之前，顶点 1 在顶点 3 之前，即最短路径是 1→3→5→6；或者可得出，顶点 2 在顶点 5 之前，顶点 1 在顶点 2 之前，即有另一条最短路径 1→2→5→6。它们的最短距离都为 9。

8.4.3 最短路问题应用举例

【例 8-11】（设备更新）问题某企业使用一台设备，在每年年初，企业决策者就要决定是购置新的，还是继续使用旧的。若购置新设备，就要支付一定的购置费；若继续使用旧设备，则需支付一定的维修费用。现在的问题是如何制订一个几年之内的设备更新计划，使得总的支付费用最少。现以一个 5 年之内要更新某种设备的计划为例，已知该种设备在各年年初的价格（见表 8-1），还已知使用不同时间（年）的设备所需要的维修费用（见表 8-2）。

表 8-1　设备各年年初的价格　　　　　　　　　　　　　　万元

第一年	第二年	第三年	第四年	第五年
11	11	12	12	13

表 8 - 2　不同时间的维修费用

使用年数/年	0~1	1~2	2~3	3~4	4~5
维修费用/万元	5	6	8	11	18

解　可供选择的设备更新方案显然是很多的。例如，每年都购置一台新设备，则其购置费用为 $11+11+12+12+13=59$ 万元，而每年支付的维修费用为 5 万元，五年合计为 25 万元。于是五年总的支付费用为 $59+25=84$ 万元。又如决定在第一、三、五年各购进一台设备，则这个方案的设备购置费为 $11+12+13=36$ 万元，维修费为 $5+6+5+6+5=27$ 万元。五年总的支付费用为 63 万元。

如何制定使得总的支付费用最少的设备更新计划呢？可以把这个问题化为最短路径问题，见图 8 - 18。

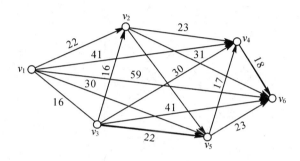

图 8 - 18　设备更新方案

用点 v_i 代表"第 i 年年初购进一台新设备"这种状态（加设一点 v_6，可以理解为第 5 年年底）。从 v_i 到 v_{i+1}，…，v_6 各画一条弧。弧 $(v_i，v_j)$ 表示在第 i 年年初购进的设备一直使用到第 j 年年初（即第 $j-1$ 年年底）。

每条弧的权可按已知资料计算出来。例如，$(v_1，v_4)$ 是第 1 年年初购进一台新设备（支付购置费 11 万元），一直使用到第 3 年年底（支付维修费 $5+6+8=19$ 万元），故 $(v_1，v_4)$ 上的权为 30 万元。

这样一来，制定一个最优的设备更新计划问题就等价于寻求从 v_1 到 v_6 的最短路径问题。于是按求解最短路径的计算方法，$\{v_1，v_3，v_6\}$ 及 $\{v_1，v_4，v_6\}$ 均为最短路径，即有两个最优方案。一个方案是在第 1 年、第 3 年各购置一台新设备；另一个方案是在第 1 年、第 4 年各购置一台新设备。五年总的支付费用均为 53 万元。

【例 8 - 12】　（选址问题）选址就是指在某一指定区域内选择服务性设施（如市郊商店区、消防站、医院、工厂、仓库等）最佳位置的问题。解决这类问题的关键是求出相应图中所有点间的最短路径。例如，已知有 6 个村庄，各村庄间的距离如图 8 - 19 所示，各村的小学生人数见表 8 - 3。现在计划在这片区域内建造一所医院和一所小学，问医院应建在哪个村庄才能使最远村庄到医院看病所走的总路程最短？又问小学建在哪个村庄才能使学生上学走的总路程最短。

表 8 - 3　各村小学人数

村庄	v_1	v_2	v_3	v_4	v_5	v_6
学生	50	40	60	20	70	90

解　利用最短路径计算（对于这种无向图 G 中的最短路径问题，当其所有的边权 $w_{ij} \geqslant 0$ 时，可直接利用前面求解有向图最短路径问题的最短路算法）。首先求出任意两点 v_i、v_j 间的最短路线 S_{ij}，得到矩阵 S（S_{ij} 表示从 v_i 出发到 v_j 的最短路径长度）。

$$S = \begin{array}{c} \\ v_1 \\ v_2 \\ v_3 \\ v_4 \\ v_5 \\ v_6 \end{array} \begin{array}{cccccc} v_1 & v_2 & v_3 & v_4 & v_5 & v_6 \end{array} \\ \begin{bmatrix} 0 & 2 & 6 & 7 & 8 & 11 \\ 2 & 0 & 4 & 5 & 6 & 9 \\ 6 & 4 & 0 & 1 & 2 & 5 \\ 7 & 5 & 1 & 0 & 1 & 4 \\ 8 & 6 & 2 & 1 & 0 & 3 \\ 11 & 9 & 5 & 4 & 3 & 0 \end{bmatrix}$$

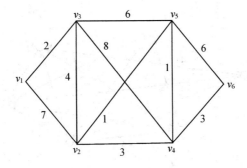

图 8-19　各村庄间的距离

设想医院建在村庄 v_j，则其他村庄的村民就要分别走 S_{1j}，S_{2j}，…，S_{6j} 的路程，对于点 v_j，S_{ij} 中必有最大者（最远距离），对每一点求出这个最大值。当然希望医院建立在这些最大值之中的最小值对应的村庄。这相当于对 S 中每一列求出元素的最大值，它们分别是 11、9、6、7、8、11。这些数中 6 最小，即第 3 列达到最小，即医院应建立在 v_3，其他村庄到该村庄的距离最远为 6。

设想小学建立在 v_j，则其他村庄的小学生们所走的总路程为

$$50S_{1j} + 40S_{2j} + 60S_{3j} + 20S_{4j} + 70S_{5j} + 90S_{6j}$$

对每一点求出这个值，它们的最小值所对应的 v_j 就是所要选择的最佳位置，这相当于将矩阵 S 中每一行元素分别乘以对应村庄里小学生的人数，然后分别求出各列的和，得到矩阵 D 各列总和。

$$D = \begin{array}{c} \\ v_1 \\ v_2 \\ v_3 \\ v_4 \\ v_5 \\ v_6 \end{array} \begin{array}{cccccc} v_1 \quad & v_2 \quad & v_3 \quad & v_4 \quad & v_5 \quad & v_6 \end{array} \\ \begin{bmatrix} 0 & 100 & 300 & 350 & 400 & 550 \\ 80 & 0 & 160 & 200 & 240 & 360 \\ 360 & 240 & 0 & 60 & 120 & 300 \\ 140 & 100 & 20 & 0 & 20 & 80 \\ 560 & 420 & 140 & 70 & 0 & 210 \\ 990 & 810 & 450 & 360 & 270 & 0 \end{bmatrix}$$

$$2130 \quad 1670 \quad 1070 \quad 1040 \quad 1050 \quad 1500$$

由此可知，总和最小的列是第 4 列，即小学应建在村庄 v_4，使学生上学所走路程最短。

8.5　网络最大流

许多系统包含了流量问题。例如交通系统有车辆流，金融系统有现金流，控制系统有信息流，等等。最大流问题主要是确定这类系统网络所能承受的最大流量以及如何达到这个最大流通量。

8.5.1　引例

【例 8-13】　图 8-20 所示为连接某产品产地 v_i 和销地 v_j 的交通网。弧 (v_i, v_j) 表示从 v_i 到 v_j 的运输线，弧旁的数字表示这条运输线的最大通过能力。现要求制订一个运输方案，使从 v_s 运到 v_t 的产品数量最多。

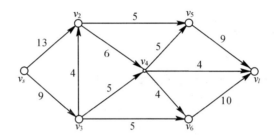

图 8-20　交通网

本例提出的问题就是一个最大流问题。实际上最大流问题是一个特殊的线性规划问题。本节将介绍利用图的特点求解这类问题的方法，它比用线性规划求解简单而直观得多。

8.5.2　基本概念与定理

【定义 8-10】

(1) 网络。给一个有向图 $D = (V, A)$，在 V 中指定了一点，称为发点(记为 v_s)，指定另一点称为收点(记为 v_t)，其余的点叫中间点。对于 A 中的弧 (v_i, v_j)，对应有一个 $c(v_i, v_j) \geqslant 0$(简记 c_{ij})，称为弧的容量。通常把这样的 D 叫作网络，记为 $D = (V, A, C)$。例如，图 8-20 就是一个网络，其中弧旁的数字为 c_{ij}，表示 (v_i, v_j) 线路上最大通过能力。

(2) 网络流。网络上的流是指定义在弧集 A 上一个非负函数 $f = \{f(v_i, v_j)\}$，并称 $f(v_i, v_j)$ 为弧 (v_i, v_j) 的流量，简记 f_{ij}。流量的集合 $f = \{(f_{ij})\}$ 称为网络的流，从发点到收点的总流量记为 $v(f)$。

图 8-21 所给定的运输方案，就可看作是这个网络上的流，每条弧上的运输量即为该弧上的流量，有 $f_{s2} = 6$，$f_{s3} = 4$，$f_{32} = 2$，$f_{46} = 1$，$f_{25} = 5$，等等。

在图 8-21 的运输网络中，可以发现，对于网络中的流有两个明显的要求：一是每条线路上的运输量(括号中的数字)不能超过该线路的最大运送能力(即弧的容量)；二是中间点的流量为零，因为对于每个点，运出该点的产品总量与运进这点的产品总量之差，是该点的净输出量，称为该点的流量；由于中间点只起到运转作用，所以中间点的流量必为零。而且发点的净流出量和收点的净流入量必相等，也就是这个方案的总输送量。

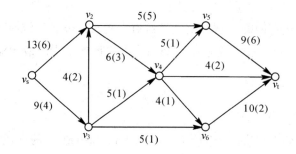

图 8-21 交通运输方案

（3）可行流。设 $f=\{f_{ij}\}$ 为一网络流，当 f 满足下列条件时，称为可行流。

① 容量限制条件。

对每一弧 $(v_i,v_j)\in A$，有 $0\leqslant f_{ij}\leqslant c_{ij}$

② 0平衡条件。

对于中间点 $v_i(i\neq s,t)$，流入量等于流出量，即

$$\sum_{(v_i,v_j)\in A} f_{ij} - \sum_{(v_j,v_i)\in A} f_{ji} = 0 \tag{8-8}$$

对于发点 v_s 有

$$\sum_{(v_s,v_j)\in A} f_{sj} - \sum_{(v_j,v_s)\in A} f_{js} = v(f) \tag{8-9}$$

对于收点 v_t 有

$$\sum_{(v_t,v_j)\in A} f_{tj} - \sum_{(v_j,v_t)\in A} f_{jt} = -v(f) \tag{8-10}$$

式中，$v(f)$ 称为这个可行流的流量，即发点的净输出量或收点的净输入量。

例如，图 8-21 中给出的运输方案就是一个可行流，其流量 $v(f)=10$。

可行流总是存在的，比如，令所有弧上的流量 $f_{ij}=0$，就得到了一个可行流（称为零流），其流量 $v(f)=0$。

（4）最大流。网络 D 上流量 $v(f)$ 达到最大的可行流，称为该网络的最大流。

最大流问题其实是一个特殊的线性规划问题，即求一组 $\{f_{ij}\}$，在满足可行流的条件下使 $v(f)$ 达到最大，其数学模型为

$$\max v(f)$$

$$\text{s.t.} \begin{cases} \sum f_{ij} - \sum f_{ji} = \begin{cases} v(f), & (i=s) \\ 0, & (i\neq s,t) \\ -v(f), & (i=s) \end{cases} \\ 0 \leqslant f_{ij} \leqslant c_{ij} \end{cases} \tag{8-11}$$

显然，以上定义可行流和最大流的方法与线性规划中可行解、最优解的定义是一致的。当然，利用图的特点求最大流问题要比一般的线性规划方法求解简便、直观得多。

【定义 8-11】

（1）饱和弧与非饱和弧。若给定一个可行流 $f=\{f_{ij}\}$，则称网络中 $f_{ij}=c_{ij}$ 的弧为饱

和弧；$f_{ij} < c_{ij}$ 的弧为非饱和弧（或不饱和弧）。

（2）零流弧与非零流弧。若给定一个可行流 $f = \{f_{ij}\}$，称 $f_{ij} = 0$ 的弧为零流弧，$f_{ij} > 0$ 的弧为非零流弧。

例如图 8 - 21 中，弧 (v_2, v_5) 是饱和弧，其余的都为非饱和弧；图中没有零流弧，所有的弧都为非零流弧。

（3）前向弧与后向弧。若 μ 是网络中连接发点 v_s 与收点 v_t 的一条链，定义链的方向是从 v_s 到 v_t，则链上的弧被分为两类：一类弧的方向与链的方向一致，称为前向弧，前向弧的全体记为 μ^+；另一类弧与链的方向相反，称为后向弧，后向弧的全体记为 μ^-。

例如图 8 - 21，在链 $\mu = (v_s, v_2, v_3, v_6, v_t)$ 中：

$$\mu^+ = \{(v_s, v_2), (v_3, v_6), (v_6, v_t)\}$$
$$\mu^- = \{(v_3, v_2)\}$$

值得一提的是，前向弧和后向弧是相对于某一具体的链而言的。一条弧相对于不同的链，可能是前向弧，也可能是后向弧。

【定义 8 - 12】

设 $f = \{f_{ij}\}$ 是一个可行流，μ 是从 v_s 到 v_t 的一条链。若 μ 满足：

（1）在弧 $(v_i, v_j) \in \mu^+$ 上，$0 \leqslant f_{ij} < c_{ij}$，即所有前向弧都是非饱和弧。

（2）在弧 $(v_i, v_j) \in \mu^-$ 上，$0 < f_{ij} \leqslant c_{ij}$，即所有的后向弧都是非零流弧。

则称 μ 是关于可行流 f 的一条增广链。

例如图 8 - 21 中，链 $\mu = (v_s, v_2, v_3, v_6, v_t)$ 是一条增广链。

8.5.3　截集和截量

【定义 8 - 13】

（1）截集。给定网络 $D = (V, A, C)$，若点集 V 被分割为两个非空子集 V_1 和 $\overline{V}_1$，且 $v_s \in V_1$，$v_t \in \overline{V}_1$，则由始点在 V_1 中，终点在 $\overline{V}_1$ 中的所有弧组成的集合称为网络的一个截集，记为 $(V_1, \overline{V}_1)$。显然，若把某一截集的弧从网络中去掉，则从 v_s 到 v_t 便不存在路。所以，直观上说，是从 v_s 到 v_t 必经之道。

（2）截量。给定一截集 $(V_1, \overline{V}_1)$，把截集 $(V_1, \overline{V}_1)$ 中所有弧的容量之和称为这个截集的容量（简称为截量），记为 $c(V_1, \overline{V}_1)$，即

$$c(V_1, \overline{V}_1) = \sum_{(v_i, v_j) \in (V_1, \overline{V}_1)} c_{ij} \tag{8 - 12}$$

例如，在图 8 - 21 中，令 $V_1 = \{v_s, v_2, v_3\}$，则 $\overline{V}_1 = \{v_4, v_5, v_6, v_t\}$，相应地有

截集 $(V_1, \overline{V}_1) = \{(v_2, v_5), (v_2, v_4), (v_3, v_4), (v_3, v_6)\}$

截量 $c(V_1, \overline{V}_1) = 5 + 6 + 5 + 5 = 21$

若 $V_1 = \{v_s, v_2, v_3, v_4, v_5\}$，则 $\overline{V}_1 = \{v_6, v_t\}$，相应地有

截集 $(V_1, \overline{V}_1) = \{(v_5, v_t), (v_4, v_t), (v_4, v_6), (v_3, v_6)\}$

显然不同的截集有不同的截量。值得注意的是一个网络图有多个截集，截集的个数为 2^n，其中 n 为中间点的个数。

不难证明，任何一个可行流的流量 $v(f)$ 都不会超过任一截集的容量，即

$$v(f) \leqslant c(V_1, \overline{V_1}) \qquad (8-13)$$

显然，若对于一个可行流 f^*，网络中有两个截集 $(V_1^*, \overline{V_1^*})$ 使 $v(f^*) = c(V_1^*, \overline{V_1^*})$，则 f^* 必是最大流，而 $(V_1^*, \overline{V_1^*})$ 必定是 D 的所有截集中容量最小的一个，即最小截集。

【定理 8-4】 可行流 f^* 是最大流，当且仅当不存在关于 f^* 的增广链。

最大流最小截量定理：任一个网络 D 中，从 v_s 到 v_t 的最大流的流量等于分离 v_s、v_t 的最小截集的容量。

定理 8-4 提供了寻求网络中最大流的一个方法。若给了一个可行流 f，只要判断 D 中有无关于 f 的增广链。如果有增广链，则可以改进 f，得到一个流量增大的新的可行流。如果没有增广链，则得到最大流。

在实际计算时，一般是用给顶点标号的方法来定义 V_1^*。在标号过程中，有标号的定点表示是 V_1^* 中的点，没有标号的点表示不是 V_1^* 中的点。一旦 v_t 有了标号，就表明找到一条增广链；如果标号过程进行不下去，而 v_t 尚未标号，则说明不存在增广链，于是得到最大流，而且同时也得到一个最小截集。

8.5.4 寻求最大流的标号法(Ford-Fulkerson)

1. 算法的基本思想

求最大流的 Ford-Fulkerson 标号法的基本思想是从某个可行流出发(若网络图中没有给定可行流 f，则可以设 f 是零流或按可行流的条件给定)，用给顶点标号的方法来找增广链，一旦终点 v_t 有了标号，表明找到了一条增广链，对此增广链上的流 f 进行调整，对调整后的可行流重新进行标号，试图寻找新的增广链。如此反复。如果标号过程进行不下去，即 v_t 得不到标号，则说明不存在增广链，也就说明已经得到了最大流。

2. 算法步骤

寻求最大流的标号法一般包括两步：标号过程和调整过程。

1) 标号过程

在这个过程中，网络图中的顶点分为两部分，即标号的点和未标号的点，标号的点又分为已检查点和未检查点，即

$$
顶点
\begin{cases}
标号点
\begin{cases}
标号已检查点 \\
标号未检查点
\end{cases} \\
未标号点
\end{cases}
$$

每个标号点 v_j 的标号包含两部分：第 1 个标号表明它的标号是从哪一点得到的，以便找出增广链；第 2 个标号是为了确定增广链的调整量 θ。具体标号过程如下：

(1) 给发点 v_s 标上 $(0, +\infty)$，这时 v_s 是标号而未检查的点，其余的点都是未标标号点。

(2) 取一个标号而未检查的点 v_i，对一切未标标号点 v_j，按以下规则处理：

① 若在弧 (v_i, v_j) 上，v_j 未标标号，且 $f_{ij} < c_{ij}$，则给 v_j 标号 $(v_i, l(v_j))$，其中 $l(v_j) = \min\{l(v_i), c_{ij} - f_{ij}\}$。

② 若在弧 (v_i, v_j) 上，v_j 未标标号，且 $f_{ij} > 0$，则给 v_j 标号 $(-v_i, l(v_j))$，其中 $l(v_j) = \min\{l(v_i), f_{ji}\}$。

这时点 v_j 称为标号而未检查的点，而 v_i 称为标号并已检查过的点。

(3) 重复第(2)步，一旦 v_t 被标上号，表明得到一条从 v_s 到 v_t 的增广链 μ，转入调整过程；若所有标号都已检查过了，v_t 不能得到标号，而且不存在其他可标号的顶点时，算法终止，这时的可行流就是最大流。

2）调整过程

(1) 按 v_t 及其他点的第 1 个标号，利用"反向追踪"的办法，找出增广链 μ。例如设 v_t 的第 1 个标号为 v_k（或 $-v_k$），则弧 (v_k, v_t)（或相应的 (v_t, v_k)）是 μ 上的弧。接下来检查 v_k 的第 1 个标号，若为 v_i（或 $-v_i$），则找出 (v_i, v_k)（或相应的 (v_k, v_i)）。再检查 v_i 的第 1 个标号，依此下去，直到 v_s 为止。这时被找出的链即为增广链 μ。

(2) 调整增广链 μ 上的流量。

确定调整量 $\theta = l(v_t)$，即 v_t 的第 2 个标号：

$$f_{ij} = \begin{cases} f_{ij} + \theta, & (v_i, v_j) \in \mu^+ \\ f_{ij} - \theta, & (v_i, v_j) \in \mu^- \\ f_{ij} & (v_i, v_j) \notin \mu \end{cases} \tag{8-14}$$

(3) 去掉所有的标号，对新的可行流 $f' = \{f_{ij}'\}$，重新进入标号过程。

【例 8-14】 用标号法求图 8-22 所示网络的最大流，弧旁的数为 c_{ij}。

解　首先根据可行流的条件，给出初始可行流，如图 8-23 所示，图中弧旁的数字为 (c_{ij}, f_{ij})。

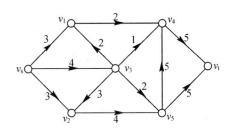

图 8-22　网络图

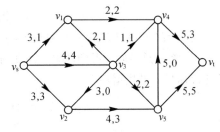

图 8-23　网络的可行流

(1) 标号过程。针对当前可行流 $(v(f) = 8)$ 寻找增广链。

① 给 v_s 标上 $(0, +\infty)$，v_s 为已标号而未检查点。

② 检查 v_s。v_1 可得标号 $(v_s, 2)$，v_2、v_3 不能得到标号，因为弧 (v_s, v_2) 和 (v_s, v_3) 为饱和弧。这样 v_s 为标号已检查点，v_1 成为标号未检查点。

③ 检查 v_1。弧 (v_3, v_1) 是反向弧，且 $f_{31} = 1 > 0$，则 v_3 可得到标号 $(-v_1, 1)$；弧 (v_1, v_4) 是饱和弧，故 v_4 不能得到标号。这样 v_1 为标号已检查点，v_3 成为标号未检查点。

④ 检查 v_3。弧 (v_3, v_4) 和弧 (v_3, v_5) 均为正向饱和弧，不满足标号条件；而弧 (v_3, v_2) 为正向不饱和弧，则 v_2 可得到标号 $(v_3, 1)$。此时，v_3 为标号已检查点，v_2 成为标号未检查点。

⑤ 检查 v_2。弧(v_2, v_5)为正向不饱和弧，则 v_5 可得到标号$(v_2, 1)$。此时，v_2 为标号已检查点，v_5 成为标号未检查点。

⑥ 检查 v_5。弧(v_5, v_t)为正向饱和弧，不满足标号条件；而弧(v_5, v_4)为正向不饱和弧，则 v_4 可得到标号$(v_5, 1)$。此时，v_5 为标号已检查点，v_4 成为标号未检查点。

⑦ 检查 v_4。弧(v_4, v_t)为正向不饱和弧，则 v_t 可得到标号$(v_4, 1)$。因为 v_t 已得到标号，故存在从 v_s 到 v_t 的增广链，转入调整过程。

（2）调整过程。首先按 v_t 及其他顶点的第 1 个标号，利用"反向追踪"的办法，找到一条增广链，如图 8 - 24 中粗线所示。

$$\mu = (v_s, v_1, v_3, v_2, v_5, v_4, v_t)$$

显而易见：

$$\mu^+ = \{(v_s, v_1), (v_3, v_2), (v_2, v_5), (v_5, v_4), (v_4, v_t)\}$$
$$\mu^- = \{(v_3, v_1)\}$$

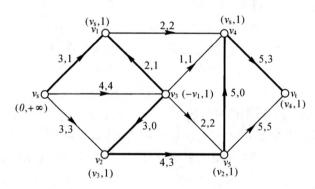

图 8 - 24 增广链

按 $\theta = l(v_t) = 1$，在 μ 上调整 f，μ^+ 上的弧为 $f_{ij} + \theta$，μ^- 上的弧为 $f_{ij} - \theta$，其余弧上的 f_{ij} 不变。调整后，得到图 8 - 25 所示的可行流，$v(f) = 8 + 1 = 9$，对流量值为 9 的可行流进行标号，寻找增广链。

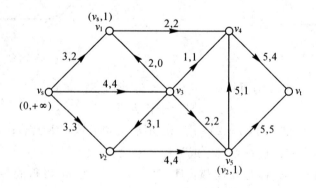

图 8 - 25 最大流及其分布

首先给 v_s 标号$(0, +\infty)$，检查 v_s，给 v_1 标号$(v_s, 1)$，检查 v_1，弧(v_1, v_4)为前向饱和弧$(f_{14} = c_{14} = 2)$，弧(v_3, v_1)为后向零流弧$(f_{31} = 0)$，均不符合标号条件，故标号过程无法进行下去，算法终止。这时的可行流（见图 8 - 25）即为所求的最大流，其最大流量为

$$v(f) = f_{s1} + f_{s3} + f_{s2} = 2 + 4 + 3 = 9$$

8.6 最小费用最大流问题

8.6.1 问题描述

在最大流问题中，已经讨论了如何寻求网络的最大流。但是在实际生活中，涉及网络"流"的问题时，往往不仅要考虑流量，还要考虑"费用"因素。例如，在运输网络中，从发点 v_s 到收点 v_t 所经过的路程，经常因为交通工具不同或道路本身状况不同而导致不同运输方案的交通费用不同。这样，问题就变成了不仅要求使 v_s 到 v_t 的运输量最大，而且要求这种运输方案的总费用最小。像这样一类问题就是所谓的最小费用最大流问题。

下面给出最小费用最大流问题的一般描述：

给定网络 $D=(V,A,C)$，在每一条弧 $(v_i,v_j)\in A$ 上，除容量 c_{ij} 外还涉及单位流量费用 $b(v_i,v_j)\geqslant0$（简记为 b_{ij}）。如果 f 是 D 的一个可行流，则其总费用为

$$b(f)=\sum_{(v_i,v_j)\in A}b_{ij}f_{ij} \tag{8-15}$$

要求 $b(f)$ 为最小且流量为某确定值 $v(f)$ 的可行流问题，称为最小费用流问题；求 $b(f)$ 为最小且流量、$v(f)$ 为最大的问题，称为最小费用最大流问题。

如果把最小费用看成约束条件，和最大流问题一样，最小费用流问题也是一个线性规划问题，并且求最小费用流实际上是求该线性规划问题的可行解，求最小费用最大流问题实际上是求该线性规划问题的最优解。自然，可行解经过调整即可得到最优解。当然，用图论方法求解比用一般线性规划求解要简单、便捷得多。

8.6.2 最小费用最大流问题求解

1. 算法思想

根据最大流问题算法可知，寻求最大流的方法是从某个可行流出发，找到关于这个流的一条增广链 μ，沿着 μ 调整 f，对新的可行流再试图寻找关于它的增广链，反复进行直至最大流。现在要寻求最小费用最大流，首先考察一下，当沿着一条关于可行流 f 的增广链 μ 进行调整，以 $\theta=1$ 进行调整，得到新可行流 f'。这时，可行流 f' 与 f 在增广链 μ 上的流量相差 1，其他弧上的流量相同。所以，可行流 f' 与 f 的费用只在增广链上有差异，其他弧上费用相等。因此，两者的费用差为

$$b(f')-b(f)=\Big[\sum_{\mu^+}b_{ij}(f'_{ij}-f_{ij})-\sum_{\mu^-}b_{ij}(f'_{ij}-f_{ij})\Big]=\sum_{\mu^+}b_{ij}-\sum_{\mu^-}b_{ij} \tag{8-16}$$

其中：μ^+ 为 μ 的前向弧集；μ^- 为 μ 的后向弧集。称 $\displaystyle\sum_{\mu^+}b_{ij}-\sum_{\mu^-}b_{ij}$ 为这条增广链 μ 的"费用"。

注：在这里，费用也可以是指距离、时间、成本等。

可以证明，若 f 是流量为 $v(f)$ 的所有可行流中费用最小者，而 μ 是关于 f 的所有增

广链中费用最小的增广链，那么沿着 μ 去调整 f，得到的可行流 f' 就是流量为 $v(f')$ 的所有可行流中的最小费用流。因此，当 f' 是最大流时，它也就是最小费用最大流。

因为 $b_{ij} \geqslant 0$，所以 $f = 0$（零流或平凡流）的总费用 $b(f) = 0$ 必是流量为零的最小费用流，所以通常称零流为最小费用流问题的初始解。

一般地，已知 f 是流量为 $v(f)$ 的最小费用流，问题在于如何寻求关于 f 的最小费用增广链。费用最小的增广链有两层含义：一方面，对费用 b_{ij} 网络来说，它是一条费用最小的链，这可以通过求以 b_{ij} 为权的网络的最短路来获得；另一方面，对容量流量网络 $\{c_{ij}, f_{ij}\}$ 来说，它必须是一条能增大流量的增广链。

下面分析网络流图 $D(f)$ 中弧的基本情况。对于弧 (v_i, v_j)，一般有以下三种情形：

（1）$0 < f_{ij} < c_{ij}$，则弧 (v_i, v_j) 既可作为增广链 μ 的前向弧，也可作为增广链 μ 的后向弧。若 $(v_i, v_j) \in \mu^+$，链上增流时弧也增流，使总费用增加；若 $(v_i, v_j) \in \mu^-$，链上增流时则减流，使总费用减少。

（2）$0 < f_{ij} = c_{ij}$，则弧 (v_i, v_j) 只能作为增广链的后向弧，也可作为增广链的前向弧。链增流时弧则减流，使总费用减少。

（3）$f_{ij} = 0$，则弧 (v_i, v_j) 只能作为增广链 μ 的前向弧，链增流时弧也增流，使总费用增加。

根据以上的分析，不难构造网络流图 $D(f)$ 以费用为权的有向图（简称费用网络图）$w(f)$，以求得关于流 f 的最小费用增广链。

构造费用网络图的规则为：

（1）顶点为原网络流图的顶点。

（2）弧 $\begin{cases} \text{作两条方向相反的弧}(v_i, v_j)\text{和}(v_j, v_i), 0 < f_{ij} < c_{ij} \\ \text{作一条与} D(f) \text{同向的弧}, f_{ij} = 0 \\ \text{作一条与} D(f) \text{反向的弧}, 0 < f_{ij} = c_{ij} \end{cases}$

（3）权：$w_{ij} = \begin{cases} b_{ij}, & \text{与} D(f) \text{同向的弧} \\ -b_{ij}, & \text{与} D(f) \text{反向的弧} \end{cases}$

于是在原网络流图 $D(f)$ 中寻求关于 f 的最小费用增广链就等价于在费用网络图 $w(f)$ 中寻求从 v_s 到 v_t 的最短路。

【例 8-15】 以图 8-26 为例，构造其费用网络图 $w(f)$。弧旁的数字为 (b_{ij}, c_{ij}, f_{ij})。

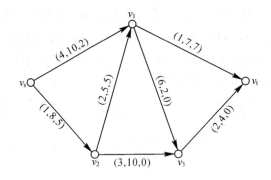

图 8-26 网络图 $D(f)$

解 首先取顶点 $V = \{v_s, v_1, v_2, v_3, v_t\}$。

弧：在 D 中弧 (v_s, v_1) 和 (v_s, v_2) 均满足 $0 < f_{ij} < c_{ij}$，即 $f_{s1} = 2 < c_{s1} = 10$，$f_{s2} = 10 < c_{s2} = 8$。

因此，在 $w(f)$ 中顶点 v_s、v_1 间和顶点 v_s、v_2 间各作两条方向相反的弧；在 D 中，弧 (v_1, v_t) 和 (v_2, v_1) 均满足 $f_{ij} = c_{ij}$。因此在 $w(f)$ 中对应顶点间各作一条与 $D(f)$ 中弧 (v_1, v_t) 和 (v_2, v_1) 方向相反的弧，即 (v_t, v_1) 和 (v_1, v_2)；再在 $D(f)$ 中，弧 (v_2, v_3)、(v_1, v_3) 和 (v_3, v_t) 均有 $f_{ij} = 0$，因此在 $w(f)$ 中对应顶点各作一条与 $D(f)$ 中弧方向相同的弧，即 (v_2, v_3)、(v_1, v_3) 和 (v_3, v_t)。

权：图 $w(f)$ 中与 $D(f)$ 中方向相同的对应弧 $w_{ij} = b_{ij}$，方向相反的弧 $w_{ij} = -b_{ij}$，如图 8-27 所示。

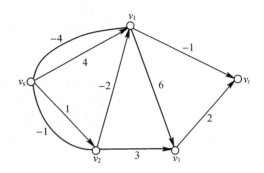

图 8-27 费用网络图 $w(f)$

另外，还有一种构造费用网络图 $w(f)$ 的规则：

（1）顶点为原网络图 D 的顶点。

（2）弧：把 D 中的每条弧 (v_i, v_j) 变成两条方向相反的弧 (v_i, v_j) 和 (v_j, v_i)。

（3）权：与 D 中同向的弧 $w_{ij} = \begin{cases} b_{ij}, & \text{若 } f_{ij} < c_{ij} \\ +\infty, & \text{若 } f_{ij} = c_{ij} \end{cases}$

与 D 中反向的弧 $w_{ij} = \begin{cases} -b_{ij}, & \text{若 } f_{ij} > 0 \\ +\infty, & \text{若 } f_{ij} = 0 \end{cases}$

由于权 $w_{ij} = +\infty$ 的弧可以从 $w(f)$ 中去掉，因此按照此规则构造图 8-26 的费用网络图 $w(f)$，其结果与图 8-27 一致。

2. 算法步骤

最小费用最大流的算法通常采用对偶算法，其具体算法步骤如下：

开始时取初始可行流为零流，即 $v(f^0) = 0$。在其对应的费用网络 $w(f^0)$ 上，用求最短路的方法求出从 v_s 到 v_t 的最短路，即寻找最小费用的增广链 μ_0；并在容量网络上沿着 μ_0 调整流量，再在新的可行流 f^1 的基础上构造新的费用网络 $w(f^1)$，重新寻找最小费用增广链。

如此，在第 $k-1$ 步后得到最小费用流 f^{k-1}，再构造对应的费用网络 $w(f^{k-1})$，继续寻找从 v_s 到 v_t 的最短路。若不存在最短路，则 f^{k-1} 就是最小费用最大流；若存在最短路，则在原流量网络中得到相应的增广链 μ，在增广链 μ 上对 f^{k-1} 进行调整，允许的调整量为

$$\theta = \min\{\min_{\mu^+}(c_{ij} - f_{ij}^{k-1}), \min_{\mu^-} f_{ij}^{k-1}\} \qquad (8-17)$$

调整后新的可行流 f^k 为

$$f_{ij}^k = \begin{cases} f_{ij}^{k-1} + \theta, (v_i, v_j) \in \mu^+ \\ f_{ij}^{k-1} - \theta, (v_i, v_j) \in \mu^- \\ f_{ij}^{k-1}, \qquad (v_i, v_j) \notin \mu \end{cases}$$

再对 f^k 重复上述步骤。算法的流程图如图 8-28 所示。

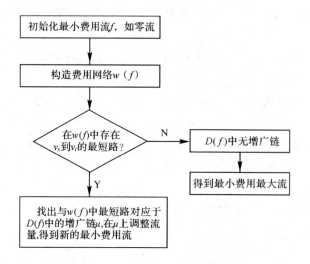

图 8-28 算法的流程图

【例 8-16】 求图 8-29 所示的网络中从 v_s 到 v_t 的最小费用最大流,其中每条弧上的数字为 (b_{ij}, c_{ij}),b_{ij} 为单位费用,c_{ij} 为容量。

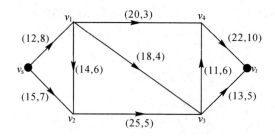

图 8-29 费用流量网络图 D

解 (1)取初始可行流 $f^0 = 0$,构造相应的费用网络 $w(f^0)$,如图 8-30(a)所示。

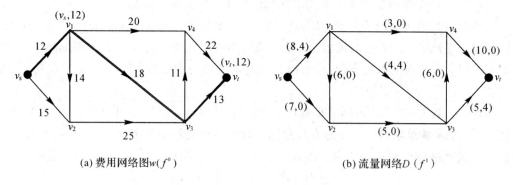

(a) 费用网络图 $w(f^0)$ (b) 流量网络 $D(f^1)$

图 8-30 例 8-16 费用流量网络图 D 的解(一)

(2)在 $w(f^0)$ 上用 Dijkstra 算法求出 v_s 到 v_t 的最短路(即最小费用链),如图 8-30(a)中双线所示:$v_s \rightarrow v_1 \rightarrow v_3 \rightarrow v_t$;在原网络流图 $D(f^0)$ 中与这条最短路相应的增广链为 $\mu^0 = (v_s, v_1, v_3, v_t)$,沿着该增广链调整流量,调整量 $\theta = 4$,得新的可行流 f^1,其流值 $v(f^1) = 4$,如图 8-30(b)所示。

（3）再构造与 $D(f^1)$ 相对应的费用网络 $w(f^1)$，如图 8-31(a) 所示。由于图中含有负权，则用标号法求 v_s 到 v_t 的最短路，如图 8-31(a) 中双线所示：$v_s \rightarrow v_2 \rightarrow v_3 \rightarrow v_t$；在流量网络 $D(f^1)$ 中与这条最短路相对应的增广链为 $\mu^1 = (v_s, v_2, v_3, v_t)$，在增广链 μ^1 上对 f^1 进行调整，调整量 $\theta = 1$，得到新的可行流 f^2，其流值 $v(f^2) = 5$，如图 8-31(b) 所示。

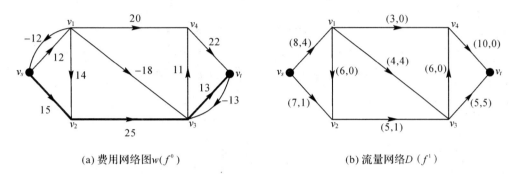

(a) 费用网络图 $w(f^0)$ (b) 流量网络 $D(f^1)$

图 8-31 例 8-16 费用流量网络图 D 的解（二）

（4）再构造与 $D(f^2)$ 相对应的费用网络 $w(f^2)$，如图 8-32(a) 所示。并在 $w(f^2)$ 上求最短路径，即在 $w(f^2)$ 上得到相应的增广链 $\mu^2 = (v_s, v_1, v_4, v_t)$，在增广链 μ^2 上对 f^2 进行调整，调整量 $\theta = 3$，得到新的可行流 f^3，其流值 $v(f^3) = 8$，如图 8-32(b) 所示。

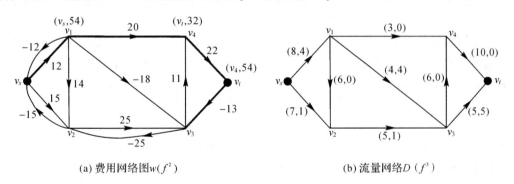

(a) 费用网络图 $w(f^2)$ (b) 流量网络 $D(f^3)$

图 8-32 例 8-16 费用流量网络图 D 的解（三）

（5）继续作 $w(f^3)$，如图 8-33(a) 所示，并在 $w(f^3)$ 上求最短路径，即在 $D(f^3)$ 上得到相应的增广链 $\mu^3 = (v_s, v_2, v_3, v_4, v_t)$，调整流量后得如图 8-33(b) 所示的流量图 $D(f^4)$，新增流量 $\theta = 4$，流值 $v(f^4) = 12$。

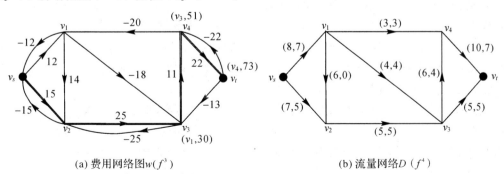

(a) 费用网络图 $w(f^3)$ (b) 流量网络 $D(f^4)$

图 8-33 例 8-16 费用流量网络图 D 的解（四）

（6）作 $w(f^4)$，如图 8-34 所示，由于从 $w(f^4)$ 中无法找到 v_s 到 v_t 的最短路，说明在 $D(f^4)$ 中已不存在增广链，求解终止。故 $D(f^4)$ 所示的流即为所求的最小费用最大流。此时 $v(f^4)=12$，最小费用为

$$b(f^4)=7\times 12+5\times 15+0\times 14+5\times 25+4\times 18+3\times 20+4\times 11+7\times 22+5\times 13=679$$

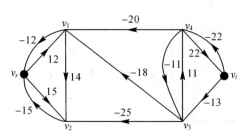

图 8-34　费用网络图 $w(f^4)$

8.7　中国邮路问题

假设一个邮递员负责某一街区的信件投递，他每天要从邮局出发，走遍该区所有的街道，投递完信件后再返回邮局。问他如何选择一条投递的路线才能使他所走的总路程最短？

这个问题是由我国管梅谷教授在 1962 年首先提出的，因此国际上统称为中国邮路问题。用图论的语言可描述为：给定一个连通网络 G，要求一个圈 C 经 G 的每边至少一次，且使 C 的权和最小。

8.7.1　欧拉图

若在一个连通图 G 中，存在一条链恰好经过每条边一次，则称该链为欧拉链，若该链是首尾相接的，则称为欧拉圈。如果一个图含有欧拉圈，则称该图为欧拉图。"七桥问题"其实就是要在图中寻找一个欧拉圈。

关于欧拉图可以证明如下结论：

【定理 8-5】　连通图 G 是欧拉图的充分必要条件是 C 中无奇点。

证明

必要性：因 G 是欧拉图，故存在一个欧拉圈 C，它经过 G 的所有边。又因 G 是连通的，从而 C 包含了 G 的所有顶点，即 G 的任一顶点必出现在 C 中。设 v_0 为 C 的始点（终点），当沿着 C 的某一方向前进时，每通过任一顶点时，必是一进一出，而每边在 C 中恰好出现一次，故对于 G 中任一异于 v_0 的顶点必是偶顶点。而对于 v_0，由于 C 始于 v_0 又终于 v_0，故 v_0 也是偶顶点。因此，图 G 无奇点。

充分性：由于图 G 中无奇顶点，从任一顶点 v_1 出发，经关联边 e_1 进入 e_2，由于 v_2 是偶顶点，故必可由 v_2 经关联边 e_2 进入另一顶点 v_3，……，如此进行下去，每边必经过一次。因图 G 中顶点数有限，故这条路不能无休止地走下去，必可走回 v_1，得到一个圈 C_1。

若回路 C_1 经过 G 的所有边，则 C_1 就是欧拉圈。否则，从 G 中删去 C_1 后得到子图 G_1，则 G_1 中每个顶点仍为偶顶点。因为图 G 是连通图，所以 C_1 与 G_1 至少有一个公共顶点 u，

在 G_1 中，从顶点 u 出发，重复前面构造 C_1 的方法，又得到一个圈 C_2。把 C_1 与 C_2 合并在一起可得到一个更大的圈，如果它等于图 G，则得到欧拉圈，否则重复前面构造的过程，又可得圈 C_3。依次类推，由于图 G 中边数有限，故最终可得一个经过图 G 每边恰好一次的圈，即为欧拉圈。

从这个定理可以得到以下推论：

推论：连通图 G 含欧拉圈的充分必要条件是 G 恰有两个奇顶点。

上述定理和推论提供了识别一个图能否一笔画出的较为简单的办法，如前面的"七桥问题"，有 4 个奇点，所以不能一笔画出。

8.7.2 奇偶点图上作业法

根据上面的讨论，如果在某邮递员所负责的范围内，街道图中没有奇点，那么他就可以从邮局出发，走过每条街道一次，且仅一次，最后回到邮局，这样他所走的路程也就是最短的路程。对于有奇点的街道图，就必须在某些街道上重复走一次或多次。

将邮递员管辖的街道图视为无向图 $G = (V, E)$，若 G 没有奇顶点，则 G 是一个欧拉图，G 含的欧拉圈即为所求。

若 G 中有奇顶点，要求连续经过每边至少一次，则必然有些边不止经过一次，这相当于在图 G 中对某些边添加一些重复边，使所得到的新图 G' 没有奇顶点且使总路程最短。显然，添加的重复边的总长度最短，由此产生了求解中国邮路问题的奇偶点图上作业法，具体步骤如下：

（1）把图 G 的奇顶点两两配对，并将每对奇顶点间的通路上的各边作为重复边添加到图 G 上，得到的新图的全部顶点都是偶顶点。如果某边上的重复边多于一条，则可从中删去偶数条，使每边的重复边最多只有一条。

（2）检查图 G 中的每个初级圈。若每个圈的重复边的总长度不大于该圈长度的一半时，则得到最优方案。否则，若有一个初级圈，该圈的重复边的总长度大于该圈长度的一半，就将该圈的原有重复边删去，给该圈原来没有重复边的各边都加上一条重复边。重复这个过程，直到没有这种圈为止。

【**例 8 - 17**】 求解如图 8 - 35 所示网络的中国邮路问题。

解 （1）确定初始可行方案。先找出图中的奇顶点，有 v_2，v_4，v_6，v_8，把 v_2 与 v_4 配对，v_6 与 v_8 配对。在 v_2 与 v_4 间添加重复边 v_2v_3 和 v_3v_4；在 v_6 与 v_8 间添加重复边 v_6v_7 和 v_7v_8，如图 8 - 36 所示。此图没有奇顶点，已是欧拉图。这个初始可行方案的全部重复边的总长度为 21。

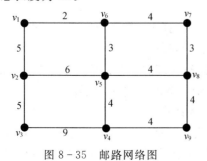

图 8 - 35 邮路网络图

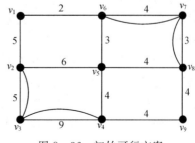

图 8 - 36 初始可行方案

（2）调整可行方案。检查图 8-36，发现图中有一个初级圈 $\{v_2v_3v_4v_5v_2\}$，它的重复边的总长度为 $5+9=14$，大于该圈长度的一半 12。因此，去掉该圈的重复边 v_2v_3 和 v_3v_4 而代之以总长度较短的重复边 v_2v_5 和 v_5v_4，如图 8-37 所示。这样调整后，可行方案的全部重复边的总长度为 17。

（3）继续调整方案。检查图 8-37，发现图中有一个初级圈 $\{v_1v_2v_5v_8v_7v_6v_1\}$。它的重复边总长度为 $4+3+6=13$，大于该圈长度的一半 12。因此，去掉该圈的重复边 v_6v_7、v_7v_8 和 v_2v_5，而代之以总长度较短的重复边 v_2v_1、v_1v_6 和 v_5v_8，如图 8-38 所示。这样调整后，可行方案的全部重复边总长度为 15。

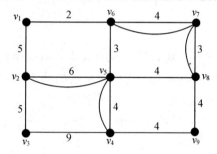

图 8-37　调整后的方案

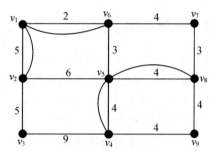

图 8-38　最优方案

在图 8-38 中，每个初级圈的重复边总长度均不超过该圈长度的一半，因此，该可行方案就是最优方案，图 8-38 中的任一个欧拉圈就是邮递员的最优邮递路线。

奇偶点图上作业法在实际运用中已作出许多贡献。它不仅可以提高邮递员的工作效率，而且对于街道清扫路线、纺织工看车路线、仓库员巡视货物路线等类似问题的研究，都有实际意义。

这种方法的特点是比较容易实现，但要检查每个初级圈，当图 G 的顶点数和边数较多时，运算量极大。Edmods 和 Johnson 于 1973 年提出了一种比较有效的方法，即化为最短路及最优匹配问题求解。

8.8　网络计划技术

网络图是图论方法在解决工程和管理问题的一项重要应用。在管理工作中，除了可以应用网络分析方法制定决策外，还广泛地应用网络方法编制计划。把绘制网络图的规则及计算相关参数（主要是时间参数）的方法称为网络方法。把以网络图表示的、用网络方法编制的计划称为网络计划。

网络计划技术是一种以总的工程进度着眼的组织管理技术，把一项复杂的工程分解成许多工序，按工序的先后顺序相互联系建立网络图，进行定量分析，找出主要矛盾线，达到重点控制；计算时间参数，找出时差，从而对时间和资源进行合理的计划、配置与控制，以保证工程提前或按期完成。在考虑进度的同时，结合考虑完成任务的总成本，统筹兼顾。

网络计划技术主要包括关键路线法（CPM）和计划评审法（PERT）。CPM 借助于网络表示各项工作所需要的时间及各项工作间的相互关系，从而找出编制与执行计划的关键路线；PERT 同样应用网络方法和网络形式，但它注重于对各项任务安排的评价和审查。

1965 年，我国开始应用推广这种方法，并根据其主要特点统筹安排，把它称为统筹方法。

8.8.1　网络图的基本概念及绘制规则

为编制网络计划，首先需绘制网络图。网络图是由节点（点）、弧及权所构成的有向图，即有向的赋权图。

节点：表示一个事项（或事件），它是一个或若干个工序的开始或结束，是相邻工序在时间上的分界点。节点用圆圈和里面的数字表示，数字表示节点的编号，如①、②、…。

弧：表示一个工序，工序是指为了完成工程项目，在工艺技术和组织管理上相对独立的工作或活动。一项工程由若干个工序组成。工序需要一定的人力、物力等资源和时间。弧用箭线→表示。

权：表示为完成某个工序所需要的时间或资源等。通常标注在箭线下面或其他合适的位置上。

【例 8 - 18】　某项研制新产品工程的各个工序与所需时间以及它们之间的相互关系见表 8 - 4。要求编制该项工程的网络计划。

表 8 - 4　研制新产品工序表

工序	工序代号	所需时间/天	紧后工序
产品设计与工艺设计	a	60	b,c,d,e
外购配套件	b	45	l
下料、铸件	c	10	f
工装制造 1	d	20	$g、h$
木模、铸件	e	40	h
机械加工 1	f	18	l
工装制造 2	g	30	k
机械加工 2	h	15	l
工装制造 3	k	25	l
装配调试	l	35	—

解　根据表 8 - 4 的已知条件和数据，绘制的网络图如图 8 - 39 所示。

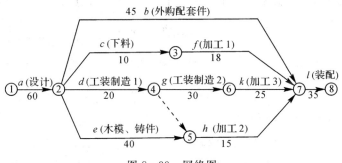

图 8 - 39　网络图

在图 8-39 中，箭头线 a、b、…、l 分别代表 10 个工序。箭线下面的数字表示为完成该工序所需的时间（天数）。节点①、②、…、⑧分别表示某一个或某些工序的开始和结束。例如，节点②表示 a 工序的结束和 b、c、d、e 等工序的开始，即 a 工序结束后，后 4 个工序才能开始。

在网络图 8-39 中，用一条弧和两个节点表示一个确定的工序。例如，②→⑦表示一个确定的工序 b。工序开始的节点常以 i 表示，称为箭尾节点。工序结束的节点常以 j 表示，称为箭头节点。i 称为箭尾事项，j 称为箭头事项。工序的箭尾事项与箭头事项称为该工序的相关事项。在一个网络图中，只能有始点和终点两个节点，分别表示工程的开始和结束，其他节点既表示上一个（或若干个）工序的结束，又表示下一个（或若干个）工序的开始。

为正确反映工程中各个工序的相互关系，在绘制网络图时，应遵循以下规则：

1) 方向、时序与节点编号

网络图是有向图，按照工艺流程的顺序，规定工序从左向右排列。网络图中的各个节点都有一个时间（某一个或若干个工序开始或结束的时间），一般按各个节点的时间顺序编号。为了便于修改编号及调整计划，可以在编号过程中留出一些编号。始点编号可以从 1 开始，也可以从零开始。

2) 紧前工序与紧后工序

例如，在图 8-39 中，只有在 a 工序结束后，b、c、d、e 工序才能开始。a 工序是 b、c、d、e 等工序的紧前工序，而 b、c、d、e 等工序则是工序 a 的紧后工序。

3) 虚工序

为了用来表达相邻工序之间的衔接关系，实际上并不存在而虚设的工序。用虚箭头线 i→j 表示。虚工序不需要人力、物力等资源和时间。如在图 8-39 中，虚工序④→⑤只表示在 d 工序结束后，h 工序才能开始。

4) 相邻的两个节点之间只能有一条弧

即一个工序用确定的两个相关事项表示，某两个相邻节点只能是一个工序的相关事项。在计算机上计算各个节点和各个工序的时间参数时，相关事项的两个节点只能表示一道工序，否则将造成逻辑上的混乱。例如图 8-40(a)的画法是错误的，图 8-40(b)的画法是正确的。

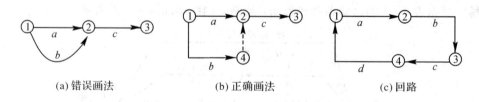

 (a) 错误画法   (b) 正确画法   (c) 回路

图 8-40 网络图

5) 网络图中不能有缺口和回路

在网络图中，除始点、终点外，其他各个节点的前后都应有弧连接，即图中不能有缺口，使网络图从始点经任何路线都可以到达终点。否则，将使某些工序失去与其紧后（或紧前）工序应有的联系。

在本节讨论的网络图中不能有回路，即不可有循环现象。否则，将使组成回路的工序永远不能结束，工程永远不能完工。如在网络图中出现图 8 - 40(c)的情况，显然是错误的。

6）平行作业

为缩短工程的完工时间，在工艺流程和生产组织条件允许的情况下，某些工序可以同时进行，即可采用平行作业的方式。如在图 8 - 39 中，工序 b、c、d、e4 个工序即可平行作业。

在有几个工序平行作业结束后转入下一个工序的情况下，考虑到便于计算网络时间和确定关键路线，选择在平行作业的几个工序中所需时间最长的一个工序，直接与其紧后工序衔接，而其他工序则通过虚工序与其紧后工序衔接。如在图 8 - 39 中，工序 d、e 为平行作业，这两个工序都结束后，它们的紧后工序 h 才能开始。在工序 d、e 中，工序 e 所需的时间(40 天)比工序 d 所需的时间(20 天)长，则工序 e 直接与工序 h 连接，而工序 d 则通过虚工序与工序 h 连接。

7）交叉作业

对需要较长时间才能完成的一些工序，在工艺流程与生产组织条件允许的情况下，可以不必等待工序全部结束后再转入其紧后工序，而是分期分批转入。这种方式称为交叉作业。交叉作业可以缩短工程周期。如在图 8 - 39 中，将工装制造分为两批，将一个工序分为两个工序 d、g，分别与紧后工序 h、k 连接。

8）始点和终点

为表示工程的开始和结束，在网络图中只能有一个始点和一个终点。当工程开始时有几个工序平行作业，或在几个工序结束后完工，用一个始点、一个终点表示。

若这些工序不能用一个始点或一个终点表示时，可用虚工序把它们与始点或终点连接起来。

9）网络图的分解与综合

根据网络图的不同需要，一个工序所包括的工作内容可以多一些，即工序综合程度较高。也可以在一个工序中所包括的工作内容少一些，即工序的综合程度较低。一般情况下，工程总指挥部制订的网络计划是工序综合程度较高的网络图（母网络）。而下一级部门则根据综合程度高的网络图要求，制订本部门的工序综合程度低的网络图（子网络）。将母网络分解为若干个子网络，称为网络图的分解。而将若干个子网络综合为一个母网络，则称为网络图的综合。若将图 8 - 39 视为一个母网络，它可以分解为工序 a、工序 b、c、d、e、f、g、h、k，和工序 l3 个子网络。工序 a 和 l 都可以再分解为综合程度较低的若干个工序。

10）网络图的布局

网络图中，尽可能将关键路线布置在中心位置，并尽量将联系紧密的工作布置在相近的位置。

为使网络图清楚和便于在图上填写有关的时间数据与其他数据，弧线尽量用水平线或具有一段水平的折线。

网络图上也可以附有时间进度。必要时也可以按完成各个工序的工作单位布置网络图。

8.8.2 网络计划时间与关键路线

1. 路线与关键路线

在网络图中，从始点开始，按照各个工序的顺序，连续不断地到达终点的一条通路称为路线。如在图 8-39 中，共有 5 条路线，5 条路线的组成及所需要的时间见表 8-5。

表 8-5 图 8-39 的所有路线及所需的时间

路线	路线的组成	各工序所需时间之和/天
1	①→②→⑦→⑧	60＋45＋35＝140
2	①→②→③→⑦→⑧	60＋10＋18＋35＝123
3	①→②→④→⑥→⑦→⑧	60＋20＋30＋25＋35＝170
4	①→②→④→⑤→⑦→⑧	60＋20＋15＋35＝130
5	①→②→⑤→⑦→⑧	60＋40＋15＋35＝150

在各条路线上，完成各个工序的时间之和是不完全相等的。其中，完成各个工序需要时间最长的路线称为关键路线，或称主要矛盾线，在图中用粗线表示。在图 8-39 中，第 3 条路线就是条关键路线，组成关键路线的工序称为关键工序。如果能够缩短关键工序所需的时间，就可以缩短工程的完工时间。而缩短非关键路线上的各个工序所需要的时间，却不能使工程完工时间提前。即便是在一定范围内适当地拖长非关键路线上各个工序所需要的时间，也不至于影响工程的完工时间。编制网络计划的基本思想就是在一个庞大的网络图中找出关键路线。对各关键工序，优先安排资源，挖掘潜力，采取相应措施，尽量压缩需要的时间。而对非关键路线上的各个工序，只要在不影响工程完工时间的条件下，抽出适当的人力、物力等资源，用在关键工序上，以达到缩短工程工期、合理利用资源等目的。在执行计划过程中，可以明确工作重点，对各个关键工序加以有效控制和调度。

关键路线是相对的，也是可以变化的。在采取一定的技术组织措施之后，关键路线有可能变为非关键路线。而非关键路线也有可能变为关键路线。

2. 网络时间的计算

为了编制网络计划和找出关键路线，要计算网络图中各个事项及各个工序的有关时间，称这些有关时间为网络时间。

1) 作业时间 T_{ij}

为完成某一工序所需要的时间称为该工序 $i \rightarrow j$ 的作业时间，用 T_{ij} 表示。确定作业时间有点时间估计法、三点时间估计法两种方法。

（1）点时间估计法。

在确定作业时间时，只给出一个时间值。在具备劳动定额资料的条件下，或者在具有类似工序的作业时间消耗的统计资料时，可以根据这些资料，用分析对比的方法确定作业时间。

（2）三点时间估计法。

在不具备劳动定额和类似工序的作业时间消耗的统计资料，且作业时间较长，未知的和难以估计的因素较多的条件下，对完成工序可估计三种时间，之后计算它们的平均时间作为该工序的作业时间。估计的三种时间是：

① 乐观时间：在顺利情况下，完成工序所需要的最少时间，常用符号 a 表示；

② 最可能时间：在正常情况下，完成工序所需要的时间，常用符号 m 表示；

③ 悲观时间：在不顺利情况下，完成工序所需要的最多时间，常用符号 b 表示。

显然，完成工序所需要的上述三种时间都具有一定的概率。根据经验，这些时间的概率分布可以认为近似于正态分布，如图 8-41 所示。

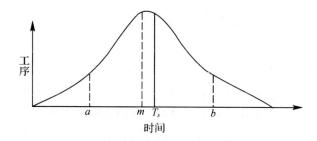

图 8-41　时间分布概率

一般情况下，可按下列公式计算作业时间：

$$T = \frac{a+4m+b}{6}, \ 方差 \ \sigma^2 = \left(\frac{b-a}{6}\right)^2$$

工程完工时间等于各关键工序的平均时间之和。假设所有工序的作业时间相互独立，且具有相同分布。若在关键路线上有道工序，则工程完工时间可以认为是一个以 $T_{\mathrm{E}} = \sum\limits_{i=1}^{s} \dfrac{a_i+4m_i+b_i}{6}$ 为均值，以 $\sigma_{\mathrm{E}}^2 = \sum\limits_{i=1}^{s} \left(\dfrac{b_i-a_i}{6}\right)^2$ 为方差的正态分布。根据 T_{E} 与 σ_{E}^2 即可计算出工程的不同完工时间的概率。

【例 8-19】 已知某项工程中各关键工序的平均作业时间与方差见表 8-6。试求完成该项工程的周期及完工时间为 60 天的概率。

表 8-6　各关键工序的平均作业时间与方差

工序	T	σ^2
c	10.50	1.36
d	10.16	0.25
f	20.33	4.00
g	5.16	0.25
h	12.83	14.67

解　从表 8-6 可以算出，该项工程是以 $T_{\mathrm{E}} = \sum T = 58.98$ 为期望值，以 $\sigma_{\mathrm{E}}^2 = 20.53$ 为

方差的正态分布。

在 T_E 和 σ_E^2 为已知条件下，既可估算出工程完工时间的概率，也可以估算出具有一定概率的工程完工时间 T_K。

$$T_K = T_E + \sigma_E u, \quad \text{或} \quad u = \frac{T_K + T_E}{6}$$

式中：T_K 为预定的工程完工时间或目标时间；u 为 σ 的系数。

在例 8-19 中，$T_K = 60$，则

$$u = \frac{60 - 58.98}{\sqrt{20.53}} = 0.22$$

根据正态分布表，

$$\frac{1}{\sqrt{2\pi}} \int_{-\infty}^{0.22} e^{-x/2} \, dx$$

的值为 0.587，即工程在 60 天完成的概率为 0.587。

2）事项时间

（1）事项最早时间 $T_E(j)$。

若事项为某一工序或若干工序的箭尾事项时，事项最早时间为各工序的最早可能开始时间。若事项为某一或若干工序的箭头事项时，事项最早时间为各工序的最早可能结束时间。通常是按箭头事项计算事项最早时间，用 $T_E(j)$ 表示，它等于从始点事项起到本事项最长路线的时间长度。计算事项最早时间是从始点事项开始，自左向右逐个事件向前计算，假定始点事项的最早时间等于零，即 $T_E(1) = 0$。箭头事项的最早时间等于箭尾事项最早时间加上作业时间。当同时有两个或若干个箭线指向箭头事项时，选择各工序的箭尾事项最早时间与各自工序作业时间的最大值，即

$$T_E(1) = 0$$
$$T_E(j) = \max\{T_E(i) + T(i, j)\} \quad (j = 2, \cdots, n) \tag{8-18}$$

式中：$T_E(j)$ 为箭头事项的最早时间；$T_E(i)$ 为箭尾事项的最早时间。

例如，在网络图 8-39 中各事项的最早时间为

$$T_E(1) = 0$$
$$T_E(2) = T_E(1) + T(1,2) = 0 + 60 = 60（天）$$
$$T_E(3) = T_E(2) + T(2,3) = 60 + 10 = 70（天）$$
$$T_E(4) = T_E(2) + T(2,4) = 60 + 20 = 80（天）$$
$$T_E(5) = \max\{T_E(2) + T(2,5), T_E(4) + T(4,5)\}$$
$$= \max\{60 + 40, 80 + 0\} = 100（天）$$
$$T_E(6) = T_E(4) + T(4,6) = 80 + 30 = 110（天）$$
$$T_E(7) = \max\{T_E(2) + T(2,7), T_E(3) + T(3,7), T_E(6)$$
$$+ T(6,7), T_E(5) + T(5,7)\}$$
$$= \max\{60 + 45, 70 + 18, 110 + 25, 100 + 15\} = 135（天）$$
$$T_E(8) = T_E(7) + T(7,8) = 135 + 35 = 170（天）$$

将上述计算结果计入各事项左下方的"□"内，见图 8-42。

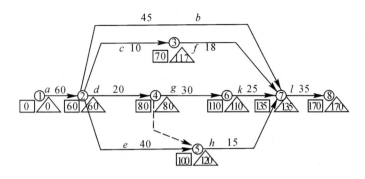

图 8-42　网络图及事项时间

（2）事项最迟时间 $T_L(i)$。

事项最迟时间即箭头事项各工序的最迟必须结束时间，或箭尾事项各工序的最迟必须开始时间。为了尽量缩短工程的完工时间，把终点事项的最早时间，即工程的最早结束时间作为终点事项的最迟时间。事项最迟时间通常按箭尾事项的最迟时间计算，从右向左反顺序进行。箭尾事项 i 的最迟时间等于箭头事项 j 的最迟时间减去工序 $i \to j$ 的作业时间。当箭尾事项同时引出两个以上箭线时，该箭尾事项的最迟时间必须同时满足这些工序的最迟必须开始时间。所以在这些工序的最迟必须开始时间中选一个最早（时间值最小）的时间，即

$$T_L(n) = T_E(n) \quad （n \text{ 为终点事端}）$$
$$T_L(i) = \min\{T_L(j) - T(i,j)\} \quad (i = n-1, \cdots, 2, 1) \tag{8-19}$$

式中：$T_L(i)$ 为箭尾事项的最迟时间；$T_L(j)$ 为箭头事项的最迟时间。

例如，在图 8-42 中各事项的最迟时间为

$$T_L(8) = T_E(8) = 170（\text{天}）$$
$$T_L(7) = T_L(7) - T(7, 8) = 170 - 35 = 135（\text{天}）$$
$$T_L(6) = T_L(7) - T(6, 7) = 135 - 25 = 110（\text{天}）$$
$$T_L(5) = T_L(7) - T(5, 7) = 135 - 15 = 120（\text{天}）$$
$$T_L(4) = \min\{T_L(6) - T(4, 6), T_L(5) - T(4, 5)\}$$
$$= \min\{110 - 30, 120 - 0\} = 80（\text{天}）$$
$$T_L(3) = T_L(7) - T(3, 7) = 135 - 18 = 117（\text{天}）$$
$$T_L(2) = \min\{T_L(7) - T(2, 7), T_L(3) - T(2, 3),$$
$$T_L(4) - T(2, 4), T_L(5) - T(2, 5)\}$$
$$= \min\{135 - 45, 117 - 10, 80 - 20, 120 - 40\} = 60（\text{天}）$$
$$T_L(1) = T_L(2) - T(1, 2) = 60 - 0 = 60（\text{天}）$$

将各事项的最迟时间计入该事项右下角的三角框内，如图 8-42 所示。

3）工序的最早开始时间、最早结束时间、最迟结束时间与最迟开始时间

（1）工序最早开始时间 $T_{ES}(i, j)$。

任何一个工序都必须在其紧前工序结束后才能开始。紧前工序最早结束时间即为工序最早可能开始时间，简称为工序最早开始时间，用 $T_{ES}(i, j)$ 表示。它等于该工序箭尾事项的最早时间，即

$$T_{ES}(i,j) = T_E(i) \qquad\qquad (8-20)$$

例如，在图 8 - 42 中各工序的最早开始时间为

$$T_{ES}(1,2) = 0$$

$$T_{ES}(2,3) = T_{ES}(2,4) = T_{ES}(2,5) = T_{ES}(2,7) = 60(天)$$

$$T_{ES}(3,7) = 70(天)$$

$$T_{ES}(4,6) = 80(天)$$

$$T_{ES}(5,7) = 100(天)$$

$$T_{ES}(6,7) = 110(天)$$

$$T_{ES}(7,8) = 135(天)$$

（2）工序最早结束时间 $T_{EF}(i,j)$。

工序最早结束时间是工序最早可能结束时间的简称，它等于工序最早开始时间加上该工序的作业时间，即

$$T_{EF}(i,j) = T_{ES}(i,j) + T(i,j) \qquad\qquad (8-21)$$

例如，在图 8 - 42 中各工序的最早结束时间为

$$T_{EF}(1,2) = 0 + 60 = 60(天)$$

$$T_{EF}(2,3) = 60 + 10 = 70(天)$$

$$T_{EF}(2,4) = 60 + 20 = 80(天)$$

$$T_{EF}(2,5) = 60 + 40 = 100(天)$$

$$T_{EF}(2,7) = 60 + 45 = 105(天)$$

$$T_{EF}(3,7) = 70 + 18 = 88(天)$$

$$T_{EF}(4,6) = 80 + 30 = 110(天)$$

$$T_{EF}(5,7) = 100 + 15 = 115(天)$$

$$T_{EF}(6,7) = 110 + 25 = 135(天)$$

$$T_{EF}(7,8) = 135 + 35 = 170(天)$$

（3）工序最迟结束时间 $T_{LF}(i,j)$。

在不影响工程最早结束时间的条件下，工序最迟必须结束的时间，简称为工序最迟结束时间，用 $T_{LF}(i,j)$ 表示。它等于工序的箭头事项的最迟时间，即

$$T_{LF}(i,j) = T_L(j) \qquad\qquad (8-22)$$

例如，在图 8 - 42 中各工序的最迟结束时间为

$$T_{LF}(7,8) = 170(天)$$

$$T_{LF}(6,7) = T_{LF}(5,7) = T_{LF}(3,7) = T_{LF}(2,7) = 135(天)$$

$$T_{LF}(4,6) = 110(天)$$

$$T_{LF}(2,5) = 120(天)$$

$$T_{LF}(2,4) = 80(天)$$

$$T_{LF}(2,3) = 117(天)$$

$$T_{LF}(1,2) = 60(天)$$

（4）工序最迟开始时间 $T_{LS}(i,j)$。

在不影响工程最早结束时间的条件下，工序最迟必须开始的时间，简称为工序最迟开

始时间。它等于工序最迟结束时间减去工序的作业时间，即

$$T_{LS}(i,j) = T_{LF}(i,j) - T(i,j) \qquad (8-23)$$

例如，在图 8-42 中各工序的最迟开始时间为

$$T_{LS}(1,2) = 60 - 60 = 0(天)$$
$$T_{LS}(2,3) = 117 - 10 = 107(天)$$
$$T_{LS}(2,4) = 80 - 20 = 60(天)$$
$$T_{LS}(2,5) = 120 - 40 = 80(天)$$
$$T_{LS}(2,7) = 135 - 45 = 90(天)$$
$$T_{LS}(3,7) = 135 - 18 = 117(天)$$
$$T_{LS}(4,6) = 110 - 30 = 80(天)$$
$$T_{LS}(5,7) = 135 - 15 = 120(天)$$
$$T_{LS}(6,7) = 135 - 25 = 110(天)$$
$$T_{LS}(7,8) = 170 - 35 = 135(天)$$

（5）工序总时差 TF(i,j)。

在不影响工程最早结束时间的条件下，工序最早开始（或结束）时间可以推迟的时间，称为该工序的总时差，即

$$TF(i,j) = T_{LS}(i,j) - T_{ES}(i,j)，或者 TF(i,j) = T_{LF}(i,j) - T_{EF}(i,j)$$

工序总时差越大，表明该工序在整个网络中的机动时间越大，可以在一定范围内将该工序的人力、物力资源利用到关键工序上去，以达到缩短工程结束时间的目的。

（6）工序单时差 FF(i,j)。

在不影响所有紧后工序最早开始时间的条件下，工序最早结束时间可以推迟的时间，称为该工序的单时差。

$$FF(i,j) = T_{ES}(j,k) - T_{LF}(i,j) \qquad (8-24)$$

式中，$T_{ES}(j,k)$ 为工序 $i \to j$ 的紧后工序的最早开始时间。

工序总时差、单时差及其紧后工序的最早开始时间、最迟开始时间的关系如图 8-43 所示。

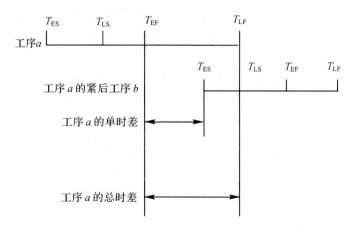

图 8-43　工序时差的关系

总时差为零的工序，开始和结束的时间没有一点机动的余地。由这些工序所组成的路

229

线就是网络中的关键路线。这些工序就是关键工序。用计算工序总时差的方法确定网络中的关键工序和关键路线是确定关键路线最常用的方法。在图 8-42 中，工序 a、d、g、k、l 的总时差为零，由这些工序组成的路线就是图 8-42 中的关键路线。

在只要求确定关键路线时，可以用寻求最小支撑树的原理和方法，只不过是求最大树，而不是最小支撑树。

通过上述的网络时间参数计算过程可以看出，计算过程具有一定的规律和严格的程序，可以在计算机上进行计算，也可以用表格法与矩阵法计算。

8.8.3 网络计划的优化

通过绘制网络图、计算网络时间和确定关键路线，可以得到一个初始的计划方案。但是，一项工程或任务的网络计划难以一次做得很好，需要根据目标的要求，对网络计划的初始方案进行调整和完善。例如，预算的工程完工期是否满足预期要求，预算费用是否满足目标要求，以及资源利用是否合理有效，等等，均要对网络计划作必要的调整和修正。总之，根据计划的要求，综合地考虑进度、资源利用和降低费用等目标，即进行网络优化，确定最优的计划方案。

1. 时间的调整与优化

时间的调整与优化就是在资源允许的条件下，采取各种有效措施，缩短关键工序的工期，提高工作效率，寻求最短的整个计划的完工周期，以满足目标工期的要求，如要求按合同规定的期限交工的项目。

其主要方法有：

（1）采取技术措施，缩短关键工序的作业时间。

技术措施主要是指新工艺、新技术、质量更好的原材料，或投入更多的人力、物力和设备、改单班制为多班制等。

（2）采取组织措施，充分利用非关键工序的总时差，合理调配技术力量及人、财、物力等资源，缩短关键工序的作业时间。

（3）在工艺流程允许的条件下，对关键路线上的各道工序组织平行作业或交叉作业。例如：某项房屋施工结束后要对房屋内的设施进行安装，然后进行搬迁，若用 A 工序表示煤气管道的安装，B 工序表示水管的安装，C 工序表示搬迁，则网络图可画为图 8-44(a)所示的串联作业形式，也可画成图 8-44(b)所示的平行作业形式。图 8-44(a)中的总工期为 5+3+1=9，改为平行作业图 8-44(b)后总工期为 5+1=6。

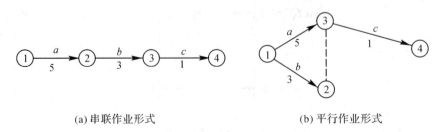

(a) 串联作业形式　　　　　　　　　(b) 平行作业形式

图 8-44　房屋设施安装网络图

又如：某项任务的串联作业和交叉作业如图 8-45 所示。

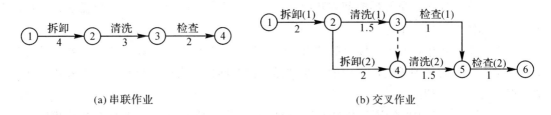

(a) 串联作业　　　　　　　　　　(b) 交叉作业

图 8-45　某项任务作业网络图

根据图 8-45，当为串联作业时，总工期为 4+3+2=9；改为交叉作业后，总工期为 2+2+1.5+1=6.5。

由此可见，在关键路线上组织平行作业和交叉作业，对缩短完工期的效果是显著的。但是应该指出，采用这种方法除工艺流程允许外，还必须有足够的人力、物力和场地为前提条件。

2. 时间—资源优化

所谓时间—资源优化，就是在编制网络计划安排工程进度的同时，要考虑尽量合理地利用现有资源，并缩短工程周期。

一般地，时间—资源优化有"工期固定—资源均衡"和"资源有限—工期最短"两种情形。"工期固定—资源均衡"的优化过程是指调整计划安排，在工期保持不变的条件下，使资源需要量尽可能均衡的过程；"资源有限—工期最短"的优化过程是指调整计划安排，以满足资源限制条件，并使工期拖延最少的过程。

在实际操作过程中，要在编制网络计划的同时，一次把时间（进度）和资源利用都作出统筹合理的安排，常常需要进行几次综合平衡之后，才能得到在时间进度及资源利用等方面都比较合理的计划方案。具体的要求和做法是：

（1）优先安排关键工序所需要的资源。

（2）利用非关键工序的总时差，错开各工序的开始时间，拉平资源需要量的高峰。

（3）在确实受到资源限制，或者在考虑综合经济效益的条件下，也可以适当地推迟工程完工时间。

下面列举一个拉平资源需要量高峰的实例。

【例 8-20】 在图 8-42 中，若完成工序 k、f、g、h、k 的机械加工工人数有限制时，并已知现有机械加工工人数为 65 人，并假定这些工人可以完成上述 5 个工序中的任何一个工序。各工序所需要的工人数及上述工序的总时差见表 8-7。

表 8-7　各工序所需的工人数及总时差

工序	作业天数/天	所需的机械加工人数/人	总时差
d	20	58	0
f	18	22	47
g	30	42	0
h	15	39	20
k	25	26	0

若上述各工序按最早开始时间安排时，在完成各关键工序的 75 天中，所需要的机械加工工人数如图 8 - 46 所示。

在图的上半部中，工序代号后括号内的数字是该工序所需的机械加工工人数，虚线表示非关键工序总时差的长度。图中的下半部是不同时间内所需要的机械加工工人数。这种图一般称为资源负荷图。

显然，图 8 - 46 中的资源负荷是不均匀的，其中有两段时间所需要的工人数都超过了现有工人人数。还有两段时间的工人数远远少于现有工人人数，这种安排是不妥当的。

若各工序都按最迟开始时间安排，则从第 117 天至第 135 天期间内，需要的机械加工工人数为 87 人，也超过了现有的工人数。

若利用非关键工序 f、h 的总时差，工序 f 从第 80 天开始，工序 h 从第 120 天开始，就可以拉开资源负荷的高峰，既保证了整个工程周期内各工序所需的工人人数，又避免了某段时间内所需要的工人人数远远少于现有人数。优化后的资源负荷图如图 8 - 47 所示。

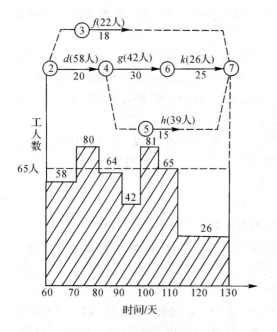

图 8 - 46　优化前的资源负荷图　　　　图 8 - 47　优化后的资源负荷图

例 8 - 20 以人力资源的限制与要求负荷尽量均匀为例，说明了利用非关键工序总时差拉平资源负荷高峰，经过若干次调整，得到一个可行的最优计划方案的一般方法。这种方法适用于人力、物力、财力等各种资源与时间进度的综合平衡，从而选择一个最优的计划方案。

在拉平资源负荷高峰过程中，还可以采取非关键工序分段作业及减少所需资源等措施，必要时也可以根据计划目标和综合经济效益的要求，适当地拖长工程周期。

3. 时间—费用优化

时间—费用优化是研究在编制网络计划过程中，如何使得工程完工时间短、费用少；

或者在保证既定的工程完工时间的条件下，所需要的费用最少；或者在限制费用的条件下，工程完工时间最短。一句话，就是寻求最低成本时的最短工期（称为最低成本日程）的安排。

为完成一项工程（或任务），所需要的费用可分为以下两大类：

（1）直接费用。直接费用一般包括直接生产工人的工资及附加费，设备、能源、工具及材料消耗等直接与完成工序有关的费用。为缩短工序的作业时间，需要采取一定的技术组织措施，相应地要增加一部分直接费用。因此在一定条件下和一定范围内，工序的作业时间越短，直接费用越多。

（2）间接费用。间接费用一般包括管理人员的工资及附加费、办公费等。间接费用通常按照施工时间的长短分摊，在一定的生产规模内，工序的作业时间越短，分摊的间接费用越少。完成工程项目（由各工序组成）的直接费用、间接费用、总费用与工程完工（完成各工序）时间的关系一般情况下如图 8-48 所示。

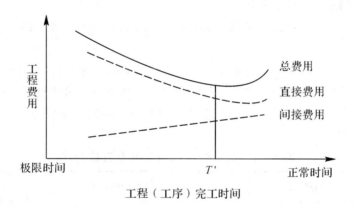

图 8-48　完成工程项目各费用间的关系

图 8-48 中的正常时间是在现有的生产技术条件下，由各工序的作业时间所构成的工程完工时间。极限时间是为了缩短各工序的作业时间而采取一切可能的技术组织措施之后，可能达到的最短的作业时间和完成工程项目的最短时间。

在进行时间—费用优化时，需要计算在采取各种技术组织措施之后，工程项目的不同的完工时间所对应的工序总费用和工程项目所需要的总费用。使得工程费用最低的工程完工时间称为最低成本日程（见图 8-48 中的 T' 值）。编制网络计划，无论是以降低费用为主要目标，还是以尽量缩短工程完工时间为主要目标，都要计算最低成本日程，从而提出时间—费用的优化方案。

目前，时间—费用优化（即求最低成本日程）的方法主要有枚举法和线性规划法。下面介绍枚举法。

枚举法的基本思想是在各工序均采用正常时间和费用的计划方案的基础上，以关键工序的作业时间和费用关系为依据，综合考虑缩短关键工序的作业时间的可能性和非关键工序时差之间的制约关系，不断调整网络计划，从而得到一系列工期及其相应成本的关系和各工序的进度安排。具体实施步骤为：

（1）算出工程总直接费用。工程总直接费用等于组成该工程的全部工序的直接费用的总和。

(2)算出直接费用变动率。直接费用变动率是指缩短单位工程时间所需增加的直接费用。直接费用变动率用 g 表示,它是个平均数。

$$g = \frac{\text{极限时间的工序直接费用} - \text{正常时间的工序直接费用}}{\text{正常时间} - \text{极限时间}}$$

(3)确定出间接费的费用率。间接费的费用率是指缩短每一单位工作时间所减少的间接费,其值一般根据实际情况确定。

(4)找出网络计划中的关键路线并计算出工程的工期。

(5)在网络计划中找出直接费用率(或组合直接费用率)最低的一项关键工序或一组关键工序,作为缩短作业时间的对象。

(6)缩短已找出的一项关键工序或一组关键工序的作业时间。其缩短值必须保证所在关键路线不能变成非关键路线,且缩短后的作业时间不小于其极限时间。

(7)计算工期缩短后的总费用。

(8)重复以上(5)、(6)、(7)步骤直到总费用不能降低为止。此时的工期即为最低成本日程。

【例 8-21】 已知图 8-42 中各道工序正常情况下的作业时间(已标在各条弧的上面)和极限时间,以及对应于正常时间、极限时间各工序所需要的直接费用和每缩短一天工期需要增加的直接费用(见表 8-8)。又已知工程项目每天的间接费用为 400 元,求该工程项目的最低成本日程。

表 8-8 各工序所需的时间及直接费用

工序	正常情况下		采取各种措施后		缩短一天工期增加的直接费用(费用变动率)/元·天$^{-1}$
	正常时间/天	工序的直接费用/元	权限时间/天	工序的直接费用/元	
a	60	10 000	60	10 000	—
b	45	4500	30	6300	120
c	10	2800	5	4300	300
d	20	7000	10	11 000	400
e	40	10 000	35	12 500	500
f	18	3600	10	5440	230
g	30	9000	20	12 500	350
h	15	3750	10	5750	400
k	25	6250	15	9150	290
l	35	12 000	35	12 000	—

解　按图 8-42 及表 8-8 中的已知资料，若按图 8-42 安排，工程工期为 170 天，则工程的直接费用为

直接费用＝10 000＋4500＋2800＋7000＋10 000＋ 3600＋9000＋3750＋6250＋12 000

$$＝68\ 900(元)$$

工程的间接费用为

$$间接费用＝170×400＝68\ 000(元)$$

故总费用为

$$总费用＝直接费用＋间接费用＝68\ 900＋68\ 000＝136\ 900(元)$$

将这个按正常时间进行的方案作为第 I 方案。

如果要缩短第 I 方案的完工时间，首先要缩短关键路线上直接费用变动率最低的工序的作业时间，就本例来说，工序 k、g 是所有关键工序中直接费用变动率最低的工序。已知这两个工序的作业时间分别都只能缩短 10 天，则总工期可以缩短到 150 天，这时网络计划如图 8-49 所示。

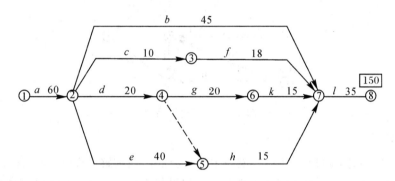

图 8-49　缩短工期 20 天后的网络计划图

将此方案作为第 II 方案，此方案的总费用为

$$总费用＝136\ 900＋(290×10＋350×10)－20×400$$
$$＝136\ 900＋6400－800＝135\ 300(元)$$

由此可见，第 II 方案比第 I 方案的工期缩短 20 天，总费用节省 1600 元(136 900－135 300)。显然，第 II 方案比第 I 方案经济效果好。

是否还有比第 II 方案更好的方案呢？从图 8-49 可知，第 II 方案有两条关键路线，即 ①→②→④→⑥→⑦→⑧与①→②→⑤→⑦→⑧。如果再缩短工程周期，工序直接费用将要大幅度增加，例如，若在第 II 方案的基础上再缩短工程工期 10 天，则 d 工序需缩短 10 天，h 工序缩短 5 天(只能缩短 5 天)，e 工序缩短 5 天，将此方案作为第 III 方案，其总工期为 140 天，总费用为

$$总费用＝135\ 300＋400×10＋400×5＋500×5－400×10$$
$$＝135\ 300＋8500－4000＝139\ 800(元)$$

显然第 III 方案的总费用比第 I、第 II 两个方案的总费用都高。可见，第 II 方案为最优方案；对应的工程工期 150 天，即为最低成本日程。

需要指出的是，应用枚举法求工程项目的最低成本日程时，缩短工程工期应该通过选

择直接费用率最小的某项关键工序或几项关键工序的组合来实现，非关键工序则是起着限制每一次缩短工期最大值的制约作用。因此，当网络图较复杂的时候，将采用线性规划法。

8.8.4 应用案例

1. 问题背景

某地的电力公司有3个发电站，它们负责5个城市的供电任务，其输电网络如图8-50所示。由于城市8经济的高速发展，要求供应电力65 MW，3个发电站在满足城市4、5、6、7的用电需要量后，还分别剩余15 MW、10 MW 和40 MW，输电网络剩余的输电能力见图8-50节点和线路上的数字。问题是输电网络的输电能力是否满足城市8的需要，如不满足，需要增建哪些输电线路?

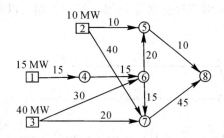

图 8-50 输电网络图

2. 问题分析

根据问题的描述，可以将其转换成一个最大流的问题求解。图8-50的输电网络图有3个发点(即3个发电站)、1个终点(城市8)，如果能求得从3个发点到终点的最大流，就知道输电网络的最大输电能力，也知道是哪些已经饱和了的弧限制了输电能力的提高，因而可据此确定应增建哪些输电线路。

把网络图化成只有一个发点和一个终点的容量网络图，如图8-51所示。

表 8-9 最大流求解过程表

增广路	流量
$s \rightarrow 3 \rightarrow 7 \rightarrow 8$	20
$s \rightarrow 2 \rightarrow 5 \rightarrow 8$	10
$s \rightarrow 1 \rightarrow 4 \rightarrow 6 \rightarrow 7 \rightarrow 8$	15
$s \rightarrow 3 \rightarrow 6 \rightarrow 5 \rightarrow 2 \rightarrow 7 \rightarrow 8$	10
合计	55

由表8-9的求解过程可知，其最大流量为55 MW，流的分布见图8-52弧上括号内的数字。

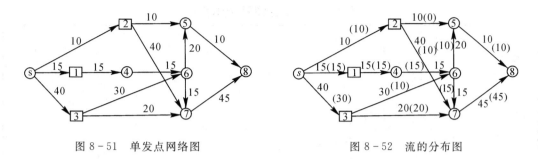

图 8-51　单发点网络图　　　　　　　　图 8-52　流的分布图

3. 结果分析

从图 8-52 可知，城市 8 用电需求为 65 MW，而输电网络的最大输电量只有 55 MW，相差了 10 MW。为了增输 10 MW，最好的方案是在饱和弧⑤→⑧增建输送 10 MW 的新线路，而把非饱和弧 s→③→⑥→⑤各增加 10 MW 的流量，使 s→③和⑥→⑤变为饱和弧，扩大容量后的网络如图 8-53 所示。如在饱和弧⑦→⑧增建输送 10 MW 的新线路，则还需在其他饱和弧上再增建新线路③→⑦或⑥→⑦。

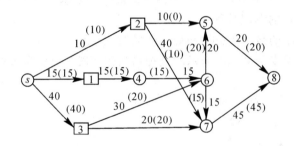

图 8-53　扩大容量后流的分布图

本 章 小 结

本章主要讲解了图论基础理论，在此基础上，重点对其在实际工程项目中的应用技术进行了较详细的介绍。诸如最短路问题、网络最大流、最小费用最大流、中国邮路、网络计划等技术。并用案例进行了总结概括。能使读者得到理论及实践的双重收获。

习　　题

8-1　简述下列名词含义：

网络的可行流、网络最大流、最小费用最大流、关键路线、网络时间、最小树、有向图、无向图、连通图。

8-2　十名学生参加六门课程的考试。由于选修内容不同，考试门数也不一样。表 8-10 给出了每个学生应参加考试的课程（打─的）。

表 8-10　学生课程选修情况

学生＼考试课程	A	B	C	D	E	F
1	⊖	⊖		⊖		
2	⊖		⊖			
3	⊖					⊖
4		⊖			⊖	⊖
5	⊖		⊖	⊖	⊖	
6			⊖		⊖	
7			⊖	⊖		⊖
8		⊖				
9	⊖	⊖				⊖
10			⊖			⊖

　　规定考试在三天内结束，每天上下午各安排一门。学生希望每人每天最多考一门，课程 A 必须安排在第一天上午考，课程 F 安排在最后一门，课程 B 只能安排在下午考，试列出一张满足各方面要求的考试日程表。

　　8-3　求图 8-54 的最小生成树和最大生成树。

　　8-4　请用标号法求图 8-55 所示的最短路问题，弧上数字为距离。

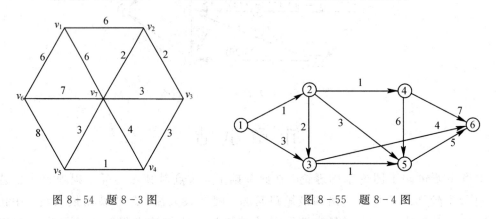

图 8-54　题 8-3 图　　　　　　　　　　图 8-55　题 8-4 图

　　8-5　用 Dijkstra 标号法求图 8-56 中始点到各顶点的最短路，弧上数字为距离。

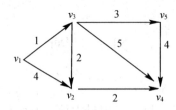

图 8-56　题 8-5 图

　　8-6　最短路问题：某公司使用一种设备，此设备在一定年限内随着时间的推移逐渐损坏。每年购买价格和不同年限的维修使用费如表 8-11 和表 8-12 所示。假定公司在第一年开始时必须购买一台此设备，请建立此问题的网络图，确定设备更新方案，使维修费和新设备购置费的总数最小。说明解决思路和方法，不必求解。

表 8-11　购买价格

年份	1	2	3	4	5
价格	20	21	23	24	26

表 8-12　不同年限的使用费用

使用年限	0～1	1～2	2～3	3～4	4～5
费用	8	13	19	23	30

弧(i,j)的费用或"长度"等于 j～i 年里的设备维修费加上第 i 年购买的新设备的价格。例如，弧$(1,4)$的费用为$(8+13+19)+20=60$。

8-7　试将下述非线性整数规划问题归结为求最长路的问题。要求先根据这个问题画出网络图，扼要说明图中各节点、连线及连线上标注的权数的含义，再用标号法求数值解。

$$\max z = (x_1 + 1)^2 + 5x_2x_3 + (3x_4 - 4)^2$$
$$\begin{cases} x_1 + x_2 + x_3 + x_4 \leqslant 3 \\ x_j \geqslant 0,\ 且为整数(j = 1,2,3,4) \end{cases}$$

8-8　用标号法求图 8-57 所示的最大流问题，弧上数字为容量和初始可行流量。

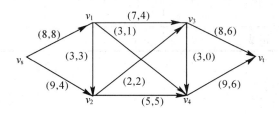

图 8-57　题 8-8 图

8-9　已知有 6 个村子，相互间道路的距离如图 8-58 所示，拟合建一所小学。已知 A 处有小学生 50 人，B 处有 40 人，C 处有 60 人，D 处有 20 人，E 处有 70 人，F 处有 90 人，问小学应建在哪一个村子，使学生上学最方便（走的总路程最短）。

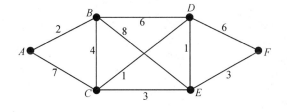

图 8-58　题 8-9 图

8-10　从三口油井 1、2、3 经管道将油输至脱水处理厂 7 和 8，中间经 4、5、6 三个泵站(见图 8-59)。已知图中弧旁数字为各管道通过的最大能力(吨/小时),求从油井每小时能输送到处理厂的最大流量。

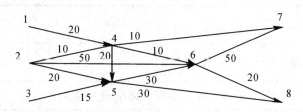

图 8-59 题 8-10 图

8-11 某单位招收懂俄、英、日、德、法文的翻译各一人,有 5 人应聘。已知乙懂俄文,甲、乙、丙、丁懂英文,甲、丙、丁懂日文,乙、戊懂德文,戊懂法文,问这 5 个人是否都能得到聘书?最多几个得到招聘,招聘后每人从事哪一方面的翻译任务?

8-12 表 8-13 给出某运输问题的产销平衡与单位运价表。将此问题转化为最小费用最大流问题,画出网络图并求数值解。

表 8-13 产销平衡与单位运价表

销地\产地	1	2	3	产量
A	20	24	5	8
B	30	22	20	7
销量	4	5	6	

第 9 章 系统评价

【知识点聚焦】

系统评价(System Evaluation)是把评价对象看成一个系统,评价指标、评价权重、评价方法均应按系统最优的方法进行运作。系统论认为,世界上的万事万物构成了大大小小的系统,大系统由许多子系统组成,而每个子系统则由更小的子系统组成。通过对系统之间和系统内部的分析,使得许多纷扰复杂的问题层次化、简单化,从而达到解决问题的目的。

9.1 系统评价概述

系统工程是一门解决系统问题的技术,通过系统工程的思想、程序和方法,最终实现系统的综合最优化。在这个过程中,不仅通过系统分析提出了多种达到系统目的的替代方案,而且还要通过系统评价从众多的替代方案中找到所需的最优方案。然而要决定哪一个方案"最优"却不是一件容易的事情。因为对于复杂的大系统来说,很难找到一致的评价指标来对系统进行评价,而且由于不同评价人员的价值标准各不相同,即使对于同一指标,不同的评价人员也会得出相异的评价结果,同时评价指标和评价是否最优的尺度(标准)也会随着时间变化和发展。系统评价就是要根据预定的系统目的,利用系统模型和资料,根据技术、经济、环境等方面的客观要求,从系统整体出发,分析对比各种方案,全面权衡利弊得失,最后选出技术上先进、经济上合理的最优方案的过程。

所谓系统评价,就是评定系统的价值,是对系统开发提供的各种可行方案,从社会、政治、经济、技术的观点予以综合考察,全面权衡利弊得失,从而为系统决策选择最优方案提供科学的依据。但是价值的认定受到人的主观因素的制约,受到评价者所受教育背景、所处的地位、价值观念的影响,评价者对问题的看法不同,评价的结果也就不同,因此有必要学习一些有关系统评价的专业知识。

9.1.1 系统评价的概念

评价是指按照明确的目标测定对象的属性,并把它变成主观效用(满足主体要求的程度)的行为,即明确价值的过程。系统评价就是评定系统可行方案的价值。从哲学意义上来讲,系统评价就是评价主体(个人或集体)对某个评价对象(如待开发系统、待评价的方案等)在理论上、实践上所具有的作用和意义的认识或估计;从经济意义上来讲,系统评价就是根据评价主体的效用观点对于评价对象能满足某种需求的认识或估计。

系统评价是对需要评价的系统,在特定的条件下,按照评价目标进行系统价值的认定和估计。在整个系统工程过程中,各阶段都会有评价的需要,都会遇到工作路线和方案的比较和选择,可以说评价是系统工程的设计、开发、运用等阶段都需要进行的重要环节。

系统评价是系统决策的基础和前提,没有正确的评价,就无法判断系统工程在进行中是否满足原定的目标,无法确定是否已经在既定的条件下尽可能达到用户满意的程度。另外,通过系统评价,也加强了顶层负责人和具体任务执行者之间的沟通。有问题也能及早发现和采取措施。

从系统的视角来看,评价是一种负反馈活动,通过评价发现工作的进程是否达到原来要求,如果出现偏差就要及时纠正。在一项系统工程的全过程中,不断进行评价,就像一个多回路负反馈系统,在出现偏离目标的情况时,可以及时纠正。

系统评价作为关键性的环节,在进行过程中会遇到很多困难,这些困难表现在下列方面:

(1)评价是一种人的主观判断活动,评价的标准是由人来制定的,因此带有很强的主观成分,评价者有自己的立场、观点和判断标准,都是由人的价值观最终决定的。特别是在有多个评价者的情况下,怎样把不同的判断标准统一起来,取得共识,是一项艰难的任务。

(2)一般的系统评价都带有多目标特点,各目标的属性和判断尺度都不一样,而且在整个系统中的重要性和地位也不一样,不像在单目标的条件下容易进行比较、鉴别。

(3)有些属性或指标可以定量表述,有一些则无法用数量表述,只能定性地加以描述,特别是涉及主观判断的评价,很难把握尺度。

(4)随着时间的推移,有一些判断标准会由于技术、经济、社会条件的变动而有所变化。

9.1.2 系统评价的内容

系统评价有多种类型。如果按照评价的时间来分,可分为以下几种:

(1)事前评价:是指对方案进行的预评价,其实所谓可行性研究,就是一种预评价。

例如在开发一种新产品的时候,先对开发方案进行评价,就可以与设计、制造、供销等部门相关人员及早沟通,使得方案建立在可行的基础之上。

(2)事中评价:是指在方案实施过程中,由于环境的重大变化(如政策的改变、竞争条件的改变或社会经济环境的突发性改变),需要对方案进行评价,看是否仍能满足要求,分析各种改变的影响程度。

(3)事后评价:是指在方案实施之后,对照系统原定的目标和决策者的意图,评价实施结果是否已经符合要求。

这三种评价针对的是每一个阶段事前、事中和事后。对于系统工程的全过程来说,也有这样三类评价,只是事中评价比较频繁,因为包括了各阶段的评价。

从评价内容来看,评价有下面几种类型:

(1)经济评价:是指系统工程项目对企业和对地区或整个宏观经济的作用和影响的评价。

(2)技术评价:是指对项目的技术先进性、适用性、可靠性、可维护性、安全性等评价。

(3)环境评价:是指系统工程项目在进行过程中和投入运用后对环境影响的评价。

(4)社会评价:是指在项目的进行和完成之后对社会影响(例如就业、财富分配、安全卫生等影响)的评价。

当然,还可以从其他方面(如国防、文化等)进行评价。如从评价使用的方法和工具来分,可分为以下几种:

(1)分析计算型评价:使用数学模型与数学计算方法来进行评估,这在许多工程技术、财务决策中有所应用。

(2)经验直觉型评价:在一些复杂系统的开发过程中,由于目标的多样化、人的主观标准很难精确描述，就只好请经验丰富的专家来宏观地加以评价。本章重点介绍此类方法。

9.1.3 系统评价的步骤

系统评价必须按照一定的步骤进行，具体步骤如下：

（1）确定评价目标。由于在整个系统工程过程中不断地需要评价，因此评价所面临的对象各不相同，但在每一次需要评价的时候，总是有一定的目的要求，因此需要在每次评价开始时，明确本次评价的目标。

（2）组织评价队伍。安排适当的专业人员参加评价，一般来说最好有局外人参加，以保证评价的客观性。

（3）确定评价指标体系。这需要根据系统目标的结构、层次、类型、特点来制订，必须与系统需求分析完成后制订的系统目标相一致。

（4）选择评价方法。当系统可以使用模型定量描述时，尽可能使用分析计算型评价；当问题比较复杂且人的行为因素较多时，可以使用经验直觉型评价。

（5）进行评价。通过现场考察、听取汇报，进行分析计算或者专家议论，逐步形成评价结论。

9.2 系统评价的特性

系统价值是一个综合的概念，是指系统的效果或目标能达到的程度。一般有以下两方面的特点：

（1）相对性。这是由于系统总是存在于一定的环境条件下，而价值概念也只有在一定的条件下才有意义。也就是说，价值都是相对的。评价主体（人或集体）在评价时的立场、观点、环境、目的等均有所不同，对价值的认识和估计也就会持一定的态度和观点，并且会随着时间的推移而发生变化。例如，一杯水和一堆金子哪个更有价值，在不同的环境下其结果不同。

（2）可分性。系统价值包括许多组成要素（或称价值要素），它们共同决定着系统的总价值。因此，在系统评价时，往往需要对系统的价值进行多个方面的衡量与评价，对系统的价值作出合理、有效的划分。

评价的目的是为了决策。系统评价是方案选优和决策的基础，评价的好坏直接影响决策的正确性。一般来说，系统评价承担着以下几个方面的任务：

（1）对系统运行现状的评价。

（2）对方案可能产生的后果和影响的评价。

（3）对方案开始后的跟踪评价及决策完成后的回顾评价。

在对系统进行评价时，要从明确评价目标开始，通过评价目标来规定评价对象，并对其功能、特性和效果等属性进行科学的测定，对系统方案所能满足人们主观需要的程度和所消耗占用的资源情况进行评定，最后根据评价标准和主观判断确定系统的综合评价值，选择出适当而且可能实现的优化方案。也就是说，系统评价就是根据预定的系统目的，在系统分析的基础上，就系统设计所能满足需要的程度和占用的资源进行评审和选择，选择出技术上先进、经济上合理、实施上可行的最优或满意的方案。

9.2.1 系统评价的复杂性

复杂的大系统，其评价往往也复杂；指标和方案越多，评价越复杂。这主要表现在以下几个方面：

（1）由于系统的结构各不相同，且系统的目的也不相同，因此评价的因素与方法也不可能相同，这给系统的评价带来了很大的困难。

（2）要评价一个系统或某一方案的优劣，要从很多利弊的评价因素综合考虑，评价因素选择不同又直接关系到系统评价的结果。

（3）许多评价因素是无法进行定量分析的，例如系统的性能、实用性、可靠性、公害等，这些评价因素只能从定性的角度来衡量。怎样把一些定性的因素与定量的因素统一到同一个评价的尺度上，这是系统评价成功的关键。

（4）不同的方案可能各有所长，难以取舍，且指标越多，问题就越复杂，方案也就越难定夺。

9.2.2 系统评价的关注点

在进行系统评价时，要注意以下两个方面：

1）正确、合理地选择评价因素

衡量一个系统或者一个可行方案的优劣要有一组评价标准，而评价标准要以评价指标作为基准。系统的评价指标虽然很多，但基本上是按照性能（Performance）、费用（Cost）、时间（Schedule）三大类来考虑的。

在选择评价指标时，不一定要把所有的指标因素都考虑进去，而应该把一些主要的、最能反映一个系统或一个方案优劣的指标选择进去，把一些与系统或方案的优劣关系不大的、或无关紧要的指标因素剔除出去。系统评价的主要指标与次要指标根据系统的目的而定。

2）系统评价指标的"价值"化

系统评价指标确定后，对各评价指标要统一在同一的评价尺度上，这就是系统评价指标的"价值"化。

在众多的评价指标中，有些指标只能定性地描述，有些评价指标可定量化描述，但由于单位不一致，也不能准确地评定一个系统或一个方案的优劣。因此，要把各评价指标统一到同一标准尺度上，然后才能进行互相比较，特别是一些定性分析的评价指标，这一点尤为重要。

9.2.3 系统评价的思想

系统评价的思想主要表现在以下三个方面：

（1）综合评价思想。这种思想原则，一是与系统的规模、涉及的范围、影响度有关；二是与人类的生存环境有关；三是与科学技术方法、系统方法与评价提供的工具有关。

过去人们一直认为，劳动会给人类带来好处。然而在人们陶醉于发展之中时，资源危机发生了，现实给人类敲响了警钟。于是，人们开始注重对事物，特别是对工程系统的全面评价，即从政治、经济、社会、技术、风险、自然与生态环境、组织和个人等多方面进行经济综合评价。

（2）经济利益思想。经济利益思想源远流长，各个历史时期的经济学家和政治家都对其给予了极大的关注。人们在评价系统时，注重系统的投入和产出，希望以最小的投入取得最大的产出。这种思想在工程项目的决策评价中起着重要作用。

（3）规划思想。为了减少盲目性，人们越来越重视对工程建设等的决策活动进行事先评价，不断地寻找科学、全面、客观地反映决策活动特征的评价指标体系。人们不仅重视项目本身的经济效益、技术性能等的评价，而且把项目纳入国民经济大系统中进行规划。

因此，可以说系统评价的思想就是利用系统工程的观点对系统整体进行评价。

9.3　系统评价的准则体系

9.3.1　系统评价的原则

为了使得系统评价能够有效地进行，在评价的组织和进行时需要遵循以下原则：

（1）客观性原则：评价必须反映客观实际。因此所用的信息或资料必须全面、完整、可靠。评价人员的组成必须有代表性。必须消除评议者的各种偏见。

（2）评价必须有标准：具体地说，就是要有成体系的指标。在讲到系统目标时曾经谈到过指标体系，那是在明确需求、确定目标时制定的，现在进行评价，用于评价的指标要和原来的指标相一致。

（3）整体性原则：必须从系统整体出发，不能顾此失彼。需要考虑评价的综合性。

（4）可比性原则：在多种选择和多种方案进行评价对比时，要注意可比性。

9.3.2　系统评价指标体系

许多属性决策问题的对象是复杂的社会、经济系统或处在社会经济系统环境中，这类决策问题大都包括政治、经济、技术和生态环境学等诸方面的因素。由于其涉及面广，各类关系错综复杂，使得评价过程中经常带有许多随机性、模糊性。为了将多层次、多因素的复杂评价问题用科学的计量方法进行量化处理，首先必须针对评价对象构造一个科学的评价指标体系。这个指标体系必须将评价对象的相互关系、相互制约的复杂因素之间的关系层次化、条理化，并能区分它们各自对评价目标影响的重要程度，以及对那些只能定性评价的因素进行恰当和方便的量化处理。

评价指标体系的确定要在全面分析系统的基础上进行，拟定出指标草案，经过广泛征求专家意见、反复交换信息、统计处理、综合归纳等，最后确定评价指标体系。

系统评价的指标体系是由若干个单项评价指标所组成的整体，它反映了系统所要解决问题的各项目标要求。指标体系要实际、完整、合理、科学，并基本上能为有关人员和部门所接受。指标体系通常可以考虑如下方面：

（1）政策性指标。政策性指标包括政府的方针、政策、法令、法律及发展规划等方面的要求，它对国防或国计民生方面的重大项目或大型系统尤为重要。

（2）技术性指标。技术性指标包括产品的性能、寿命、可靠性、安全性等，工程项目的地质条件、设备、设施、建筑物、运输等技术指标要求。

(3) 经济性指标。经济性指标包括方案成本、利润和税金、投资额、流动资金占有量、回收期、建设周期等。

(4) 社会性指标。社会性指标包括社会福利、社会节约、综合发展、就业机会、污染、生态环境等。

(5) 资源性指标。资源性指标包括人、财、物等资源的保证程度。例如工程项目中的物资、人力、能源、水源、土地条件等。

(6) 时间性指标。例如工程进度、时间节约、试制周期等。

以上考虑的是大类指标，每个大类指标又包含许多小类指标。每个具体指标可能由几个指标综合反映，这样形成了指标树，由指标树就构成了系统评价指标体系。

9.3.3 确定评价体系时应遵循的基本原则

制定评价指标体系是一项很困难的工作。一般来说，指标范围越宽，指标数量越多，则方案间的差异越明显，越有利于判断和评价；但是，确定指标的大类和指标的权重就越困难，处理过程和建模过程也就越复杂，因而，歪曲方案本质的可能性也就越大。因此，评价指标体系既要全面反映出所要评价的系统的各项目标要求，尽可能做到科学、合理且符合实际情况，同时还要具有可测、简易、可比等特点；指标总数要尽可能少，以降低评价负担。具体来说，确定评价体系时要遵循以下八条原则：

(1) 系统性原则。指标体系应能全面地反映被评价对象的综合情况，从中抓住主要因素，既能反映直接效果，又能反映间接效果，以保证综合评价的全面性和可信性。

(2) 可测性原则。指标含义明确，数据资料收集方便，计算简单，易于掌握。

(3) 定量指标与定性指标结合使用原则。既可使评价具有客观性，便于数学模型处理，又可弥补单纯定量评价的不足及数据本身存在的某些缺陷。

(4) 绝对量指标与相对量指标结合使用原则。

(5) 指标之间应尽可能避免显见的包含关系，对隐含的相关关系要在模型中以适当的方法消除。

(6) 指标的选择要保持同趋势化，以保证可比性。

(7) 指标设计要有重点。重要方面的指标可放置得密些、细些；次要方面的指标可放置得稀些、粗些，以简化工作。

(8) 指标要有层次性，为衡量方案的效果和确定指标的权重提供方便。

9.3.4 系统评价时的矛盾处理

系统评价时存在以下矛盾：

(1) 评价的有效性与评价的简便性。应在满足有效性的前提下，尽可能使评价简便。

(2) 指标的系统性与指标的可测性。指标体系需要包括各个方面的因素，而有些指标不易获得也不易测度，因此在建立指标体系时，对若干与评价关系甚大的指标，虽然目前无法获得数据，但可以作为建议指标提出，以保证系统评价指标的系统性。

(3) 指标的精确性与指标的可信度问题。评价应尽可能精确，但有些指标当时不能做到很精确，这样与其为了追求精确而假设数据，或因得不到数据而将一些指标舍去，还不如由专家根据经验对指标作定性的描述。

9.4　常用的系统评价方法

有关系统评价的理论和方法归纳起来大致可以分为以下三类：

（1）以数理为基础的理论。它运用数学理论和解析方法对评价系统进行严密的定量描述和计算。为了使评价能够正常进行而不会出现矛盾，经常需要在假定的条件下才能进行评价。但有些假定条件在评价实际问题时未必能够做到，因此，这类理论和方法不能完全照搬利用。但由于该理论整理了评价的问题，使评价目标和约束条件清楚明了，因而系统评价人员必须将其作为知识来理解和掌握它。

（2）以统计为主的理论和方法。通过统计数据来建立只能凭感觉而不能测量评价项目的评价模型。例如菜肴的色、香、味，至少到目前为止还不能拿工程学上常用的测量手段对其进行测量，但如果有了经过人们判断的、足够的统计数据，则进行定量方面的评价也不是不可能的。可以说这是一种试验性的评价方法，也是心理学领域的常用方法。但由于是统计处理，所以还存在少数人行为在评价中不能充分反映的缺点。

（3）重现决策支持的方法。也就是说，与其想方设法对评价系统进行客观而正确的评价，倒不如研究如何才能比较容易地决定与目标一致的人类行为。目前常用的计算机系统仿真技术就是这一类的有效方法。

9.4.1　系统评价理论

1. 效用理论

最早科学地提出评价问题的是冯·纽曼的效用理论。所谓效用，可以理解为当某个评价主体或决策主体在许多替代方案中选用某一替代方案时，总要把该方案说得很好、很重要，也就是说，这时该方案的效用为最大。只能通过效用来对各替代方案进行相对比较，即"效用"只意味着选择顺序，既没有标准，也不是数量，从这一点上来说，应用就很困难，因此要考虑具有与效用相同的选择顺序的数量函数。这种函数就叫作效用函数，所谓效用理论，就是用数学方法来描述效用与效用函数的关系。

由上述内容可知，效用尺度是一种顺序尺度。例如，某人对如何度过星期天下午拿不定主意，于是他考虑了午睡、打球和看电影三个替代方案，将其分别记作 x、y、z。而 x、y、z 的效用可以用自己喜爱的顺序来决定。如果认为看电影比午睡好，而打球比看电影好，则 y 的效用最大，x 的效用最小。其选择的顺序关系如下：$y > z$，$z > x$，所以说，在测量效用时，一定要与其他替代方案进行对比。只有一个方案是不能进行评价的。

若 x、y 这两个替代方案具有完全相同的效用而无法排序，即 x 和 y 没有差别，这时可以写成 $x = y$；若写成 $x > y$，则表示 x 的效用大于 y 的效用。这里考虑 x、y 和 z 的某一函数 U，则 $U(x)$、$U(y)$、$U(z)$ 的值的大小与替代方案的选择顺序一致，可以表示为：$U(x) > U(y) > U(z)$，这样的函数称为效用函数。若应用效用函数，则由于能用数值来表示替代方案的评价，所以使用方便。但其数值大小只表示顺序尺度，本身没有意义。根据 U 的函数值绘制的曲线，称为效用曲线。如果 U 具有效用函数单调性，则具体函数形式对分析结果没有影响。

总之，效用理论本身是以评价主体个人的价值观为基础而建立起来的数学理论，其中包含了许多假定，因此，一般不能原封不动地应用到实际中去。如何构成实际需要的效用，还要在行为科学和心理学领域内开展实验研究。效用理论作为评价理论的基础，从事评价研究的人应该熟练地掌握它。

2. 确定性理论

确定性理论主要是用统计的方法使评价数量化，这时需要收集足够数量的、同质的数据，同时要有能看透问题本质的敏锐眼力。

评价的数量化在数据选择方面怎么变化都有可能，这一点是与自然科学和工程学问题不相同的地方。因而碰到质的问题数量化时，首先必须了解评价的目的，吃透问题的实质，这相当于设立假定或构造概念模型。其程序是：在确认使用统计方法的妥当性和有效性后，收集适当数据，以统计方法确认假定，并在数据通过检验后，在一定程度上建立起数量化的评价模型，进行属性评价或综合评价，即从许多认为是非独立的关于评价属性的数据中，找出任意两个属性之间的关系，然后，用相应的分析评价方法来进行评价。

3. 不确定性理论

不确定性理论使评价处于迷惑不解的困境，多数情况是发生在含有不确定因素的决策问题中。但如果已经掌握事件发生的概率，则可以用期望值作为评价函数，以便作为确定性问题来处理。即使在缺乏数据的情况下，也可凭借专家的经验和直观判断，以及以往发生的概率，对事件发生的可能性作出定量估计。这种估计称为主观概率，随着主观概率信息的增加，便逐步接近于客观概率。

4. 非精确理论

在系统评价中，除了系统事件发生本身的不确定性以外，还有人的认识和评价事物所固有的模糊性(非精确性)。例如用语言描述的"大""红""好"等概念以及审判、诊断、人物评价等综合判定，本质上都是定性的。考虑到认识的模糊性，进行这种评价时，需要应用模糊集(Fuzzy Set)理论。

5. 最优化理论

评价对象的数学模型本身也可能成为评价函数，例如数学规划方法就是一个典型的例子。数学规划本身具有普遍性和严密性，得到的评价也是比较客观的。典型的数学规划方法有线性规划、整数规划、非线性规划、动态规划、多目标规划等。

9.4.2 系统评价方法

评价方法发展到今天，已不下数十种。这里仅就较为常用的几种方法进行简单介绍。

1. 费用—效益分析

这是系统评价的经典方法之一。美国政府部门将费用—效益分析(cost benefit analysis)作为评价政策的工具始于1902年的"河川江湾法"(The Rive and Harbor Act)规定，在制订河川与江湾的投资规划时，必须有相关部门的专家提供关于费用与效益在内的报告，即在可能的领域内，要进行包括费用与效益在内的经济评价。这种评价方法后来逐步渗透到各种经济领域，而且要求所投资的工程项目给社会提供财富和服务的价值效益必须超过其费用，作为工程项目投资合理性的依据。在学术界，在福利经济学理论的基础上，则要求从经济总体上考虑费用和效益的关系，以达到资源的最优化分配。

实现这种评价方法的困难在于如何正确地测定效益，以及如何估计长期投资和效益的社会折现率。现在已经有了几种可供使用的方法。

采用这种评价方法的问题是，仅仅从经济观点考虑效益，不能被从社会观点考虑效益的人们所完全采纳。为了弥补对社会效益考虑不足的问题，有人提出了有效度（effectiveness）观点和费用—有效度分析的概念。

例如，假定 A 地区是一个旧区，工业和人口密集，而 B 地区是待开发的新区，工业和人口还较稀疏。现在要选择在 A 地区或 B 地区之一修建公路，如果以费用—效益为基准，则在费用确定条件下选择 A 地区修建；如果考虑到社会对工业和人口布局的均衡化要求后，采用费用—有效度基准，则应选择 B 地区修建。

费用—有效度分析最初是由美国兰德公司于 20 世纪 60 年代提出的，是用来对武器系统和国防问题进行系统分析的一种方法，随后又扩大到了各个领域之中。

把效果从经济观点扩大到社会观点是费用—有效度分析的优点。问题是如何测定有效度，因为建立有效度的尺度非常困难。观点之一是建立社会指标（Social Indicator）体系，这就是 1970 年提出"经济增长本身不是目的，而是建立更好生活环境的一种手段……"的经济合作与发展组织（OECD）的观点。现在，社会指标体系已成为具有 9 个目标领域、23 个社会关心项目（Social Concern）、39 个子项目（sub concern）、48 个指标的多级递阶指标体系，用这些指标群表示社会系统的状态和属性。其中 9 个目标领域是：① 健康；② 个人的学习与发展；③ 就业与生活质量；④ 时间分配与余暇；⑤ 个人的经济状况；⑥ 物质环境；⑦ 社会环境；⑧ 个人安全与法制；⑨ 社交机会及参加程度。

显然社会指标的确定及其系统化不是唯一的，应该根据社会制度和实际情况以及将来的目标不断地改进。

2. 关联矩阵法

通常系统是多目标的，因此，系统评价项目也不是唯一的，而且衡量各个评价项目的评价尺度一般也是不相同的，系统评价问题的困难就在于此。

据此，H. 切斯纳提出的综合方法是，根据具体评价系统，确定系统评价项目及其相应的权重，然后对评价系统的各个替代方案计算其综合评价值，即各评价项目评价值的加权和。

关联矩阵法就是用矩阵形式来表示各替代方案有关评价项目的平均值。然后计算各方案评价值的加权和，再通过分析比较，综合评价值——评价值加权和最大的方案即为最优方案。

应用关联矩阵法的关键在于确定各评价项目的重要度（权重），以及各评价项目的价值尺度。

3. 关联树法

关联树法是作为一种有助于对复杂问题进行评价的方法而产生的。最初它是用来对国家战略性的技术预测和设计进行评价，后来在开拓市场、投资分析等不确定状态下进行评价时也广泛应用起来。关联树法自 20 世纪 60 年代开发以来，由于方法简单，易被人们掌握，因而发展很快，其中尤以霍奈威尔（Honegwell）公司于 1963 年开发的 PATTERN 方法最为有名，它作为一种基于需要的系统开发目标和应解决的技术问题结合起来的有力手段，正广泛地应用于各个领域。

4. 层次分析法

层次分析法作为一种评价方法，和关联矩阵法和关联树法属于同一类型。它是 1973 年由美国学者 A. L. 萨迪最早提出的。层次分析法是一种定性分析和定量分析相结合的评价决策方法，它将评价者对复杂系统的评价思维过程数学化。其基本思路是评价者通过将复杂问题分解为若干层次和若干要素，并在同一层次的各要素之间简单地进行比较、判断和计算，就可得出不同替代方案的重要度，从而为选择最优方案提供决策依据。层次分析法的特点是：能将人们的思维过程数学化、系统化，便于人们接受；所需定量数据信息较少。但要求评价者对评价问题的本质、包含的要素及其相互之间的逻辑关系掌握得十分透彻。这种方法尤其可用于对无结构特性的系统评价以及多目标、多准则、多时期等的系统评价。由于上述这些特点，这种方法目前已在各个领域获得广泛应用。

5. 模糊评价法

模糊评价法是运用模糊集理论对系统进行综合评价的一种方法。通过模糊评价，能获得系统各替代方案优先顺序的有关信息，应用模糊评价法时，除了确定评价项目及其权重和评价尺度外，在对各评价项目进行评定时，用对第 f_i 评价项目作出第 e_i 评价尺度的可能程度的大小来表示，这种评定是一种模糊映射。其可能程度的大小用隶属度 r_{ij} 来反映。近年来，模糊评价法也是常用的一种综合评价方法。

本 章 小 结

本章主要讨论了系统评价的概念、内容、步骤，以及系统评价的特性，重点讨论了系统评价的指标体系、评价原则、评价时的矛盾、评价方法等。

习 题

9-1 简述系统评价的构成要素。

9-2 简述系统评价的目的和目标。

9-3 简述系统评价初步探讨时包括的内容。

9-4 常用的评价尺度分为哪些类型？

9-5 什么是完备评价指标体系？如何构建接近完备的评价指标体系？

9-6 根据系统评价的基本原理和自己的认识，论述系统评价的各种作用和意义。

9-7 论述科学设计系统评价方案的主要工作内容和关键注意事项。

第10章 系统决策

【知识点聚焦】

本章主要介绍系统决策的几种方法。在多个备选方案中选择一种最佳的方案，即确定型决策；在对待风险的态度上，是敢于冒险还是偏于求稳，即风险型决策；在受到各种不同类型的不确定因素影响下的可行方案中，如何选出最优方案，即不确定型决策；对于一般复杂问题，当各自的概率和收益无法形成矩阵形式，或当决策后又遇到一些新情况，并需要进行新的决策时，采取怎样的决策方法，即多阶段决策。

10.1 系统决策概述

人们在日常生活中，经常要作出选择和决定。小到每天穿什么衣服、吃什么饭，大到职业的选择、投资理财的决定，这些选择和决定就是决策。

人类的决策活动有着悠久的历史。人类的语言、思维和有目的的行为，是人类区别于其他动物的重要标志。所谓有目的的行为，正是决策过程的成果。对于简单的事，行动之前略一思索就行了；而对于复杂的事，行动之前便要深思熟虑，反复研究比较，这些过程都属于决策过程。

古代人们在为生存而斗争的实践中，产生了朴素的决策思想。文字的产生，使人类决策活动的成果得以长久记录下来，使知识和智慧得以积累。我们学习古代历史，可以汲取历史上决策和经验的教训，因为历史上对于决策者、决策对象、决策目的、方法、技术、成败得失的经验教训均有详尽记载。但长久以来，由于时代的限制，使得决策的正确与否，往往决定于决策者的才能，没有能达到规范化、程式化、科学化而为多数人掌握的程度。

直到 20 世纪中期，决策才以完整的理论作为管理学科的一个重要部分，而它在政治、经济、技术、经营管理等领域的作用是举足轻重的。在一切失误中，决策的失误是最大的失误。在很长的时期内，人们都是凭借着经验进行决策，但随着人类社会的发展，所处理系统的规模越来越大，面临的决策问题也越来越复杂，往往涉及技术、经济、环境、心理、社会等诸多要素，面对复杂系统的决策问题，决策者已难于单凭经验作出可靠的优劣分析、判断与抉择，"多目标决策理论"正是在这种发展需要下应运而生的。随着计算机技术的发展，20 世纪 70 年代初提出了"决策支持系统概念"，它是计算机辅助决策的有利工具，为决策者提供决策支持，改进了决策过程。

10.1.1 决策的概念及意义

"决策"一词简单来说就是作出决定，它是人们在工作和生活中的一种综合活动，是为了达到特定的目标，运用科学的理论方法，分析主客观条件后，提出各种不同的方案，并从中选择最优方案的一种过程。

　　诺贝尔奖获得者、著名经济学家西蒙（H.Simon）有一句名言——管理就是决策。这就是说管理的核心是决策。西蒙教授曾经说过："决策包括三个步骤：找出决策所需要的条件；找出所有可能的行动方案；从所有可行的方案中选择一个最优方案。"实际上决策是从所有方案中选择一个最优方案。

　　决策是人们处理日常生活、生产、经济、科学实验、军事、政治等问题经常而普遍存在的一种活动。当然，决策的效果有好有坏，好的决策会产生良好的效果，给人们带来很大的效益，而失败的决策将产生不良结果，给人们带来损失，甚至灾难。特别是当今社会，人类面临的许多问题都已纳入了大系统范畴，因此决策的正确与否，小则关系到能否达到预期的目标，大则关系到一个企业、部门、地区乃至国家的盛衰。既然决策活动如此普遍和关系重大，这就要求人们在作任何决策时，都应力求更好、更有效、更合理。要做到这一点，就必须掌握科学的决策理论和决策方法。

10.1.2　决策过程

　　决策过程是一个动态过程，主要由如下四个阶段构成：

　　（1）准备阶段。准备阶段是决策过程的起点。这一阶段主要包括发现决策问题、确定决策目标和确定价值准则。在这一阶段，要求决策者在调查研究的基础上，发现问题并分析问题产生的原因，根据实际需要和环境分析确定价值准则，预测所要达到的结果，确定合理的决策目标。

　　（2）分析阶段。分析阶段是决策过程的基础。这一阶段主要包括拟定方案和分析评估。根据目标和客观条件，拟定多种可供选择的方案。通过建立多方案的物理模型或数学模型，对模型的解运用各种决策技术、可行性分析、系统分析等进行评估。

　　（3）选择阶段。选择阶段是决策过程的关键。在这一阶段决策者首先要根据实际情况确定决策准则，对各种拟定的方案运用科学的分析和思维方法权衡利弊，最后确定采用的决策方案。

　　（4）实时反馈阶段。当方案选定后，要在实践中实施。在决策实施阶段可以检查决策是否正确，按实际情况及时对原决策作必要的修正；或根据新情况的需要作出新的决策。因此必须在决策实施阶段加强反馈和控制，有一整套追踪检查的方法，最后达到预期目标。

　　决策的全过程如图 10-1 所示。

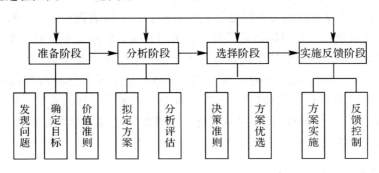

图 10-1　决策的全过程

10.1.3　决策问题描述

　　【例 10-1】　设企业财产总值为 200 万元，如果企业参加保险，则每年要交保险金

2500 元，而企业每年发生灾害性损失的可能性为 0.1％，问企业是否参加保险。这就是一个简单的决策问题。在这个问题中，企业的目标是损失尽可能小，可选的方案有参加保险和不参加保险两种，而是否会出现灾害则是企业无法控制的自然状态，在每种状态下，采取不同的方案就会得到不同的结果。

决策分析是指为了合理分析涉及不确定性的决策问题时的一套概念和方法，其目的是改进决策过程，从一系列可行方案中找出一个满足一定目标的合适方案。

决策分析的基本要素包括以下几个方面：

1. 决策者(Decision Maker)

决策者是决策过程的主体，即有理智的人，又称决策人，一般来说，他是某一方面或某一部分人的利益代表者，决策者在决策过程中起着决定作用。由多方利益代表者构成的决策集体称多人决策，或称这个集体为决策组、决策集团。虽然他们之间的利益可能存在冲突、矛盾，但还应积极地把他们看成是整个集体乃至社会福利的代表者。

2. 方案(Alternative)

方案是决策过程中可供选择的行动方案或策略，方案可以是有限的，也可能是无限的。例如，建设一个工厂，可以建大型厂或中型厂，也可以建小型厂，这样就构成有限的三个方案。方案可以表示为

$$A = \{a_1, a_2, \cdots, a_m\} \tag{10-1}$$

式中：A 为所有可能的方案；a_i 为第 i 个方案。

3. 结局(Consequence)

结局是方案选择以后所造成的结果。如果没有不确定性，则只有一个结局，如选择方案后，结果存在不确定性，则存在多种结局。例如，工厂建成后所生产的产品，在市场上可能面临畅销、销售一般、滞销三种结局。结局也叫状态，状态可以表示为

$$\theta = \{\theta_1, \theta_2, \cdots, \theta_n\} \tag{10-2}$$

式中：θ 为所有可能的自然状态；θ_j 为第 j 个状态。

假设对状态 θ_j 来说，它出现的概率为 P_j，由于各种状态出现是相互排斥的，因此有

$$\sum_{j=1}^{n} P_j = 1 \tag{10-3}$$

4. 价值及效用

价值及效用是指对结局所作的评价。在决策分析中，一般无风险情况下对结局的评价称为价值，可以用具体的益损值表征；在有风险的情况下，价值将随风险的大小有所改变，称其为效用，效用取值[0, 1]。下面所讨论的决策问题均以益损值来描述对结局所作的评价，益损值可表示为

$$C = \begin{bmatrix} c_{11} & c_{12} & \cdots & c_{1n} \\ c_{21} & c_{22} & \cdots & c_{2n} \\ \vdots & \vdots & \vdots & \vdots \\ c_{m1} & c_{m2} & \cdots & c_{mn} \end{bmatrix} \tag{10-4}$$

式中，C 为益损值矩阵。

c_{ij} 为第 i 种方案在第 j 种状态下的益损值。显然，c_{ij} 是方案 a_i 和状态 θ_j 的函数，即

$$c_{ij} = f(a_i, \theta_j) \tag{10-5}$$

如果决策问题的目标是唯一的，则益损值矩阵 C 也是唯一的，如果目标为多个时，则益损值矩阵 C 也有多个。因此，根据目标的多少，决策问题可以分为单目标决策和多目标决策。

5. 偏好(Preference)

偏好是人们对各种方案、目标、风险的爱好倾向。可以定量表示偏好，也可以用排序的方式表示。

综上所述，决策问题可以用表 10-1 表示。

表 10-1 决策问题矩阵

益损值＼状态＼方案	θ_1	θ_2	$\cdots$	θ_n
a_1	c_{11}	c_{12}	$\cdots$	c_{1n}
a_2	c_{21}	c_{22}	$\cdots$	c_{2n}
$\vdots$	$\vdots$	$\vdots$	$\vdots$	$\vdots$
a_m	c_{m1}	c_{m2}	$\cdots$	c_{mn}

决策就是要在给定状态 θ 的条件下，从方案中选取一个最优方案 a_i^*，使其可能的收益最大或损失最小。

10.2 确定型决策

10.2.1 问题概述

未来环境完全可以预测，人们知道将来会发生什么情况，可以获得精确、可靠的数据作为决策基础。如企业开发某个新产品，在计划经济机制下，产品包销，原料统一调拨，企业管理者是在确定环境下进行决策。

确定型决策是一种逻辑上比较简单的决策，只需要在多个备选方案中选择一种最佳的方案。对这类问题的数学描述如下：

$$a_i^* = \max v(a_i), a_i \in A \tag{10-6}$$

式中：$v(a_i)$ 为方案 a_i 的价值函数值，即益损值；A 为方案集合。

10.2.2 特点及决策方法

1. 确定型决策问题的特点

(1) 只存在一个确定的自然状态。

(2) 存在决策者希望达到的一个明确的目标，如收益最大或损失最小。

（3）存在两个或两个以上的可供决策者选择的行动方案。

（4）不同的行动方案在确定状态下的益损值可以计算出来。

2. 确定型决策问题的决策方法

在确定型决策情况下，自然状态已经完全清楚和确定，这样就可以根据原来的目标和评价准则来选定方案。这相当于决策问题中的结果，也即状态，例如 θ_j 出现的概率为

$$P_j = 1 \tag{10-7}$$

而其余

$$P_k = 0 (k \neq j) \tag{10-8}$$

那么很显然，应该选择在这种情况下收益最高的方案。

【**例 10-2**】 某企业预备生产一种新产品，可以采用建大型厂、建中型厂和建小型厂三种不同的方案生产该产品，产品的销路有三种可能，即畅销、销售一般、滞销三种。根据表 10-1 决策问题的矩阵得到表 10-2，矩阵中各元素的值，即相应的方案在一定状态下使企业得到的收益，单位为万元，负值表示亏损。

表 10-2　决 策 矩 阵 表　　　　万元

收益 状态 方案	畅销 θ_1	销售一般 θ_2	滞销 θ_3
大型厂 a_1	$c_{11}=210$	$c_{12}=70$	$c_{13}=-120$
中型厂 a_2	$c_{21}=150$	$c_{22}=75$	$c_{23}=-75$
小型厂 a_3	$c_{31}=90$	$c_{32}=45$	$c_{33}=-3$

解 从矩阵可以看出：如果产品畅销以建大型厂为好，如果产品销售一般以建中型厂为好，如果产品滞销以建小型厂为妥。

如果评价准则是按结果 c_{ij} 的大小直接评定优劣，那么问题就在于选定能使 c_{ij} 极大值（如果是收益的话）或极小值（如果是损失的话）的方案，有时可简单到比较 $c_{1j}, c_{2j}, \cdots, c_{mj}$ 的大小，选择能使 c_{ij} 取最优值（收益情况下的极大值、损失情况下的极小值）的那个方案 a_i 即可。也有这种情况：方案不是有限个，因为其中某些可控因素是可以连续变化的，这时问题就转化为一个优化问题了。相对来说，这类问题是比较容易解决的。

如果结果 c_{ij} 对决策者在主观上的满足程度并不完全正比于 c_{ij} 的具体数值，这时候就得从满意程度来进行比较了。

10.3　风 险 型 决 策

10.3.1　问题概述

如果决策者面临的自然状态不是唯一的，而是有两种或两种以上的状态，且各种状态出现的可能性（概率）是能够预测出来的，这时按照不同的概率值确定方案，但这种决策要

冒一定风险，所以叫风险型决策。

风险型决策可以这样描述：已知决策矩阵元素为 $f_{ij}(a_i,\theta_j)(j=1,2,\cdots,m,i=1,2,\cdots,n)$，各自然状态发生的概率为 $P_j=P(\theta_j)$，$\sum\limits_{j=1}^{m}P(\theta_j)=1$，要根据要求 f_{ij} 和 P_j 信息以及其他的补充信息，从 $\{a_i\}$ 中选出一个最好方案。

【例 10-3】 设踢点球的球员将点球踢向球门的左侧的可能性是 0.4，踢在中间的可能性是 0.5，而踢在右侧的可能性是 0.1，这样，面临的就是风险型决策问题。其决策矩阵如表 10-3 所示。

表 10-3 决 策 矩 阵

收益 状态及概率 方案	θ_1 $P_1=0.4$	θ_2 $P_2=0.5$	θ_3 $P_3=0.1$
a_1	0.6	0.7	0.8
a_2	0.7	0.6	0.7
a_3	0.7	0.6	0.5
a_4	0.5	0.6	0.5

10.3.2 最大可能准则

如果各种可能出现的状态中，某一种状态出现的可能性比其余状态大得多，如果按这种状态来进行方案比较选择，则这种选择标准称为最大可能准则。

【例 10-4】 设 a_1、a_2、a_3、a_4 表示可采取的搜索方案，θ_1、θ_2、θ_3 表示行动时可能发生的自然状态。把不同情况下实施搜索方案对目标的发现概率作为决策的效益值，列于表 10-4。应如何选择行动方案，才能使发现目标的概率最大？

表 10-4 决策的效益值表

发现概率 状态及概率 方案	θ_1 $P_1=0.4$	θ_2 $P_2=0.5$	θ_3 $P_3=0.1$
a_1	0.9	0.4	0.1
a_2	0.7	0.5	0.4
a_3	0.8	0.7	0.2
a_4	0.5	0.5	0.5

解 用最大可能准则，自然状态 θ_2 出现可能性最大为 0.5。在这种状态下，为使发现目标概率最大（为 0.7），应选方案 a_3 作为最优行动方案。

10.3.3　期望值准则

这里所说的期望值准则，是指某方案在各个状态下收益值（或损失值）的加权平均数，即各个状态发生的概率。用期望值来选择决策方案，常用的有最大期望收益准则和最小期望收益准则。

1. 最大期望收益准则

最大期望收益准则是以各个方案的期望收益作为选择决策方案的标准。这种决策方案首先需要计算每个备选方案的期望收益值。

$$\mathrm{EMV}(a_j) = \sum_{i=1}^{m} P_j f(a_j, \theta_i), \ j = 1, 2, \cdots, n \tag{10-9}$$

最大期望收益值对应的方案就是要选的决策方案，即

$$\max_a \{\mathrm{EMV}(a)\} \tag{10-10}$$

【例 10-5】　某一决策的收益矩阵及概率如表 10-5 所示，用最大期望收益准则作决策。

表 10-5　收益矩阵及概率表

收益　　状态及概率　　方案	θ_1 $P_1 = 0.2$	θ_2 $P_2 = 0.4$	θ_3 $P_3 = 0.3$	θ_4 $P_4 = 0.1$
a_1	500	500	500	500
a_2	470	550	550	550
a_3	440	520	600	600
a_4	410	490	650	650

解　根据最大期望收益准则得

$$E(a_1) = 0.2 \times 500 + 0.4 \times 500 + 0.3 \times 500 + 0.1 \times 500 = 500$$
$$E(a_2) = 0.2 \times 470 + 0.4 \times 550 + 0.3 \times 550 + 0.1 \times 550 = 534$$
$$E(a_3) = 0.2 \times 440 + 0.4 \times 520 + 0.3 \times 600 + 0.1 \times 600 = 536$$
$$E(a_4) = 0.2 \times 410 + 0.4 \times 490 + 0.3 \times 650 + 0.1 \times 650 = 514$$
$$\max\{E(a_1), E(a_2), E(a_3), E(a_4)\} = \max\{500, 534, 536, 514\} = 536$$

故最优方案为 a_3。

2. 最小期望损失准则

最小期望损失值准则是以一个方案的期望损失作为选择决策方案的标准。它需要由损失矩阵计算每个备选方案的期望损失，然后选择其最小者为决策方案。如果备选方案的期望损失值用 $\mathrm{EML}(a)$ 表示，则最小期望损失值为

$$\min_a \{\mathrm{EML}(a)\} \tag{10-11}$$

【例 10-6】　损失矩阵如表 10-6 所示。

表 10-6　损失矩阵

收益\状态及概率\方案	θ_1 $P_1=0.6$	θ_2 $P_2=0.3$	θ_3 $P_3=0.1$
a_1	100	100	100
a_2	62.5	125	187.5

解　对于 a_1，期望损失为

$$E(a_1)=0.6\times100+0.3\times100+0.1\times100=100$$

对于 a_2，期望损失为

$$E(a_2)=0.6\times62.5+0.3\times125+0.1\times187.5=93.75$$

由于

$$\min\{E(a_1),E(a_2)\}=\min\{100,93.75\}=93.75$$

故最优决策方案为 a_2。

10.4　不确定型决策

10.4.1　问题概述

不确定型决策问题取决于可能的自然状态，但自然状态出现的概率又是未知的。它和风险型决策类似的是都有多种可能状态，不同的是这种情况对各种出现的可能性一无所知。这时要想作出可靠而高效的决策就有了一定的难度。

10.4.2　决策准则

根据人们对于结果的关切程度和对风险的承受水平的不同，提出了下面几种决策准则。

1. 最大最小准则

最大最小准则是由瓦尔德(A.Wald)提出来的，因此也叫瓦尔德准则。这个准则是先找出各方案在最不利状态下的收益值，即最小的收益值，再选择其中收益值最大的方案作为决策方案。

【例 10-7】　某问题有三种方案可供决策者选择，自然状态分为两种，其收益矩阵如表 10-7 所示。约定用 a 表示方案，用 θ 表示状态。

表 10-7　收益表

收益\状态\方案	θ_1	θ_2	min	max
a_1	1.5	2	1.5←max	2
a_2	3	0.7	0.7	3
a_3	6	-2	-2	6←max

解 三种方案在两种自然状态下的最小收益分别为 1.5、0.7、−2。其中最大值为 1.5，它对应的方案为 a_1。因此，方案 a_1 应选作决策方案。

最大最小值准则可用式(10-12)描述。其中 f 为收益函数：

$$\max_a\{\min_\theta[f(a,\theta)]\} \tag{10-12}$$

最大最小准则是从最坏处着眼的带有保守性的决策准则，反映了决策者的悲观估计，因此也称为悲观准则。

2. 最大最大准则

最大最大准则是先找出各个方案在最有利自然状态下的收益值，即最大收益值，再选择其中收益值最大的方案作为决策方案。

最大最大准则可描述为

$$\max_a\{\max_\theta[f(a,\theta)]\} \tag{10-13}$$

这个准则与前面的最大最小准则相反，它是从最有利情况着眼的带有冒险性质的一种决策准则，反映了决策者的乐观估计，因此也称为乐观准则。

【例 10-8】 以表 10-7 所示的收益矩阵为例，可知三种方案在两种自然状态下的最大收益分别为 2、3、6。其中最大值为 6，它对应的方案为 a_3。因此，按最大最大准则方案应选择 a_3 作为决策方案。

3. 折中准则

折中准则也叫赫威兹(Hurwicz)准则。从前面介绍的两个准则可以看出，最大最小准则过于保守，而最大最大准则又过于冒险，于是很自然地产生了折中准则。这个准则可以这样描述：首先指定表示决策者乐观程度的"乐观系数"，也叫折中系数，用 α 表示，$0 \leqslant \alpha \leqslant 1$，决策者在使用这个准则时，可以根据对状态的估计来选择乐观系数。然后对每一个方案按式(10-14)计算 E 值：

$$E(a) = \alpha \max_\theta[f(a,\theta)] + (1-\alpha)\min_\theta[f(a,\theta)] \tag{10-14}$$

根据计算结果，得到最大值的方案就是折中准则下的最优方案，即

$$\max_a\{E(a)\} \tag{10-15}$$

显然，$\alpha=1$ 是乐观的情况，$\alpha=0$ 是悲观的情况。当 $0<\alpha<1$ 时，折中准则是悲观与乐观准则的折中。折中准则的关键是确定乐观系数。

【例 10-9】 以表 10-7 为例，乐观系数为 0.7，按折中准则作决策。

解 对于方案 a_1：

$$E(a_1) = 0.7 \times \max\{1.5,2\} + (1-0.7) \times \min(1.5,2) = 0.7 \times 2 + 0.3 \times 1.5 = 1.85$$

对于方案 a_2：

$$E(a_2) = 0.7 \times \max\{3,0.7\} + (1-0.7) \times \min(3,0.7) = 0.7 \times 3 + 0.3 \times 0.7 = 2.31$$

对于方案 a_3：

$$E(a_3) = 0.7 \times \max\{6,-2\} + (1-0.7) \times \min(6,-2) = 0.7 \times 6 + 0.3 \times (-2) = 3.6$$

$$\max\{E(a_1),E(a_2),E(a_3)\} = \max\{1.85,2.31,3.6\} = 3.6$$

对应的方案为 a_3，故选择方案 a_3。

4. 等概率准则

等概率准则也叫拉普拉斯准则。该准则的基本假定是，既然不能确知每一自然状态出

现的概率,就认为每一状态出现的概率相同。如有 n 种可能状态,则每种状态出现的概率为 $1/n$,依此主观概率求出每一方案的期望收益值:

$$E(a_i) = \frac{1}{n} \sum_{i=1}^{n} f(a, \theta_i) \qquad (10-16)$$

所选方案为

$$\max_a \{E(a_i)\} \qquad (10-17)$$

【例 10 - 10】 以表 10 - 7 为例,用等概率准则作决策。

解 对于方案 a_1:

$$E(a_1) = \frac{1}{2}(1.5 + 2) = \frac{3.5}{2}$$

对于方案 a_2:

$$E(a_2) = \frac{1}{2}(3 + 0.7) = \frac{3.7}{2}$$

对于方案 a_3:

$$E(a_3) = \frac{1}{2}(6 - 2) = 2$$

$$\max\{E(a_1), E(a_2), E(a_3)\} = \max\left\{\frac{3.5}{2}, \frac{3.7}{2}, 2\right\} = 2$$

故最优方案为 a_3。

5. 最小遗憾值准则

遗憾值又称机会损失值和后悔值,也叫 Savage 准则。每一个状态方案组合对应的遗憾值等于相应的收益值与该状态下最大收益值之差。其含义是:当某一自然状态发生时,由于决策者没有选用收益值最大的方案而形成的损失。各方案在不同的自然状态下的遗憾值中的最大值叫做该方案的最大遗憾值,最小遗憾准则选取最大遗憾值中的最小值对应的方案为决策方案。用最小遗憾值准则决策时,需要由收益矩阵计算出遗憾值矩阵。

设收益矩阵用 (c_{ij}) 表示,其中行表示状态,列表示方案,则后悔矩阵的元素(称为后悔值)b_{ij} 的计算公式为

$$b_{ij} = \max_{1 \leqslant i \leqslant m} c_{ij} - c_{ij}, \ i = 1, 2, \cdots, m; \ j = 1, 2, \cdots, n \qquad (10-18)$$

记

$$r(a_i) = \max_{1 \leqslant j \leqslant n} b_{ij}, \ j = 1, 2, \cdots, n \qquad (10-19)$$

$$\min\{r(a_1), r(a_2), \cdots, r(a_m)\} = r(a_i^*) \qquad (10-20)$$

则最优方案为 a_i^*。

【例 10 - 11】 收益矩阵如表 10 - 7 所示,试用最小遗憾值准则作决策。

解 $b_{11} = \max\{c_{11}, c_{21}, c_{31}\} - c_{11} = \max\{1.5, 3, 6\} - 1.5 = 4.5$

$b_{21} = \max\{c_{11}, c_{21}, c_{31}\} - c_{21} = \max\{1.5, 3, 6\} - 3 = 3$

$b_{31} = \max\{c_{11}, c_{21}, c_{31}\} - c_{31} = \max\{1.5, 3, 6\} - 6 = 0$

$b_{12} = \max\{c_{12}, c_{22}, c_{32}\} - c_{12} = \max\{2, 0.7, -2\} - 2 = 0$

$b_{22} = \max\{c_{12}, c_{22}, c_{32}\} - c_{22} = \max\{2, 0.7, -2\} - 0.7 = 1.3$

$b_{32} = \max\{c_{12}, c_{22}, c_{32}\} - c_{32} = \max\{2, 0.7, -2\} - (-2) = 4$

得到的后悔值矩阵如表 10-8 所示

表 10-8 后悔值矩阵

后悔值 \ 状态 \ 方案	θ_1	θ_2	max
a_1	4.5	0	4.5
a_2	3	1.3	3←min
a_3	0	4	4

$$r(a_1) = \max\{4.5, 0\} = 4.5$$
$$r(a_2) = \max\{3, 1.3\} = 3$$
$$r(a_3) = \max\{0, 4\} = 4$$
$$\min\{r(a_1), r(a_2), r(a_3)\} = \min\{4.5, 3, 4\} = 3$$

3 对应的方案为 a_2，故最优方案为 a_2。

【例 10-12】 表 10-9 中给出了收益矩阵，按 5 种决策准则分别给出相应的决策方案。

表 10-9 收 益 矩 阵

收益 \ 状态 \ 方案	θ_1	θ_2	θ_3
a_1	0.6	0.7	0.8
a_2	0.7	0.6	0.7
a_3	0.7	0.6	0.5
a_4	0.5	0.9	0.5

解 (1) 根据最大最小准则有

$$\max \begin{cases} \min\{0.6, 0.7, 0.8\} = 0.6 \\ \min\{0.7, 0.6, 0.7\} = 0.6 \\ \min\{0.7, 0.6, 0.5\} = 0.5 \\ \min\{0.5, 0.9, 0.5\} = 0.5 \end{cases} = \max\{0.6, 0.6, 0.5, 0.5\} = 0.6$$

故最优方案为 a_1 和 a_2。

(2) 根据最大最大准则有

$$\max \begin{cases} \max\{0.6, 0.7, 0.8\} = 0.8 \\ \max\{0.7, 0.6, 0.7\} = 0.7 \\ \max\{0.7, 0.6, 0.5\} = 0.7 \\ \max\{0.5, 0.9, 0.5\} = 0.9 \end{cases} = \max\{0.8, 0.7, 0.7, 0.9\} = 0.9$$

故最优方案为 a_4。

(3) 根据折中准则有(折中系数 $\alpha = 0.6$)

$$\max\left\{\begin{matrix}0.6\times0.8+0.4\times0.6=0.72\\0.6\times0.7+0.4\times0.6=0.66\\0.6\times0.7+0.4\times0.5=0.62\\0.6\times0.9+0.4\times0.5=0.74\end{matrix}\right\}=\max\{0.72,\,0.66,\,0.62,\,0.74\}=0.74$$

故最优方案为 a_4。

（4）根据等概率准则有

$$\max\left\{\frac{0.6+0.7+0.8}{3},\,\frac{0.7+0.6+0.7}{3},\,\frac{0.7+0.6+0.5}{3},\,\frac{0.5+0.9+0.5}{3}\right\}$$

$$=\max\left\{\frac{2.1}{3},\,\frac{2}{3},\,\frac{1.8}{3},\,\frac{1.9}{3}\right\}=0.7$$

故最优方案为 a_1。

（5）根据最小遗憾准则有

$$b_{11}=\max\{c_{11},\,c_{21},\,c_{31},\,c_{41}\}-c_{11}=\max\{0.6,\,0.7,\,0.7,\,0.5\}-0.6=0.1$$

$$b_{21}=\max\{c_{11},\,c_{21},\,c_{31},\,c_{41}\}-c_{21}=\max\{0.6,\,0.7,\,0.7,\,0.5\}-0.7=0$$

$$b_{31}=\max\{c_{11},\,c_{21},\,c_{31},\,c_{41}\}-c_{31}=\max\{0.6,\,0.7,\,0.7,\,0.5\}-0.7=0$$

$$b_{41}=\max\{c_{11},\,c_{21},\,c_{31},\,c_{41}\}-c_{41}=\max\{0.6,\,0.7,\,0.7,\,0.5\}-0.5=0.2$$

$$b_{12}=\max\{c_{12},\,c_{22},\,c_{32},\,c_{42}\}-c_{12}=\max\{0.7,\,0.6,\,0.6,\,0.9\}-0.7=0.2$$

$$b_{22}=\max\{c_{12},\,c_{22},\,c_{32},\,c_{42}\}-c_{22}=\max\{0.7,\,0.6,\,0.6,\,0.9\}-0.6=0.3$$

$$b_{32}=\max\{c_{12},\,c_{22},\,c_{32},\,c_{42}\}-c_{32}=\max\{0.7,\,0.6,\,0.6,\,0.9\}-0.6=0.3$$

$$b_{42}=\max\{c_{12},\,c_{22},\,c_{32},\,c_{42}\}-c_{42}=\max\{0.7,\,0.6,\,0.6,\,0.9\}-0.9=0$$

$$b_{13}=\max\{c_{13},\,c_{23},\,c_{33},\,c_{43}\}-c_{13}=\max\{0.8,\,0.7,\,0.5,\,0.5\}-0.8=0$$

$$b_{23}=\max\{c_{13},\,c_{23},\,c_{33},\,c_{43}\}-c_{23}=\max\{0.8,\,0.7,\,0.5,\,0.5\}-0.7=0.1$$

$$b_{33}=\max\{c_{13},\,c_{23},\,c_{33},\,c_{43}\}-c_{33}=\max\{0.8,\,0.7,\,0.5,\,0.5\}-0.5=0.3$$

$$b_{43}=\max\{c_{13},\,c_{23},\,c_{33},\,c_{43}\}-c_{43}=\max\{0.8,\,0.7,\,0.5,\,0.5\}-0.5=0.3$$

得到的后悔值矩阵如表 10-10 所示。

表 10-10 后悔值矩阵

后 悔 值 状 态 方 案	θ_1	θ_2	θ_3
a_1	0.1	0.2	0
a_2	0	0.3	0.1
a_3	0	0.3	0.3
a_4	0.2	0	0.3

$$\min\left\{\begin{matrix}\max\{0.1,\,0.2,\,0\}=0.2\\\max\{0,\,0.3,\,0.1\}=0.3\\\max\{0,\,0.3,\,0.3\}=0.3\\\max\{0.2,\,0,\,0.3\}=0.3\end{matrix}\right\}=\min\{0.2,\,0.3,\,0.3,\,0.3\}=0.2$$

故最优方案为 a_1。

由于方案 a_1 被选中 3 次，可列为首选方案。

【例 10 - 13】 某地方书店需要订购最新出版的图书。根据以往经验，新书的销售最可能为 50、100、150 或 200 本。假设每本新书的订购价为 4 元，销售价为 6 元，剩书的处理价为每本 2 元。要求：

（1）建立损益矩阵；

（2）分别用最大最小准则、最大最大准则及等概率准则决定该书店应订购的新书数量；

（3）建立后悔矩阵，并用后悔值法决定书店应订购的新书数量。

解 （1）损益矩阵如表 10 - 11 所示。

表 10 - 11 损 益 矩 阵

销售状态 订购		50	100	150	120	min	max
a_1	50	100	100	100	100	100	100
a_2	100	0	200	200	200	0	200
a_3	150	−100	100	300	300	−100	300
a_4	200	−200	0	200	400	−200	400

（2）以三种准则确定定购数量。

① 最大最小准则：由 $\max\{100, 0, -100, -200\} = 100$，故选择订购 50 本。

② 最大最大准则：由 $\max\{100, 200, 300, 400\} = 400$，故选择订购 200 本。

③ 等概率准则：

$$E(a_1) = \frac{1}{4} \times (100 + 100 + 100 + 100) = \frac{400}{4} = 100$$

$$E(a_2) = \frac{1}{4} \times (0 + 200 + 200 + 200) = \frac{600}{4} = 150$$

$$E(a_3) = \frac{1}{4} \times (-100 + 100 + 300 + 300) = \frac{600}{4} = 150$$

$$E(a_4) = \frac{1}{4} \times (-200 + 0 + 200 + 400) = \frac{400}{4} = 100$$

$$\max\{100, 150, 150, 100\} = 150$$

故选择订购 100 本或 150 本。

（3）由后悔值法得到的后悔值矩阵如表 10 - 12 所示。

表 10 - 12 后 悔 值 矩 阵

销售状态 订购		50	100	150	120	max
a_1	50	0	100	200	300	300
a_2	100	100	0	100	200	200
a_3	150	200	100	0	100	200
a_4	200	300	200	100	0	300

$$\min\{300,200,200,300\}=200$$

故选择订购 100 本或 150 本。

10.5 多阶段决策

前面所介绍的决策方法都要用到收益矩阵(或损失矩阵),对于一些简单的决策,通过这些矩阵可以选出决策方案。但对于一些复杂的问题,仅仅用收益矩阵(或损失矩阵)就很难奏效。这种复杂情况主要是指以下两类:

(1) 一个自然状态只影响一部分方案,并不影响所有的方案。

例如,决策者要从两个不同的方案中选择决策方案,而这两个不同的方案各处于不同的自然状态,各自然状态的概率和收益(或损失)都有两套资料,无法形成矩阵形式。

(2) 决策分阶段进行,需要在前阶段的基础上进行后期阶段的决策。

这类决策问题的特点是当进行决策后又遇到一些新情况,则需要进行新的决策,接着又有一些新的情况,又需要进行新的决策。这样决策、情况、决策、情况……形成了多阶段决策,这类决策已无法用决策矩阵来描述,需借助决策树。

10.5.1 决策树模型结构

决策树是一种树状图,它实质上是期望益损值决策的另一种形式,它的基本功能是用树形结构描述备选方案、自然状态和收益值之间的随机因果关系。这种形式形象直观,因此是决策分析中经常使用的方法之一。决策树由以下几部分组成:

(1) 决策点与方案枝。在决策树中,"□"状的图形称为决策点,从它引出的分枝叫方案分枝,分枝数反映可采取的方案数,方案分枝末端可连接机会点或终点。

(2) 机会点概率枝。在方案分枝的末端,如果连接一个"○"形节点,则这个点称为机会点或状态点。从它引出的分枝叫概率分枝,每个分枝上面标注所处的自然状态及其出现的概率,分枝数反映可能出现的自然状态数,将该方案的期望益损值标注在策略节点的上方,概率分枝的末端连接另一个决策点或终点。

(3) 终点与益损值。在概率分枝或方案分枝的末端,如果画一个"△"就表示决策终点,终点旁边应标明相应的收益值或损失值。

如果整棵树上只有一个决策点,则称为单级决策树;如果不止一个决策点,而是在右移过程中还会遇到别的决策点,则称为多级决策树。一般来说,每个决策问题有多个备选方案,每个方案可能遇到多种自然状态,因此形成如图 10-2 所示的树形网状结构图,即决策树。

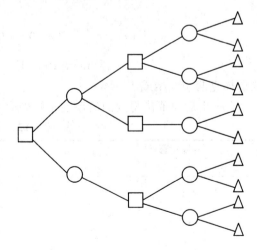

图 10-2 决策树示意图

利用决策树分析的过程是：由终点向左，逐步左移，根据终点的收益值和损失值以及概率分枝上的概率值计算出同一方案在不同自然状态下的期望收益和期望损失，并将计算结果填在相应机会点旁边，然后比较不同方案的期望收益或期望损失，选择其中期望收益最大或期望损失最小的方案，并将其最优收益或损失填在决策点上，而将其他方案淘汰，并在被删除的方案枝上画上"‖"符号，该符号称为剪枝。

如果问题是多级决策问题，应把左推过程中的决策点看作继续决策的机会点，连同其他考虑的机会点重复前述分析过程。

在决策树绘制过程中必须遵循以下规则：

（1）如果树枝是从机会点"○"分出来的，则要将其右侧各枝的期望收益或损失加以总计，记在该机会点上。

（2）如果树枝是从决策点"□"分出来的，则应从各分枝右端的机会点旁标记的期望收益中选取最优者，其余方案淘汰，并在被淘汰的方案枝上画上"‖"符号，使紧邻决策点右侧只留下一条最优行动方案分枝，从而反映了本层决策的结果。

10.5.2 决策树分析的逆向归纳法

逆向归纳法（backward induction）又称逆推法。它是完全归纳推理，其精髓是"向前展望，向后推理"，即首先仔细思考自己的决策可能引起的所有后续反应，以及后续反应的后续反应，直至博弈结束；然后从最后一步开始，逐步倒推，以此找出自己在每一步的最优选择。

【例 10-14】 某施工单位要承建一施工项目，施工计划从 7 月 1 日开始，到 7 月底完工。天气预报显示在 7 月 16 日以后将出现中雨或大雨。7 月 16 日以后天气可能变化的概率及其对施工的影响如下：天气较好的概率为 0.4，这时工程可按时完工；中雨天气的概率为 0.5，这时工程将延期 5 天完工；大雨天气的概率为 0.1，这时工程将延期 10 天完工。如果在 7 月 16 日前加班突击完成任务，则每天需要增加加班费 75 元；如果在延期 5 天内完工，则每天将造成经济损失 400 元；如果在延期的第二个 5 天内完工，则每天将造成经济损失 600 元；如果在延期天内紧急加班，则每天需增加紧急加班费 200 元。

因天气造成的额外支出估计如表 10-13 所示，试用决策树法进行各方案的比较分析。

表 10-13 天气造成的额外支出估计表

延期	应急措施	概率	增加成本
第一个 5 天	节约 1 天	0.5	$4 \times 400 + 4 \times 200 = 2400$
	节约 2 天	0.3	$3 \times 400 + 3 \times 200 = 1800$
	节约 3 天	0.2	$2 \times 400 + 2 \times 200 = 1200$
第二个 5 天	节约 2 天	0.7	$(5 \times 400 + 3 \times 600) + 8 \times 200 = 5400$
	节约 3 天	0.2	$(5 \times 400 + 2 \times 600) + 7 \times 200 = 4600$
	节约 4 天	0.1	$(5 \times 400 + 1 \times 600) + 6 \times 200 = 3800$

解 增加成本＝经济损失＋紧急加班费

绘制决策树，如图 10－3 所示。

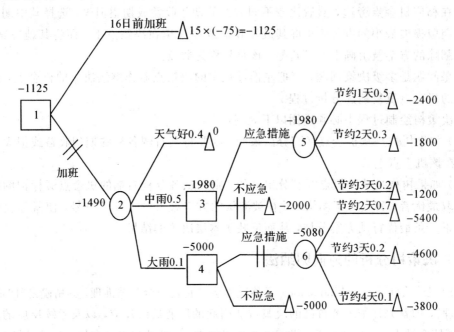

图 10－3 施工方案决策树

计算各策略节点的损失期望值并标在图 10－3 上。

$$E(5) = 0.5 \times (-2400) + 0.3 \times (-1800) + 0.2 \times (-1200) = -1980 （元）$$

$$E(6) = 0.7 \times (-5400) + 0.2 \times (-4600) + 0.1 \times (-3800) = -5080 （元）$$

$$E(2) = 0.4 \times 0 + 0.5 \times (-1980) + 0.1 \times (-5000) = -1490 （元）$$

选择最优方案。由图 10－3 可见，采用在 7 月 16 日前加班突击方案增加成本最少，此为最优方案。

本 章 小 结

(1) 决策概念：决策是人们在工作和生活中的一种综合活动，是为了达到特定的目标，运用科学的理论方法，分析主客观条件后，提出各种不同的方案，并从中选择最优方案的一种过程。

(2) 决策过程：为了进行科学的决策分析，使决策的结果合理正确，从决策目标出发，根据对自然状态的科学分析，合理选取方案，决策过程分为准备阶段、分析阶段、选择阶段和实时反馈阶段。

(3) 决策问题描述：决策分析问题的一种形式化表达是决策矩阵，矩阵元素为每一对自然状态/备选方案组合下的益损值。根据具体情况也可称为收益矩阵或损失矩阵等。决策矩阵也可用表格的形式给出。

（4）确定型决策：一种逻辑上比较简单的决策，只需要在多个备选方案中选择一种最佳方案。

（5）风险型决策：决策者面临的自然状态不是唯一的，而是有两种或两种以上，且各种状态出现的可能性（概率）是能够预测出来的，这时按照不同的概率值确定方案，由于这种决策要冒一定风险，所以叫风险型决策。在风险型决策中选择方案准则有最大可能准则和期望值准则。

（6）不确定型决策：决策问题取决于可能的自然状态，而自然状态出现的概率又是未知的。根据人们对于结果的关切程度和对风险的承受水平不同，提出了最大最小准则、最大最大准则、折中准则、等概率准则和最小遗憾值准则。

（7）决策树：一种树状图，它实质上是期望益损值决策的另一种形式，它的基本功能是用树形结构描述备选方案、自然状态和收益值之间的随机因果关系。这种形式形象直观，决策树由决策点与方案枝、机会点概率枝、终点与益损值三部分组成。

（8）多阶段决策：这类决策问题的特点是当进行决策时又遇到一些新情况，需要进行新的决策，接着又有一些新的情况，又需要进行新的决策。这样决策、情况、决策、情况……形成了多阶段决策，这类决策的描述不能借助决策矩阵，需借助决策树。

习　题

10-1　为生产某种产品而设计两个基本建设方案，一是建大工厂，二是建小工厂，建大工厂需投资 300 万元，建小工厂需投资 160 万元，大工厂和小工厂的使用期都是 10 年，分前 3 年和后 7 年两期考虑，前 3 年销路好的概率为 0.7，销路差的概率为 0.3。如果先建小厂，在销路好的情况下，3 年后可以扩建为大厂，扩建投资为 180 万元，扩建前连同扩建后的使用期也为 10 年，如果前 3 年销路好，则后 7 年销路好的概率为 0.9，如果前 3 年销路差，则后 7 年肯定销路差。大小工厂的年度益损值见表 10-14。试对这个问题进行决策。

表 10-14　建立不同工厂时的年度益损值　万元

状态 方案	销路好	销路差
建大厂	100	−20
建小厂	40	10

10-2　某公司为了扩大市场，要举行一个展销会，会址打算选择在甲、乙、丙三地。获利情况除了与会址有关外，还与天气有关，天气区分为晴、普通、多雨（分别以 θ_1、θ_2、θ_3 表示）。通过天气预报，估计这三种天气情况可能发生的概率为 0.25、0.5、0.25。其收益情况见表 10-15，用期望值准则进行决策。

表 10 – 15　收益情况表

收益　状态及概率　方案	θ_1 $P_1=0.25$	θ_2 $P_2=0.5$	θ_3 $P_3=0.25$
甲地	4	6	1
乙地	5	4	1.5
丙地	6	2	1.2

10 – 3　为改善某交叉口的交通状况，提出了 3 个方案。

方案 A：建设高标准立交桥，投资最大，收益也最大；

方案 B：建设简易立交桥，投资少，收益也少；

方案 C：改建原有设施，调整车流运行方式，加强交通管理，投资少，收益也最少。

预测未来该交叉口交通量的增长情况有 3 种：迅速增长、一般增长和缓慢增长。各方案相对于不同交通量增长情况的效益净现值如表 10 – 16 所示。试分别用 5 种不确定型准则进行决策分析。

表 10 – 16　决策分析表

收益　状态　方案	迅速增长	一般增长	缓慢增长
A	150	80	−70
B	100	60	−30
C	−50	20	40

10 – 4　某非确定型决策问题的决策矩阵如表 10 – 17 所示。若乐观系数为 0.4，矩阵中的数字是利润。用非确定型决策的各种决策准则分别确定相应的最优方案。

表 10 – 17　决 策 矩 阵

事件　方案	E_1	E_2	E_3	E_4
a_1	4	16	8	1
a_2	4	5	12	14
a_3	15	19	14	13
a_4	2	17	8	17

10 – 5　某季节性商品必须在销售之前就把产品生产出来。当需求量是 D 时，生产者

生产 x 件商品获得的利润（元）为

$$f(x)=\begin{cases}2x, & 0\leqslant x\leqslant D \\ 3D-x, & x>D\end{cases}$$

设 D 只有 5 个可能的值：1000、2000、3000、4000 和 5000 件，并且它们的概率都是 0.2。生产者也希望商品的生产量也是上述 5 个值中的某一个。问：

(1) 若生产者追求最大的期望利润，则应选择多大的生产量？

(2) 若生产者选择遭受损失的概率最小，则应选择多大的生产量？

(3) 若生产者欲使利润大于或等于 3000 元的概率最大，则应选择多大的生产量？

10-6　有一化工厂，现计划进行工艺改造，取得新工艺有两条途径：一是自行研究，估计成功的可能性为 0.6；二是引进技术，购买专利，估计谈判成功的可能性为 0.8。如两条途径失败，则仍采用原工艺生产。

根据市场预测，估计今后几年内这种产品的价格状况及各状态下的收益值如表 10-18 所示，试用决策树法进行决策。

表 10-18　收 益 值 表

工艺 价格	用原工艺	引进技术成功(0.8)		自行研究成功(0.6)	
		产量不变	增加产量	产量不变	增加产量
价格低(0.1)	−100	−200	−300	−200	−300
价格中(0.3)	10	60	60	−50	−200
价格高(0.6)	180	180	380	200	500

参 考 文 献

［1］ 甘应爱，田丰. 运筹学. 北京：清华大学出版社，2012.

［2］ 方永绥，徐永超. 系统工程基础：概念、目的和方法. 上海：科学技术出版社，1980.

［3］ 汪应洛. 系统工程导论. 北京：机械工业出版社，2011.

［4］ 严广乐. 系统工程. 北京：机械工业出版社，2008.

［5］ 王众托. 系统工程. 北京：北京大学出版社，2010.

［6］ 白思俊. 系统工程. 北京：电子工业出版社，2013.

［7］ 刘军. 系统工程. 北京：机械工业出版社，2014.

［8］ 吕永波. 系统工程. 北京：交通大学出版社，2006.

［9］ 张爱霞. 系统工程基础. 北京：清华大学出版社，2011.

［10］ 郁滨. 系统工程理论. 合肥：中国科学技术大学出版社，2009.

［11］ 王众托. 系统工程. 北京：北京大学出版社，2015.

［12］ 杜瑞成，闫秀霞. 系统工程. 北京：机械工业出版社，2007.

［13］ 梁迪. 系统工程. 北京：机械工业出版社，2005.